产品设计程序与方法

主　编　周　淼
编　者　李雪松　郭文慧
周　淼　陈　峰
王成玥

东 南 大 学 出 版 社
·南京·

图书在版编目(CIP)数据

产品设计程序与方法 /周淼主编. —南京：东南大学出版社,2014.6 (2017.8 重印)
ISBN 978 - 7 - 5641 - 4915 - 4

Ⅰ. ①产…　Ⅱ. ①周…　Ⅲ. ①产品设计-高等学校-教材　Ⅳ. ①TB472

中国版本图书馆 CIP 数据核字(2014)第 090589 号

使用本教材的教师可通过 383709484 @ qq.com 或 LQChu234 @ 163.com索取 PPT 教案。

产品设计程序与方法

出版发行：东南大学出版社
社　　址：南京四牌楼 2 号　邮编：210096
出 版 人：江建中
责任编辑：刘庆楚
网　　址：http://www.seupress.com
经　　销：全国各地新华书店
排　　版：南京星光测绘科技有限公司
印　　刷：南京顺和印刷有限责任公司
开　　本：787mm×1092mm　1/ 16
印　　张：12.25
字　　数：310 千字
版　　次：2014年 6 月第 1 版
印　　次：2017年 8 月第 2 次印刷
书　　号：ISBN 978-7-5641-4915-4
定　　价：48.00 元

本社图书若有印装质量问题，请直接与营销部联系。电话：025 - 83791830

目　录

第一章 概 述

通过对本章内容的学习，可以了解到与产品设计相关的设计概念和一些比较重要的设计词汇，通过对精品案例的赏析，使学生在头脑中对产品设计形成一个比较概括性的认识，为后续章节的学习做好准备。

1.1 产品设计涉及的基本概念

1.1.1 产品设计

所谓产品设计，是一项创造性的活动，是对产品的造型、结构和功能等方面进行综合性信息处理的过程，并将这些信息通过线条、色彩、数字、符号等要素形成产品呈现在人们面前。它是将人的需求具象化并物化的过程，把一种计划和解决问题的方法，通过具体的载体，以美好的形式表达出来，即生产制造出符合人们需要的实用、经济、美观的产品。

产品设计与一个时代经济、文化和技术的发展水平息息相关。通过产品设计能够反映出社会的经济文化现状，同时产品设计也是将先进的科技与人们的日常生活连接起来的纽带。在整个产品的生产过程中，产品设计具有“牵一发而动全身”的引导性作用。一个产品的整个生产与销售策略、功能、结构以及外观都要在产品设计阶段进行研究并决定。好的产品设计要同时兼顾生产者与使用者，不仅要实现产品功能的优越性，而且要简化生产过程，减低生产成本，从而使产品具有更强的综合竞争力。越来越多的品牌企业将产品设计作为发展的战略工具，通过设计占领更广阔的市场。

那么，什么是好的产品设计呢？正如“一千个人心中有一千个哈姆雷特”，出于不同的立场，人们对好的产品设计的理解也不尽相同。在一项调查中，结果显示好的设计应具有如图 1-1 中所示的特质。

图 1-1 好的设计应具有的特质

1.1.2 产品设计涉及的概念

产品设计是一项由诸多环节构成的系统性的工作，因此要全面了解产品设计必须要掌握设计相关的概念术语并熟知代表文化趋势的设计理念。

1.1.2.1 产品设计相关的专业术语

设计程序与方法——产品设计是一个由整体到细节的深入过程，同时也是由构思到实物的实践过程。这个过程涉及市场调研、创意、视觉化表现以及从生产到最终使用的多个环节。产品设计程序就是要将这些环节有机地联系在一起，使设计工作能够按照制定好的流程计划有序地进行。一般产品设计的基本流程如图 1－2 所示：

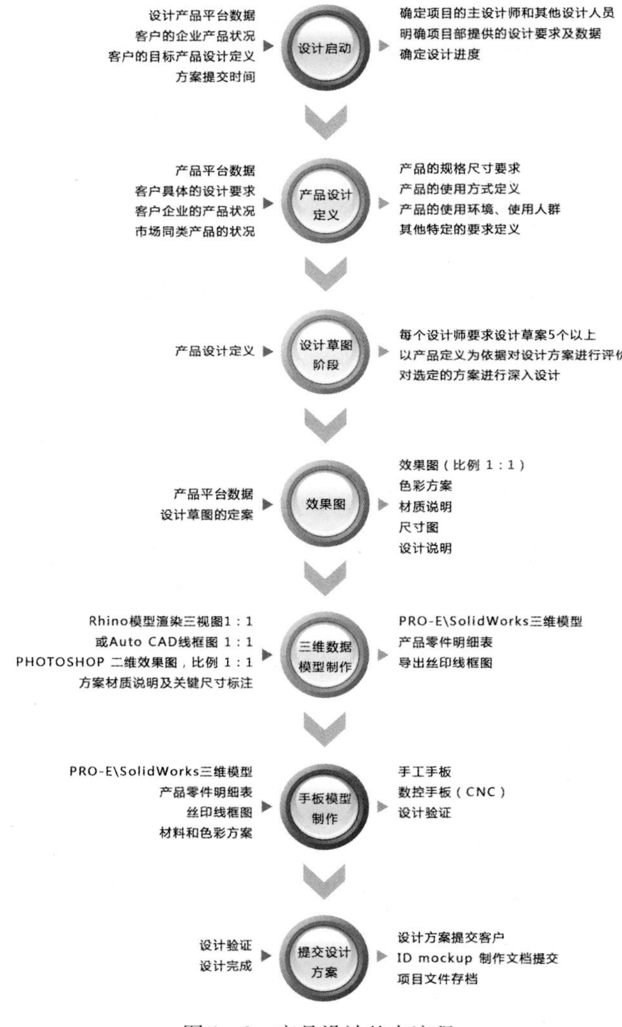

图 1－2 产品设计基本流程

设计管理——英国设计师 Michael Farry 于 1966 年首次提出设计管理的概念，他以设计师的角度为出发点给出的定义是："设计管理是在界定设计问题，寻找合适的设计师，并且尽可能地使设计师在既定的预算内及时解决设计问题。"另一种解释则是在企业的层面提出的，包括设计政策、设计组织和设计活动的管理。企业通过设计管理明确设计战略和设计政策，组织健全的设计部门，创造良好的设计环境，有效调动设计师的创意能力，并制定计划控制设计流程，合理实施各项设计活动，在产品开发、企业文化定位和传播等方面发挥重要作用。[1]

手绘效果图——手绘效果图对于产品设计师来说是一种语言，他们通过手绘表达自己的设计构思和创作意图。手绘效果图可以分为以下四个阶段：

a. 概念草图：概念草图是一种视觉呈现手段，是设计的初始阶段，多以线条勾勒为主，旨在抓住灵感和创意的本质。（图 1－3、图 1－4）

b. 解释性草图：主要目的是为解释产品的使用方式和基本结构。不追求效果的绚丽，而注重细节的说明性语言。（图 1－5、图 1－6、图 1－7）

c. 结构草图：要求透视准确，明确表达产品的结构和组合方式，主要用于设计师与工程师之间的沟通。（图 1－8、图 1－9）

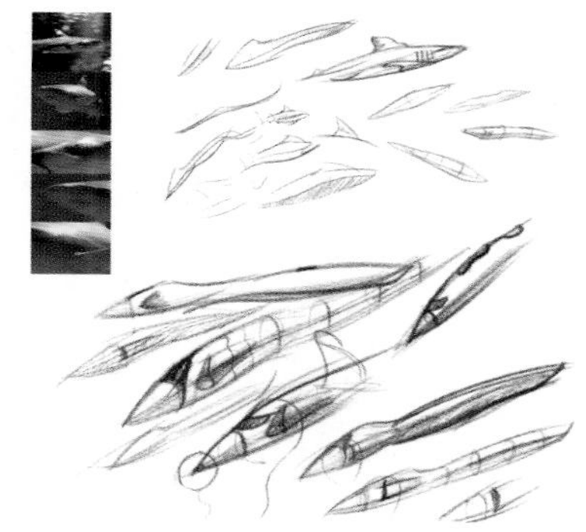

图 1－3 学生作品（王金雨；指导教师：李雪松）

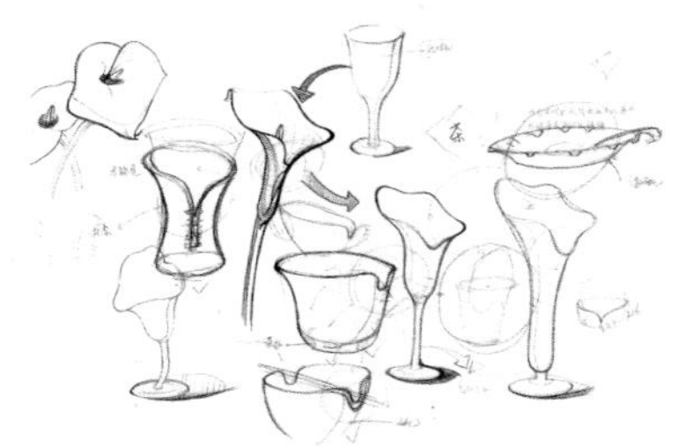

图 1－4 学生作品（张晶；指导教师：田野）

图 1－5 学生作品（孙健；指导教师：田野）

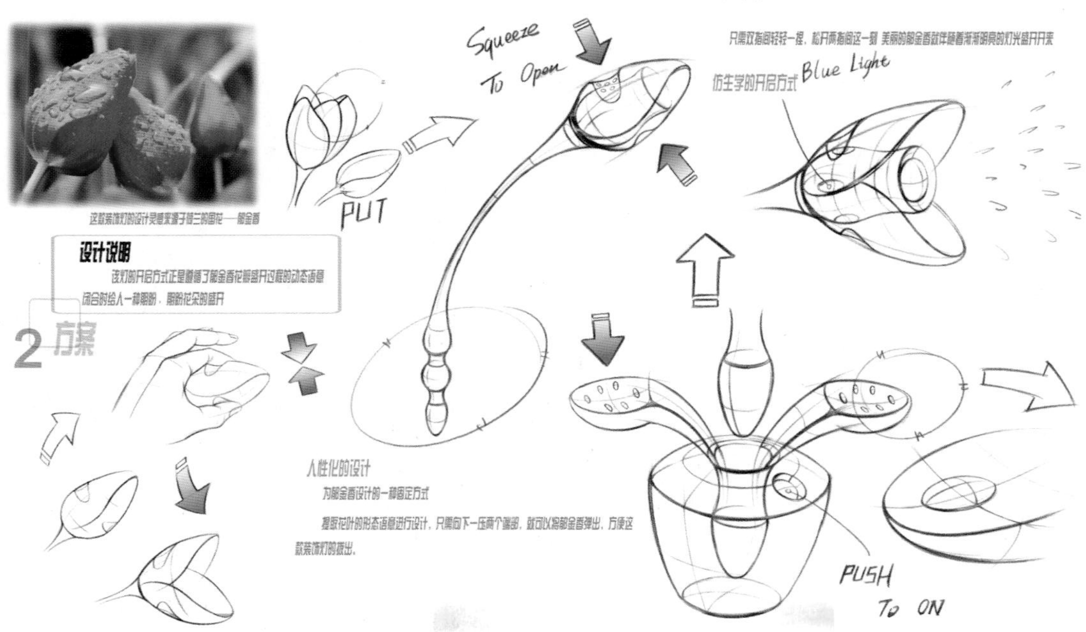

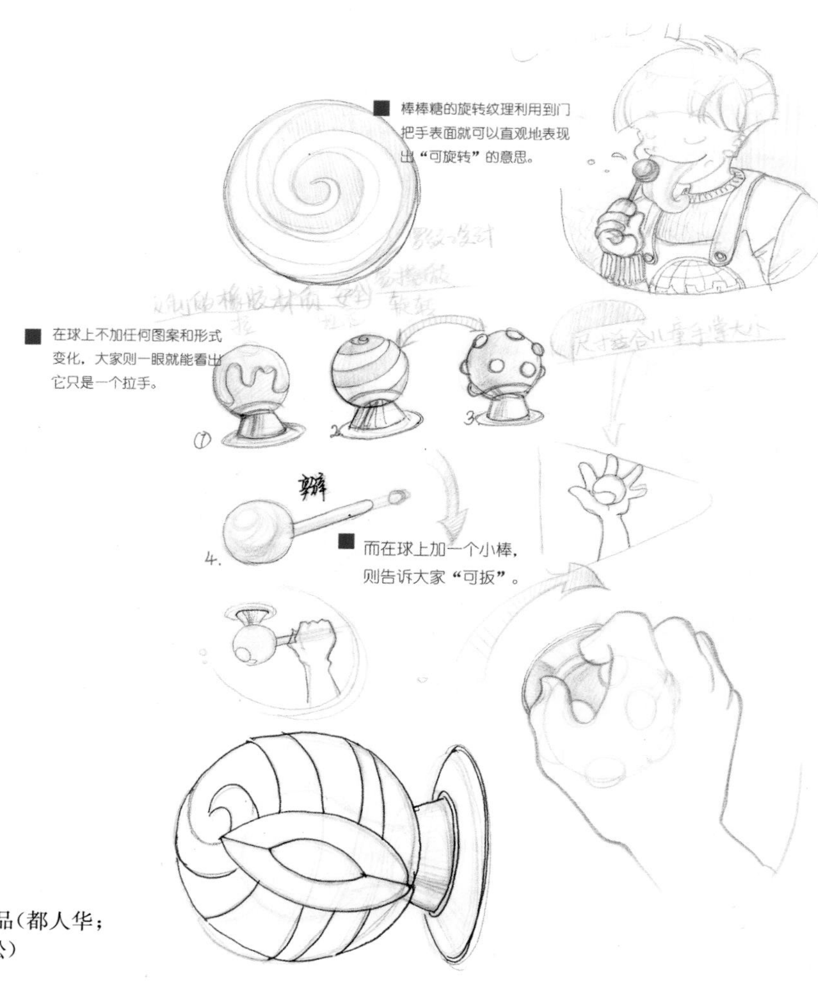

棒棒糖的旋转纹理利用到门把手表面就可以直观地表现出"可旋转"的意思。
在球上不加任何图案和形式变化，大家则一眼就能看出它只是一个拉手。
而在球上加一个小棒，则告诉大家"可扳"。

图 1-6 学生作品(都人华；指导教师：李雪松)

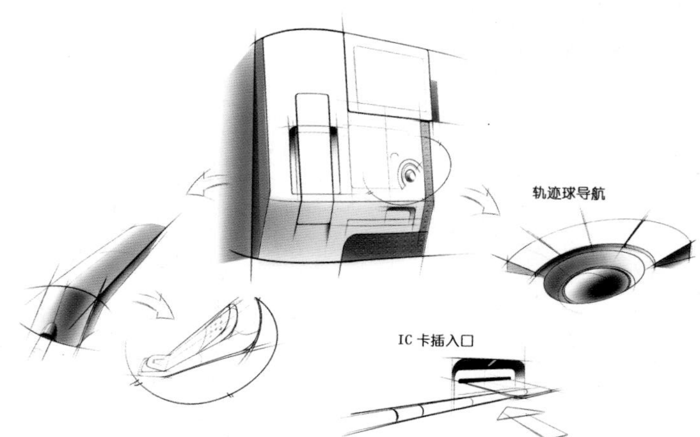

图 1-7 学生作品(王天婵；指导教师：李雪松)

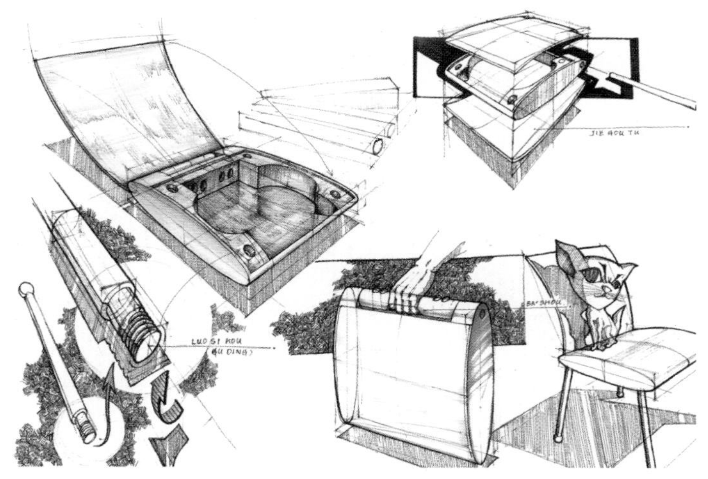

图 1-8 学生作品(白雪松；指导教师：张克非，李雪松)

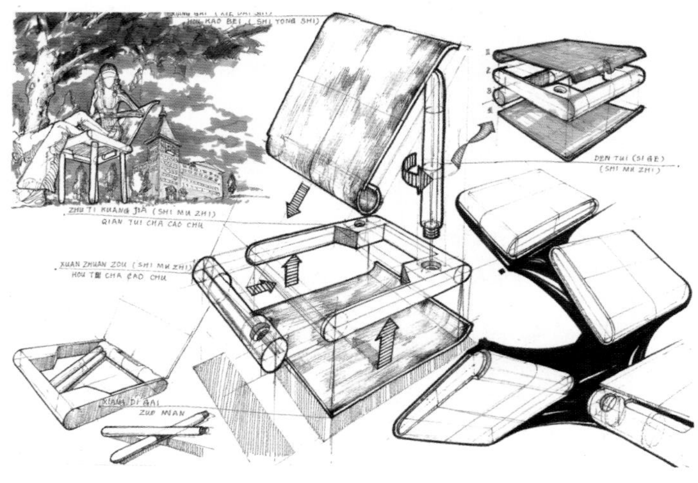

图 1-9 学生作品(白雪松；指导教师：张克非，李雪松)

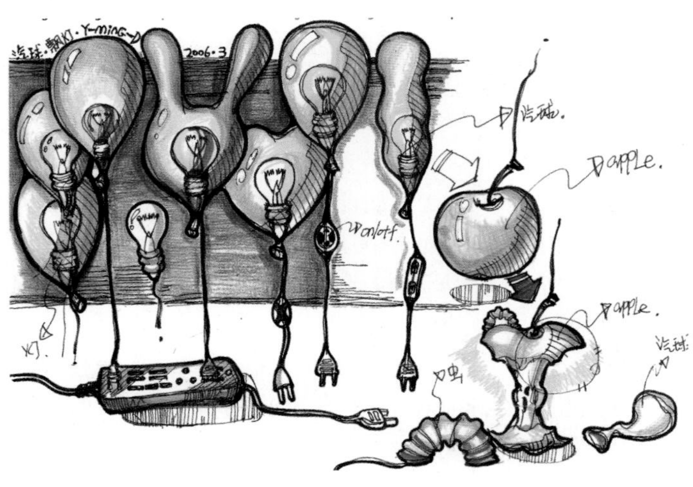

图 1-10 学生作品(于明道)

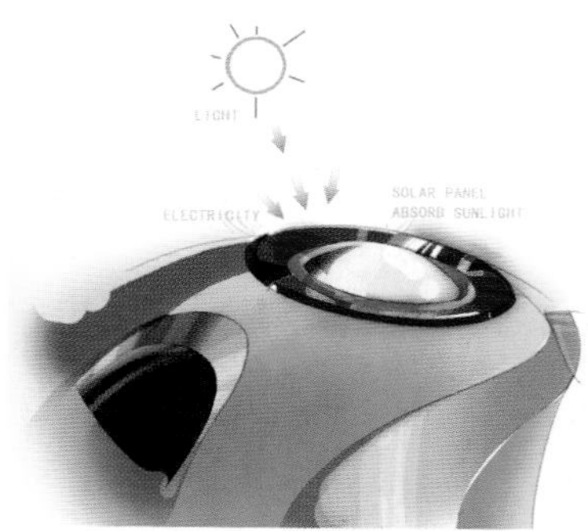

图 1－11　学生作品（贾文卓；指导教师：李雪松）

d. 效果图：在这一阶段，设计师要通过效果图表现产品最终的视觉效果，包括结构、色彩及材质，同时还需适当表现使用环境和使用者。（图 1－10、图 1－11、图 1－12）

计算机辅助设计——Computer Aided Design，简称 CAD，主要是利用计算机及相关的图形软件帮助设计人员进行设计工作。在产品设计过程中，计算机可以帮助设计师负担计算、信息存储及制图等工作。通过计算机建模，可以模拟产品的空间形态，通过数据转换使设计师的构思以更准确的视觉化形式表现出来，从而对方案进行优化。

图 1－13 所示作品就是由 SolidWorks 建模，通过 CNC 数控方式加工的 1∶1 模型。

人机工程学——在产品设计中，人机工程学主要用于协调人与产品之间的关系，以人的生理尺度、心理感知和社会环境的因素为依据，研究人与人机系统其他元素之间的关系。人机工程学对人体结构特征和机能特征进行研究，提供相关的参数，分析人体机能的特性以及人在各种劳动时的生理变化、能量消耗、疲劳机理和人对各种劳动负荷的适应能力。人机工程学的应用使设计的产品既方便使用，又适合人的舒适性要求，更有利于创造健康、安全、舒适、协调的人—机（物）—环境的关系。（图 1－14、图 1－15）

产品语意学——语意学原为语言学的概念。将这一概念运用于产品设计上，则产生了“产品语意学”，顾名思义，是研究产品语言的学问。它突破了传统设计理论将人的因素都归入人机工程学的简单做法，扩宽了人机工程学的范畴；突破了传统人机工程学仅对人物理及生理机能的考虑，将设计深入至人的心理、精神层面。

图 1－16 为“Cibola 垂灯”，由两块陶瓷片组成，圆形纹样装饰，灵感来自洋葱，间接光照的艺术效果为人们呈现了月蚀之美。住在钢筋混凝土的城市的人们，工作繁忙之余，回到家能够欣赏到如此美妙的弯月，不得不佩服设计师的匠心独具。生活中的灯早已摆脱了单一照明的功能，能让消费者买到属于自己心中那盏独特的灯是设计师的一份责任。

图 1－12　作者：王在赫

交互设计——交互设计（Interaction Design）作为一门关注交互体验的新学科产生于 20 世纪 80 年代，它由 IDEO 的一位创始人比尔·莫格里奇在 1984 年一次设计会议上提出。从使用者的角度来说，交互设计是一种研究如何让产品更加易用、有效而且让人愉悦的技术。它致力

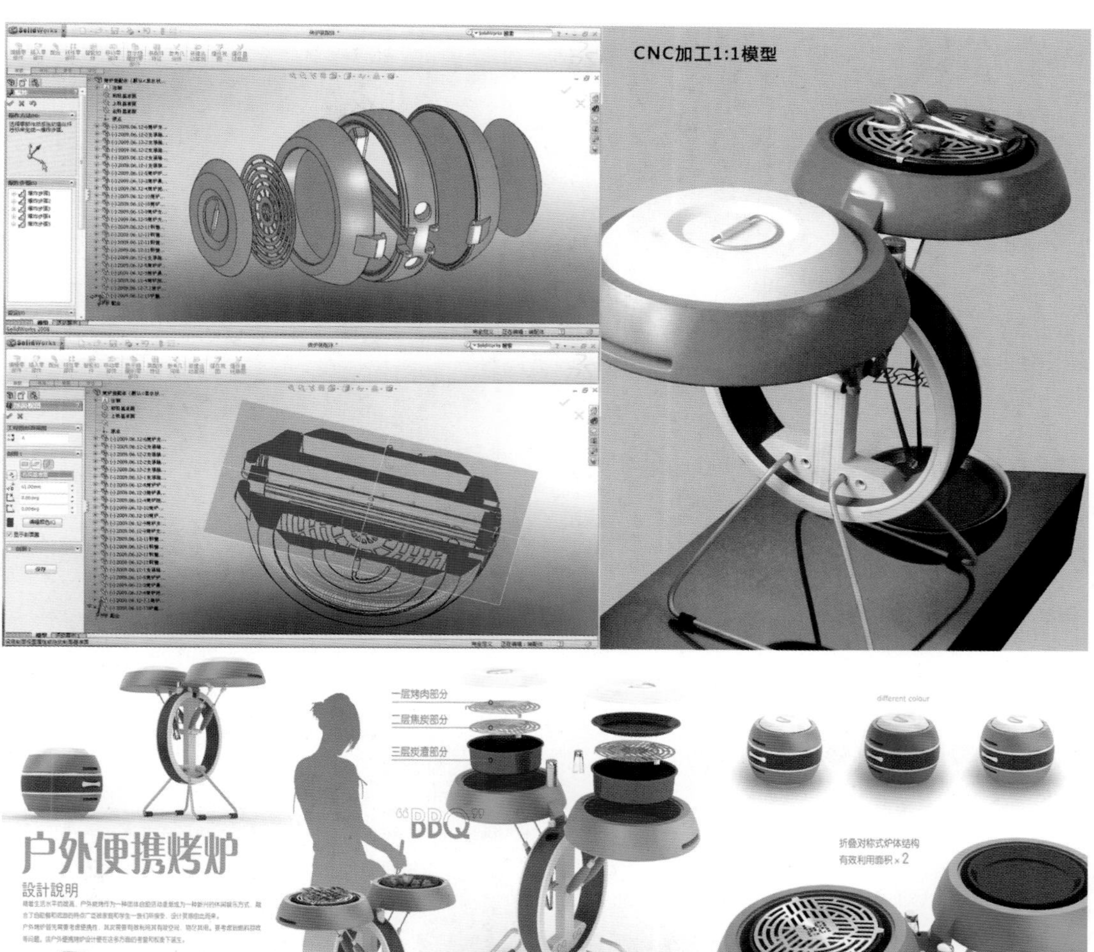

图 1 - 13 作者：李雪松、褚旭

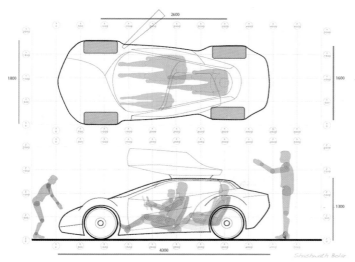

图 1 - 14

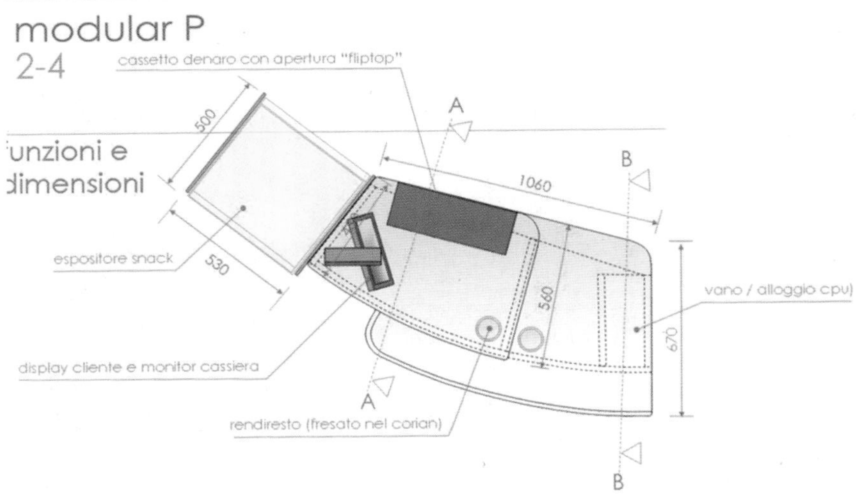

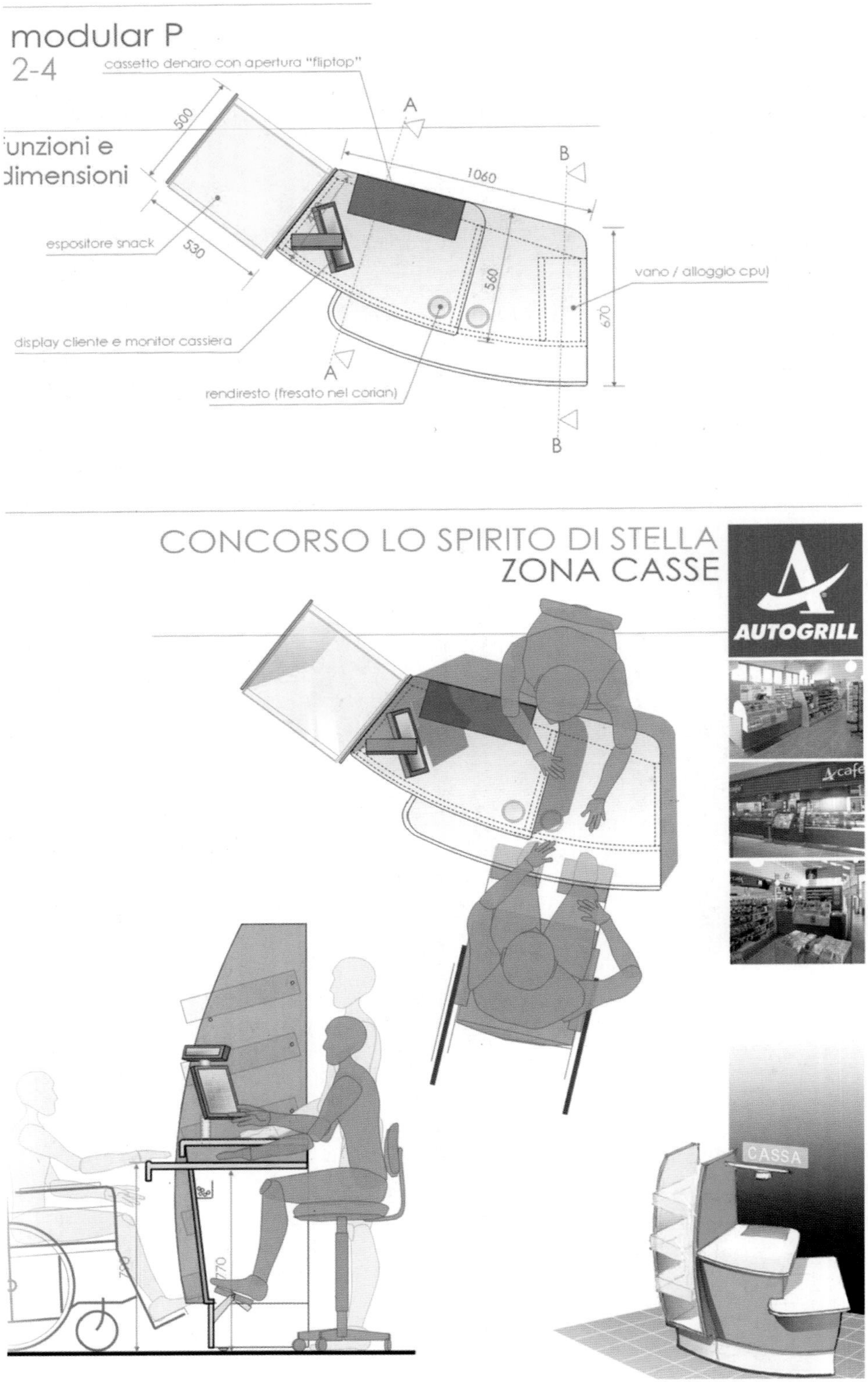

CONCORSO LO SPIRITO DI STELLA
ZONA CASSE

AUTOGRILL

cafe

CASSA

770

700

图 1-15

于了解用户的目标和他们的期望，了解用户在同产品交互时彼此的行为，了解“人”本身的心理和行为特点，同时，还包括了解各种有效的交互方式，并对它们进行增强和扩充。图 1－17 是电影 Avatar 中的一个镜头画面，生动地体现了未来人机交互技术的发展趋势，虚拟现实、立体成像、云计算等高科技技术正一步步地走进我们的生活。

交互设计借鉴了传统设计、可用性及工程学科的理论和技术。它是一个具有独特方法和实践的综合体，主要包含以下几点内容：

a. 定义与产品的行为和使用密切相关的产品形式。

b. 预测产品的使用如何影响产品与用户的关系，以及用户对产品的理解。

c. 探索产品、人和物质、文化、历史之间的对话。

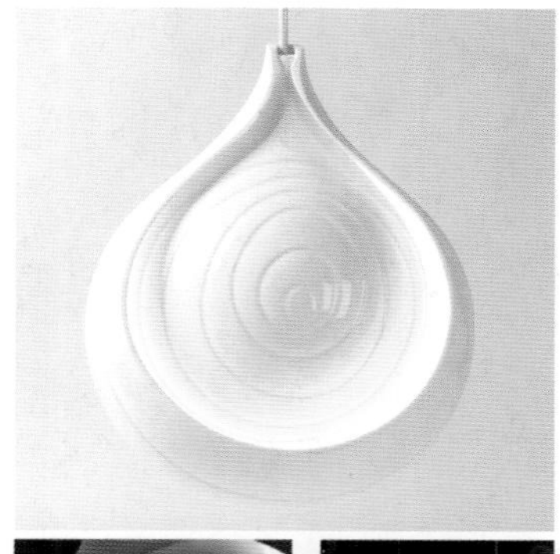

图 1－16

图 1－17

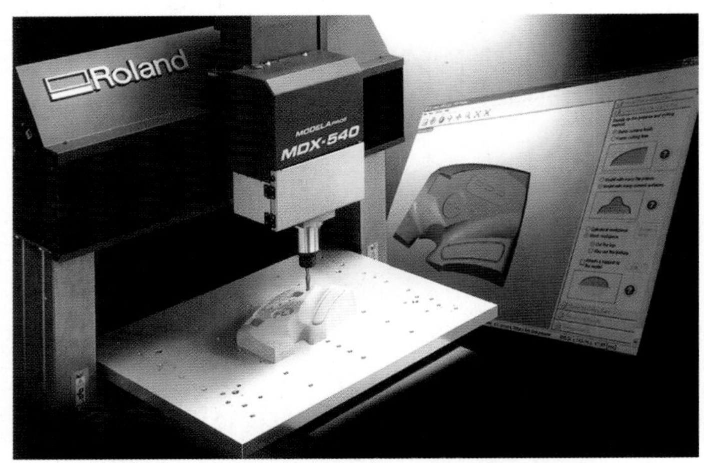

图 1-18

快速成型——快速成型技术是产品设计中常用的一种模型加工方式。快速成型（Rapid Prototyping，简称RP）技术是上世纪 90 年代发展起来的一项先进的制造技术，主要用于企业新产品的设计和研发，对促进企业产品创新、缩短新产品开发周期、提高产品竞争力有积极的推动作用。

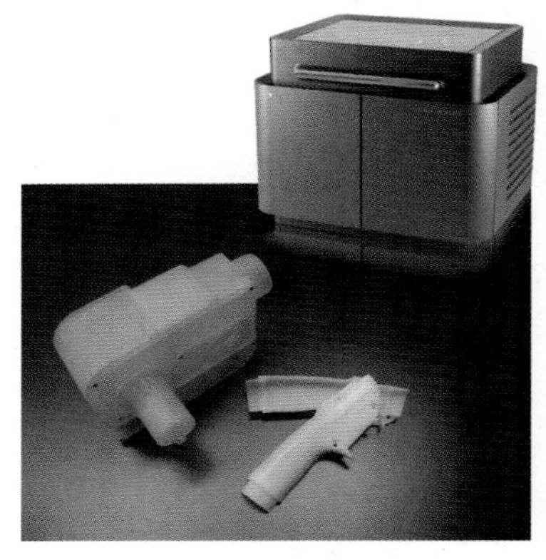

图 1-19

快速成型技术是基于 CAD（Computer Aided Design）/CAM（Computer Aided Manufacture）技术、激光技术、计算机数控技术及新材料技术等科技发展起来的。不同种类的快速成型技术因其使用的材料不同，成型原理也有所不同。

图 1-18 所展示的三轴联动的设备是最基础的也是应用最为广泛的减式成型系统，该系统可沿 X、Y、Z 三轴同时加工，在 X、Y 方向有着最大的加工区域。

图 1-19 是 Objet Geometries Connex 500 激光固化三维成型机与光固化成型系统制作的原型实体。

图 1-20 是快速成型技术在医疗、科技等领域的应用实例。

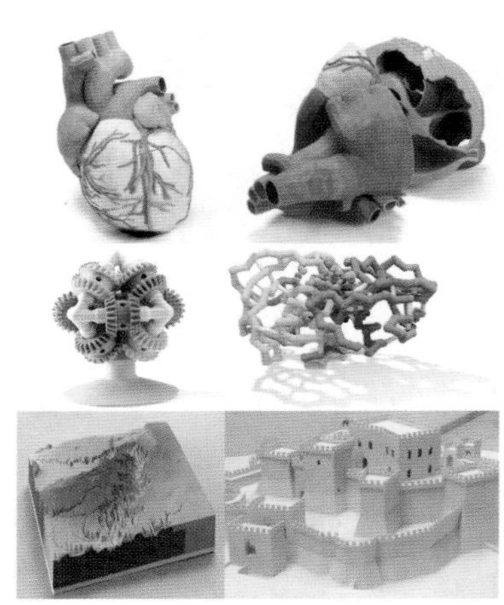

图 1-20

1.1.2.2 产品设计与生产的关系

OBM——Original Brand Manufacture 的缩写，原始品牌制造商，即工厂经营自有品牌，或者说生产商自行创立产品品牌，生产、销售拥有自主品牌的产品。由于工厂做 OBM 要有完善的营销网络作支撑，渠道建设的费用很大，花费的精力也远比做 OEM 和 ODM 高。有观点认为，收购现有品牌、以特许经营方式获取品牌也可算为 OBM 的一环。

ODM——ODM是英语 Original Design Manufacturer的缩写，直译是“原始设计制造商”。ODM是指某制造商设计出某产品后，在某些情况下可能会被另外一些企业看中，要求配上后者的品牌名称来进行生产，或者稍微修改一下设计来生产。这样可以使其他厂商减少自己研制的时间。承接设计制造业务的制造商被称为ODM厂商，其生产出来的产品就是ODM产品。

OEM——OEM生产，即贴牌生产，也称为定牌生产，俗称“贴牌”，由于其英文表述为 Original Equipment/Entrusted Manufacture（译为“原始设备制造商”）。基本含义为品牌生产者不直接生产产品，而是利用自己掌握的关键的核心技术负责设计和开发新产品，控制销售渠道，具体的加工任务通过合同订购的方式委托同类产品的其他厂家生产。之后将所订产品低价买断，并直接贴上自己的品牌商标。简单地说，OEM生产属于加工贸易中的“代工生产”方式。

1.1.2.3 产品设计的内在要素

产品设计工作本身就是一项创造性的活动，是对产品的造型、结构和功能等方面进行综合性信息处理的过程，并将这些信息通过线条、色彩、数字、符号等要素形成产品呈现在人们面前。产品设计是与一个时代经济、文化和技术的发展水平息息相关的，因此产品设计所涉及的要素也是多种多样的。产品设计的文化传承，以人为本的情感体验和设计心理学等内容是现今设计师们比较关注的话题。

文化功能——产品文化是以企业生产的产品为载体，反映企业物质及精神追求的各种文化要素的总和，是产品价值、使用价值和文化附加值的统一。不同地域、不同时代的消费群体对文化的理解千差万别，这就导致了产品设计所体现的文化符号存在理解和传达上的差异性。往往设计师要深入体会客户的文化诉求，将自己对产品概念的理解和企业的整体形象联系起来，设计出符合时代背景，符合消费者需求，并有效延续企业品牌基因的产品。所以当代产品设计并不仅仅是为了满足产品的使用功能，产品内在反映出的品牌文化和消费者对产品文化的认同至关重要。

心理功能——利用心理学原理，将人们的心理状态和文化需求的心理意识作用于设计，使产品设计适应人们的文化心理，使产品的形态、色彩、质感产生悦人的效果，而不能给人以陈旧、单调、乏味的感觉，更不能因违背习俗而招致忌讳。它同时研究人们在设计创造过程中的心态，以及设计对社会及对社会个体所产生的心理反应，反过来再作用于设计，起到使设计更能够反映和满足人们心理的作用。

在产品设计中，要充分考虑到使用者的心理特征，主要包括：使用者如何解读产品设计的信息，使用者认识事物的基本规律和一般程序，如何采集相关信息并进行产品设计分析，以及消费者在决策、购买过程中由产品设计决定的各种因素等等，内容十分丰富。

情感功能——“情感化”是将情感因素融入产品设计中，使产品具有人的情感，它通过造型、色彩、材质等各种设计元素渗透着人的情感体验和心理感受。

“情感”是产品最内在、最本质和最具生命力的特征，同时也是最有表现力的特征。在现代产品的设计中，情感化一般是凭着设计师发自内心的人文关怀，使产品的外在散发浓郁的人情味。

图 1 - 21 为带有拟人化情趣的办公家居用品，能够让人们在紧张的工作中得到一丝放松和快乐。

图 1 - 22 小鸟形状的夹子由 EIodie POIDATZ 设计。“简单，但出乎意料。”这体现了设计师 EIodie POIDATZ 的性格。如 Elodie POIDATZ 自己所说：“我始终在想象新的事物。我在寻找一种简化的造型，直到这种新的设计

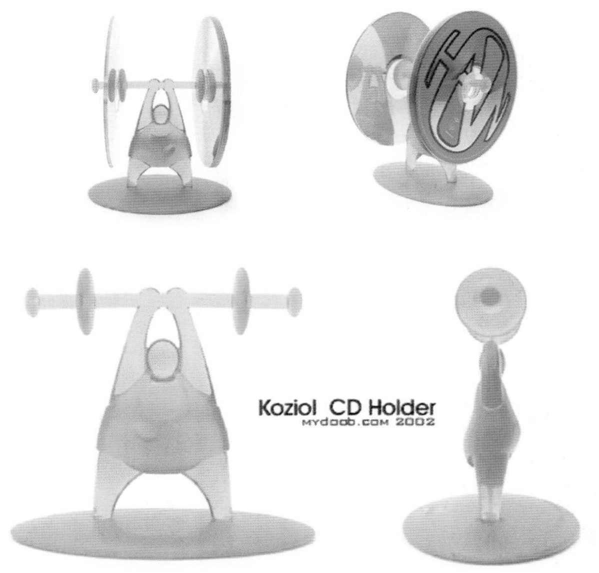

图 1 - 21 CD Holder，来自 MYdoob. com

图 1 - 22 小鸟形状的夹子
作者：EIodie POIDATZ

给予物品一种意义和语言。”她的设计细致又耐人寻味，体现出她对于生活不同视角的细微关注，这一切转化成为盘子上一个隐约的凹形，茶碗边的一个微妙的小槽，牛奶瓶口上的一个淘气的小孔，几只小鸟形状的夹子……又或者是一个全新概念的开关，一个看起来一样又不尽相同的插座。方寸之间原来也可以出现如此意想不到的创造力。她让这些我们生活中常见的物品变得可爱起来。一切看似简单的改动来自于无微不至的关怀，给生活带来了多一点的“好玩儿”。这样的设计也许没有惊天动地的震撼力，但却像是涓涓细流可以沁人心脾，当你的手碰触到她设计的物品的那一瞬间，你一定会露出一个会心的微笑。的确，我们需要这样精美的点点滴滴来装点和便利我们的生活。

产品的情感化设计正是相对于现代主义设计过分强调产品的机能导向、忽视人的情感需求而提出的。它旨在扭转功能主义下技术性凌驾人情感之上的局面，使得以物为中心的设计模式重新回归到以人为中心的设计主线上。产品的情感化设计即是一种着眼于人的内心情感需求和精神需要的设计理念，最终创造出令人快乐和感动的产品，使人获得内心愉悦的审美体验，让生活充满乐趣和感动。

1.2 工业设计师的基本素质

顾名思义，设计师(Designer)是从事设计的人。国际工业设计协会联合会对工业设计师的定义为：“工业设计师是受过训练，具有技术知识、经验和鉴赏能力的人；他能决定工业生产过程中产品的材料、结构、形状、色彩和表面修饰等。设计师可能还要具备解决包装、广告、展览和市场等问题的技术知识和经验。”

工业设计被称为“技术与艺术的统一”，是物质生产与精神生产的结合，它既不是纯艺术，也不是纯科学，而是各个学科高度交叉的综合性学科。作为工业设计创造主体的设计师，需要的不是死的知识，而是多学科的文化素养、合理的复合型知识结构。知识范围要涉及人文科学、社会科学和自然科学的各个领域，将不同学科的知识有机地组织起来，才能具备处理设计中的各种因素复杂问题的能力。图 1－23 表达了一名优秀的工业设计师的知识构成情况。

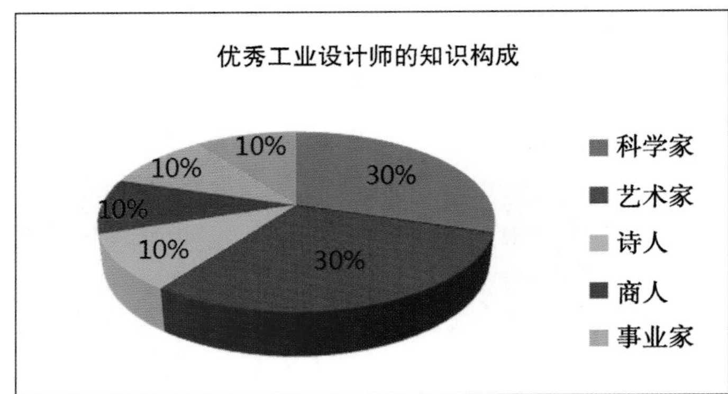

图 1－23 工业设计师的知识构成

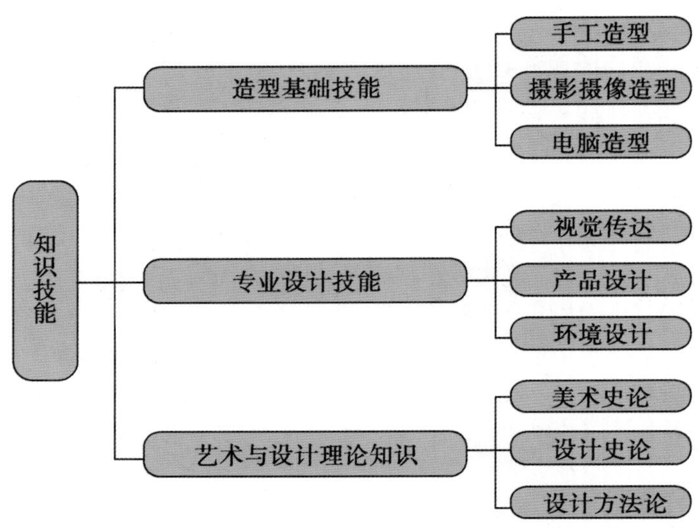

图 1－24 设计师知识技能

所有的知识技能都不是完全孤立的，而是普遍联系、相辅相成的(图 1－24)。设计的本质是创造，设计创造始于设计师的创造性思维。因而设计师理应对思维科学，特别是对创造性思维要有一定的领悟和掌握。心理学家巴特立特(Bartlett)认为："思维本身就是一种高级、复杂的技能。"设计师通过掌握创造思维的形式、特征、表现与训练方法，进行科学的思维训练，从思维方法上养成创新的习惯，并贯彻于具体的设计实践中，以此培养设计师的设计创新意识，突破固有的思维模式，提高设计师的创新能力，增强设计中的创造性，走出一味模仿、了无创意的泥潭。

除此之外，以下几点也是成为一名优秀设计师必须具备的素质：

1.2.1 好奇心与洞察力

强烈的好奇心、敏锐的感受力和观察力是设计师创造的基础，好奇心能够激发创作的欲望，感受和观察周围世界，对美的形态及周围文化环境的意义怀有浓厚的兴趣。

1.2.2 创造力

设计的本质是创造，设计师必须具备创造性思维，能够突破固有的思维模式，不断寻求更好的解决问题的方案，在不断的思考与创造过程中设计师的灵感和设计才能具有永久的生命力。

1.2.3 专业设计能力

设计师要想把自己的创意表达出来，就要具备全面的专业设计能力，通过运用这些专业技能，设计师才能够表达出自己的构想和设计意图，进而将其付诸实践。2002年9月，澳大利亚工业设计顾问委员会就堪培拉大学工业设计系进行了一项调查，得出工业设计毕业生应具备十项设计技能：

(1) 应有优秀的草图和徒手作画的能力；

(2) 有很好的制作模型的技术；

(3) 必须掌握一种矢量绘图软件和一种像素绘图软件；

(4) 至少能使用一种三维造型软件；

(5) 二维绘图软件 AutoCAD 等；

(6) 能独当一面；

(7) 在形态方面具有很好的鉴赏能力，对正负空间构架有敏锐的感受能力；

(8) 拿出的设计图样从流畅的草图到细致的刻画到三维渲染一应俱全；

(9) 对产品从设计制造到走向市场的全过程有着足够的了解；

(10) 在设计流程时间安排上要十分精确。

1.2.4 美学修养和鉴赏能力

作为设计师，必须具备对美的鉴赏能力。但这种鉴赏能力并非一朝一夕所能得到，要依靠长时间艺术修养和设计专业知识的积累，需要在日常生活中有意识地留心观察身边各种成功或失败的设计，总结成功的经验与失败的教训。美学与现代设计的基本理论知识有助于提高审美意识，对边缘学科知识的涉猎能使设计师拥有更加丰厚的美学修养。

1.2.5 探索欲望和敬业精神

设计师需要具有对问题追根究底、探求事物的内在奥秘的执著精神。对待任何问题都要以小见大，溯本求源，运用基本原理而演绎成为意义深远、具有创造性的定理或引发出新的概念，并能在实践中应用。设计专业人才应该拥有敬业精神，无论遇到多么复杂棘手的设计课题，都要通过认真总结经验，用心思考，反复推敲，才能达到最理想的效果。

1.2.6 超前意识和预测能力

一个优秀的设计师应随时关注市场上的需求及其变化，并要有对其进行调查研究和科学预测的能力。这种预测能力是通过周详严谨的市场调查而来的。但它不仅仅是通过单纯的数字统计得来，而是要有针对性地分析消费者群体的消费心理，从而设计出形态各异、形式丰富的产品，以适应不同消费者群的购买心理，使之乐于接受。

1.3 工业设计师的常备工具介绍

1.3.1 工具书

书是用来记录一切成就的主要工具，也是人类交流感情、取得知识、传承经验的重要媒介。作为设计师应该养成积累资料的习惯，身边应必备一些关于人机工程学、人体测量数据、印刷专用色卡等与设计息息相关的工具书。

1.3.2 纸质效果图及草图绘制工具

如：蛇尺、曲线板、彩色铅笔、针管笔、马克笔、色粉、定画液、颜料等等。图 1－25 和图 1－26 分别为德国 Rotring产品和日本 COPIC 产品。

图 1－25

1.3.3 计算机草绘工具

数位板又名绘图板、绘画板、手绘板等等，是计算机输入设备的一种，通常是由一块板子和一支压感笔组成，主要针对设计领域、影视和动漫产业等领域的设计人士，用作绘画创作方面，就像画家的画板和画笔，我们在电影中为之惊叹的逼真背景和栩栩如生的人物，很多都是通过数位板一笔一笔画出来的。

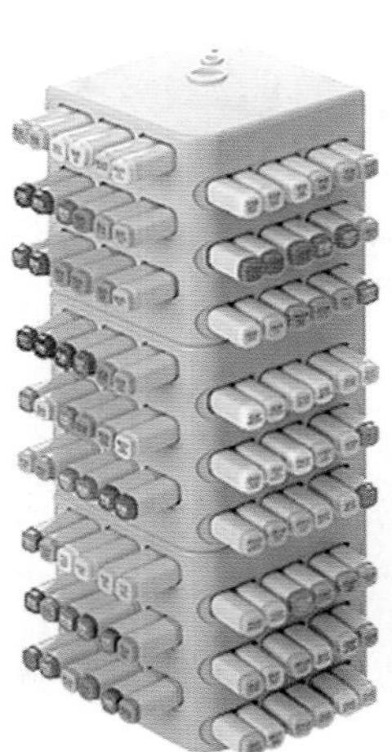

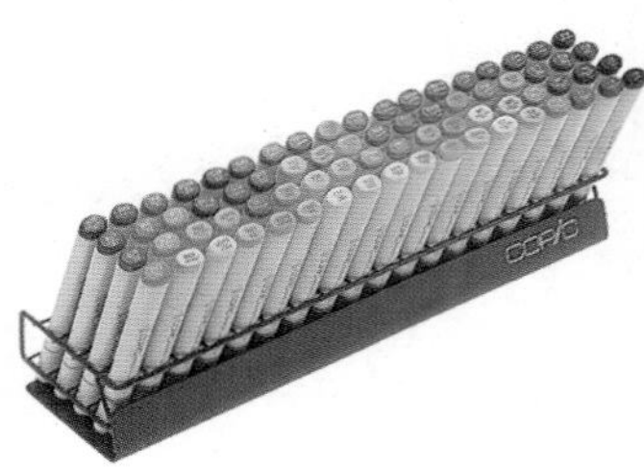

What's Various Ink?

- Refills all 346 colors
- Expands marker life
- Guaranteed color matching

This chart shows the number of refills provided by one bottle of Various Ink. Amounts vary per marker type. Number based on one used, non-dry marker.

15
12
9
7
Ciao
Copic
Sketch
Wide

COPIC MULTILINER SP
WATER & COPIC PROOF PIGMENT INK
0.03 / 0.1 / 0.3 / 0.7
A

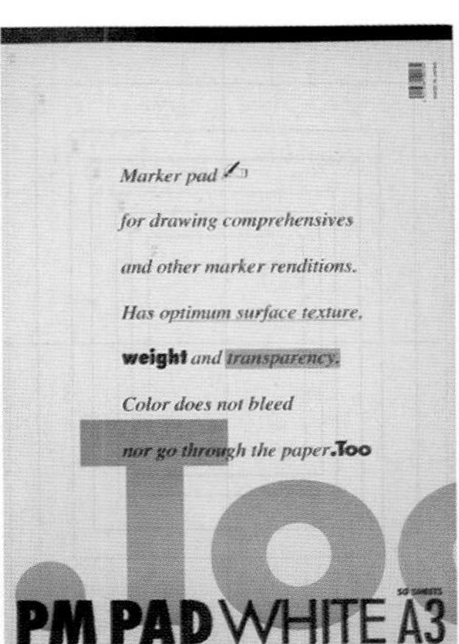

for drawing comprehensives
and other marker renditions.
Has optimum surface texture,
weight and transparency.
Color does not bleed
nor go through the paper.Too

PM PAD WHITE A3

for drawing comprehensives
and other marker renditions.
Has optimum surface texture,
weight and transparency.
Color does not bleed
nor go through the paper.Too

PM PAD WHITE A4

PENS

What's Copic paper?

- Sketchbooks
- Illustration paper
- Alcohol marker pads
- PM pads

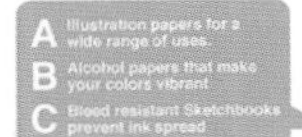

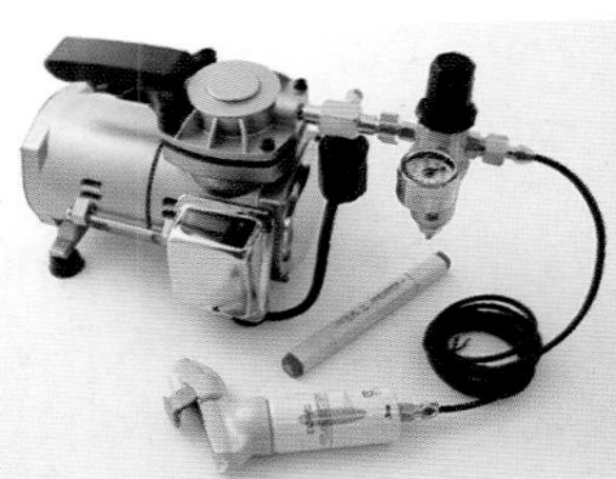

B Alcohol papers that make your colors vibrant
C Bleed resistant Sketchbooks prevent ink spread

What's the Copic ABS?

- Airbrush System for Copic markers
- Works with Copic or Sketch
- Lightweight & Portable

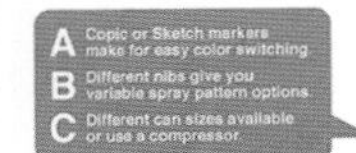

A Copic or Sketch markers make for easy color switching.
B Different nibs give you variable spray pattern options.
C Different can sizes available or use a compressor.

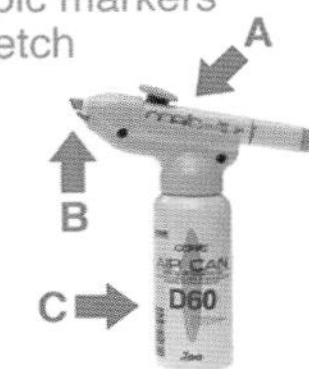

D60

图 1－26

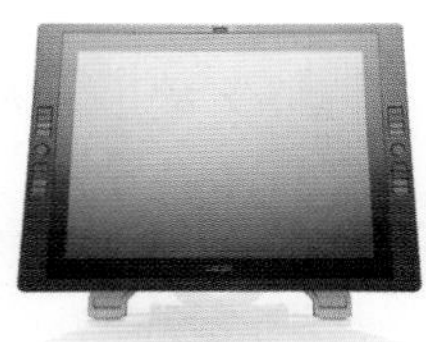

图 1-27

图 1－27 所示为 wacom 公司出品的新帝 21UX (DTK-2100)液晶数位屏。

图 1-28

图 1－28 为联想推出的 S10/S20 和多功能工作站。

1.3.4 高性能计算机(图形工作站)

“图形工作站”是一种被用来专门从事图形图像与视频编辑等复杂工作的高档次专用电脑的总称。从工作站的用途来看，无论是三维动画、虚拟现实、数据可视化处理乃至机械制造等等，都要求系统具有很强的图形和数据处理能力，以此提高工作效率，应对大批量繁复的工作。

1.3.5 设计软件

在设计的不同阶段，工业设计师通常会应用到的主要软件包括 Rhinoceros、Key Shot、Catia、pro/e、Solidworks、MastCAM、UG、AutoCAD、Alias、Maya、3D MAX、Photoshop、Illustrator、CorelDraw、LightWave、Modo、Softimage、Cinema 4D 等等。设计公司和个人可以根据自己所从事和服务的领域及设计团队的实际需求选择学习和购买相应软件。

1.3.6 常用模型制作工具和材料

模型塑造是设计师用以将设计构思具象化、视觉直观化、实现制品化的信息传递手段。模型制作工具和材料就是辅助设计师思考设计方案，形成设计构思的主要工具。常用模型材料主要有石膏、泥、苯板、密度板、手板木、ABS 塑料和玻璃钢等等。模型工具范围比较广泛，涵盖日常生

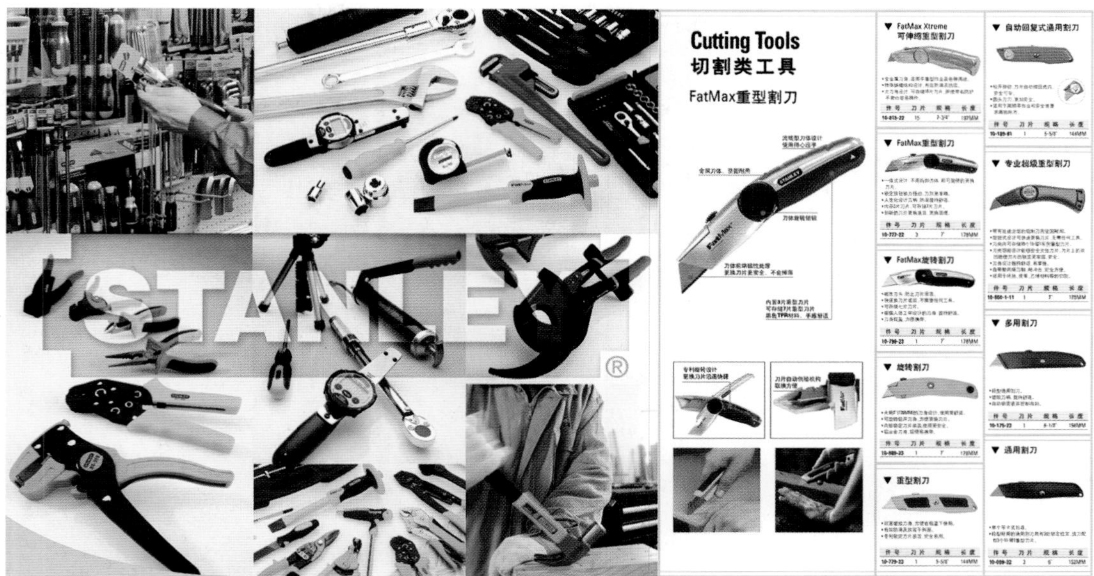

图 1 - 29

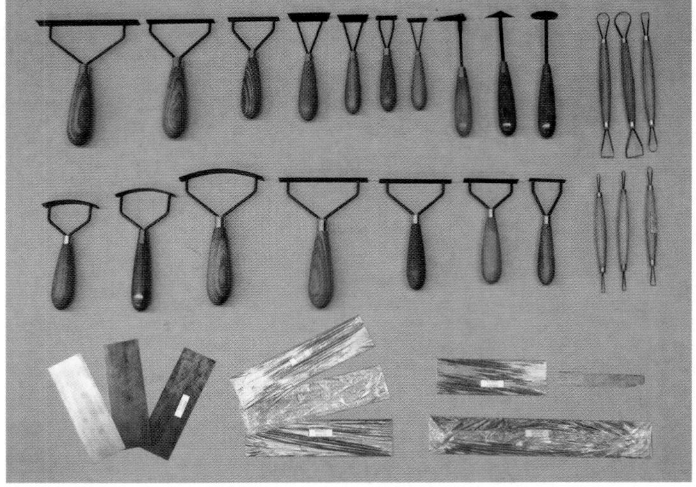

图 1 - 30

活中的五金工作(图 1 - 29),还有一些专用工具,比如热风枪、医用恒温箱、油泥刮刀(图 1 - 30)等。

1.4 精品设计案例赏析

1.4.1 Wassily Chair(1925)——瓦西里椅/设计:Marcel Breuer(图 1 - 31)

Marcel Breuer 是包豪斯的第一期学生,毕业后留校任教成为包豪斯的教师,在家具设计方面的天才令所有同仁钦佩,并负责家具设计专业。他融合了表现主义、构成主义,以及风格派的主流意识,并融会贯通形成自己独有

图 1 - 31

的风格，在包豪斯新校舍完成后，校长 Walter Gropius 为诸位老师设计了新住宅，并请他为这批住宅设计家具，其中为包豪斯的老师 Wassily（康定斯基）住宅所设计的“Wassily Chair(1925)”椅子就是这批家具中的一件。

他在受到自行车把手的启示后，设计出划时代的作品。这件作品中引入了他在包豪斯所受到的全部影响：其方形造型来自立体派，交叉的平面构图来自“风格派”，复杂的构架则来自结构主义，在其设计中充分利用新意的材料，首创和发明了世界钢管椅的设计。

“Wassily Chair”后来由世界许多厂家生产过，至今仍以各种变体形式被家具厂制作着。这件作品对设计界的影响是划时代的，它不仅影响着以后的设计作品，而且影响着成百上千的其他设计师的作品。

1.4.2 MUJI 无印良品 CD 播放器（图 1 - 32）/设计：深泽直人（Naoto Fukasawa）

设计师深泽直人说过：“产品设计就是设计人们熟悉的感觉。也就是产品的语意要具有认知性，能够被人认知。”了解使用者是如何接纳陌生产品，这对工业设计中产品语意的使用是至关重要的。而一个产品的语意被接受的程度取决于人们能否准确地理解符号的象征意义，功能的实现方式是否符合人们的习惯，表达的情感是否使人感到亲切愉悦。如果一件产品不能被人所认知，让人无法理解，那么它就完全失去了意义。比如他根据排风扇的外形

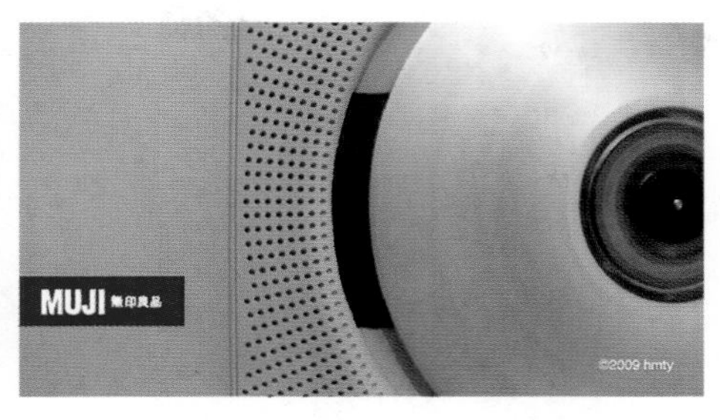

图 1-32

设计的壁挂式CD播放器，就是利用了从人们熟知的排风扇的外形中提取出来的语意，将其融入音乐播放器的设计。当音乐响起时，人们会感受到排风扇工作时产生的凉爽感觉。仿佛置身于清凉惬意的氛围之中，音乐伴随清风丝丝入耳，那是一种很奇妙的感觉。同时，CD机和排风扇在工作时都有旋转的状态，这也是将两者联系起来的语意符号。

1.4.3 台湾味丹公司“多喝水”10周年纪念瓶（图1-33）

台湾味丹公司的多喝水10周年纪念版矿泉水瓶，瓶身曲线造型设计就像女生裙子的下摆，呈现出欢乐且好像随时会随风起舞一般，瓶身上方有个色彩鲜艳的盖子，盖子共分红、橘、绿、蓝、灰五种颜色。上面的一圈水滴状突出物，生动地表现出水的语意，用力拔出盖子时会有“啵”的一声响，不禁令人想起仲夏夜施放的烟火。在功能方面，瓶盖在打开后，翻转过来可以变成一个水杯，方便实用。它通过改变一般矿泉水瓶所提供的语意，为人们提供了与众不同的饮水方式。

1.4.4 Karbon · Articulating Kitchen Faucet（厨房水龙头）/ Kohler（科勒）（图1-34）

Kohler（科勒）在ICFF上展出的厨房水龙头——Karbon Articulating Kitchen Faucet，一个有着机械关节，可延伸、可调整的水龙头。就和工作台灯的机械臂一样，你可以将它延伸到需要的地方，有无数的自我稳定的姿态，当不用的时候，可以紧凑地缩成一块。在这里产品的结构引申出的语意对产品功能的表达起到了至关重要的作用。

图 1-33

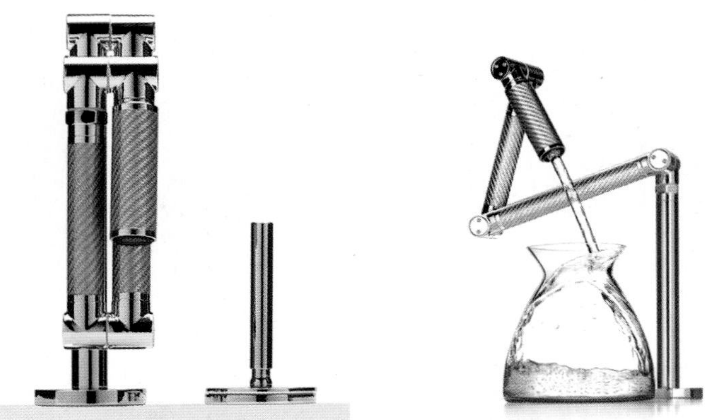

图 1-34

1.4.5 Poul Henningsen（保罗·汉宁森）的 PH 灯（图 1-35）

Poul Henningsen 的 PH 灯，是经典设计的符号之一。"PH"灯具不仅是斯堪的纳维亚设计风格的典型代表，也体现了艺术设计的根本原则：科学技术与艺术的统一。这一设计早在 1925 年的巴黎国际博览会上，便作为与著名建筑师勒·柯布西耶的世纪性建筑"新精神馆"齐名的

图 1-35

杰出设计而获得了金牌，并且至今仍是国际市场上的畅销产品，成为诠释丹麦设计“没有时间限制的风格”的最佳注解。保罗·汉宁森认为照明应当遮住直接从光源发射的强光，这种遮盖面积要相对大一些，以创造出一种美丽、柔和的阴影效果，覆盖在室内的大小物体上，还应利用一种相对向下的光线分布，产生一种闭合建筑空间的效果。PH灯具的重要特征：(1) 所有的光线必须经过一次反射才能达到工作面，以获得柔和均匀的照明效果，并避免清晰的阴影；(2) 无论从任何角度均不能看到光源，以免眩光刺激眼睛；(3) 对白炽灯光谱进行补偿，以获得适宜的光色；(4) 减弱灯罩边沿的亮度，并允许部分光线溢出，以防止灯具与黑暗背景形成过大反差，造成眼睛不适。PH灯具的优美造型正是这些特点的直接反映。

1.4.6 户外便携烤炉/设计：李雪松、褚旭(图1-36，该作品入围第十一届全国美术作品展)

大城市的喧嚣与忙碌，让人们更加渴望周末的好友小聚，户外烧烤作为一种团体自助活动俨然成为一种新兴的休闲娱乐方式，融合了自助餐和郊游的特点，广泛被家庭和学生一族们所接受。作品依托液压支撑连杆将两个烧烤作业面有效地支撑起来，易于折叠的结构使得产品在未经使用时且闭合的状态下体积呈现最小化，方便携带。烧烤必备的餐具和刀叉等都可以收纳进中间的仓体内。移走钢制的箅子，两个放置木炭的容器可以很容易地将炉渣倒出。轻巧的支架，两侧悬空的设计都体现着产品“便携”的设计理念。

1.4.7 “融”——都市乘用车/设计：周淼、郭文慧(图1-37)

未来的世界里，汽车与城市的关系愈加密切。为了缓解交通压力，节约能源消耗，本案设计从这两方面作了详尽的考虑，并在设计中充分体现。“融”的命题，包含着融合、消融的意味。未来的城市交通就似湍急的河流，汽车“融”就像河流中融入的一个个水滴，它们和谐、有序、从容不迫，不再有繁华的喧嚣，只留下静默的融汇与分离。从未来城市的发展状况来看，车在生活中不过是与手机相似的一种生活必要工具。既然不可或缺，那就不得不考虑其能源消耗问题。无论是使用油气类能源，还是光热型的清洁能源，我们都要本着节约的态度对待。本案设计充分考

一层烤肉部分
二层焦炭部分
三层炭渣部分
BBQ
different colour
折叠对称式炉体结构
有效利用面积×2

图1-36

Design Description:

"Fusion" of the car designing comes from the adjustment through the rear shelf.It may change multiple gestures.While parking,the tight frame,the premise of seats,easily up and down,the maximum space-saving;While in the high speed,expand the car,down the chassis,reduce the wind resistance,the maximum increase traffic efficiency;while in the complex road conditions,the appropriateadjustment frame point of view,enhance the chassis to avoid scraped touch,the maximum expansion of the scope of vehicles.

The future of public transport is no longer bus,subway,train,the crowded space,but will like a "dropfusion" elements,the electronic lock combination,it can travel together in a unified control. The more combined with the "fusion" elements,the less average energy they need.The concept of public stations is no longer waiting in the wind and rain in the crowded place,but merely "fusion" elements and energy adding points.

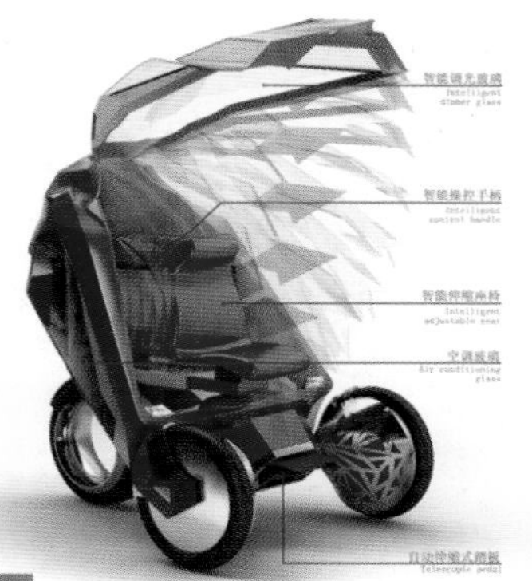

设计说明：

"融"的车身设计通过后轮架位的调整，可以变换多种姿态。停放车辆时，紧缩车架，前提座位，方便上下，最大限度的节省空间；高速行驶时，展开车身、降低底盘、减小风阻，最大限度的提高行驶效率；在遇到复杂路况时，适当调整车架角度，提升底盘避免刮碰，最大限度的扩充车辆的适用范围。

未来的公共交通不再是公交、地铁、火车这类拥挤的体块空间，而是将水滴般的"融"分子，以电子锁的方式结合在一起，汇聚起来统一操控行驶即可，结合在一起的"融"分子越多，它们的平均能源消费就越少。公共车站的概念不再是餐风食雨的拥挤场所，而仅仅是"融"分子的聚散地和能源补充站。

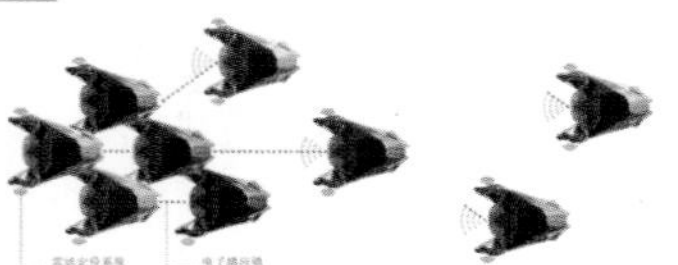

未来的世界，汽车与城市的关系愈加密切。为了缓解交通压力，节约能源消耗，本案设计从这两方面作了详尽的考虑，并在设计中充分体现。"融"的命题，包含着融合、消融的意味。未来的城市交通就似湍急的河流，汽车"融"仅是河流中融入的一个个水滴，它们和谐、有序、从容不迫，不再有繁华的喧嚣，只留下静默的融汇于分离。

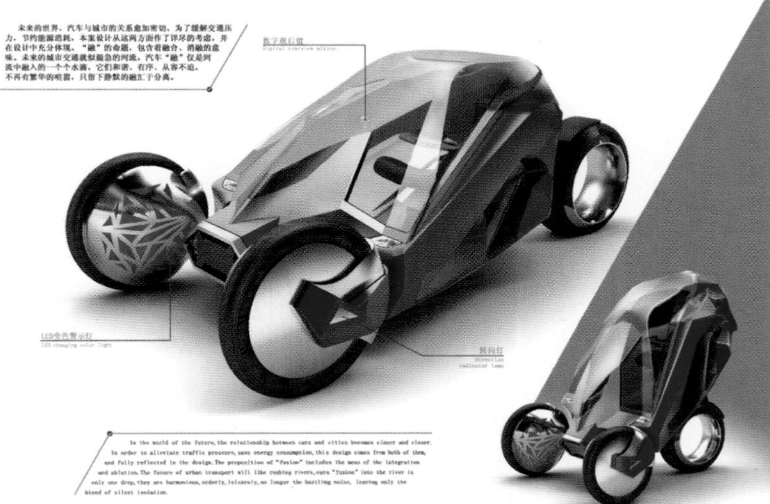

In the world of the future,the relationship between cars and cities becomes closer and closer. In order to alleviate traffic pressure,save energy consumption,this design comes from both of them,and fully reflected in the design.The proposition of "fusion" includes the mean of the integration and ablation.The future of urban transport will like rushing rivers,cars "fusion" into the river is only one drop,they are harmonious,orderly,leisurely,no longer the bustling noise, leaving only the blend of silent isolation.

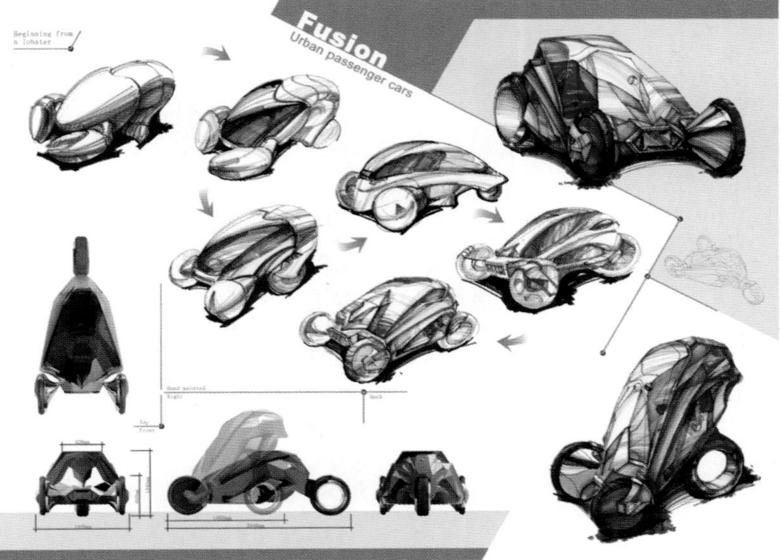

图 1-37

虑这一点，让“融”的个体实现了一种新的组合使用方式。未来的公共交通不再是公交、地铁、火车这类拥挤的体块空间，而是将水滴般的“融”分子，以电子锁的方式结合在一起，汇聚起来统一操控行驶即可。这种新的组合理念既可减少能源的消耗，又可有序地梳理繁杂的交通状况，结合在一起的“融”分子越多，它们的平均能源消费就越少，一举两得。公共车站的概念不再是餐风食雨的拥挤场所，而仅仅是“融”分子的聚散港和能源补充站。

“融”的车身设计通过后轮架位的调整，可以变换多种姿态。从收缩到展开，它的占地空间和行驶操控都有了更高效的解决方案。停放车辆时，紧缩车架，前提座位，方便上下，最大限度地节省空间；高速行驶时，展开车身，降低底盘，减小风阻，最大限度地提高行驶效率；在遇到复杂路况时，适当调整车架角度，提升底盘避免刮碰，最大限度地扩充车辆的适用范围，真正实现“形随意变、车随路变”的自由体验。

1.4.8 “聚焦向日葵”——自加热婴儿奶瓶/设计：周淼、郭文慧(图 1-38)

婴儿、奶瓶、向日葵、透镜，轻松的旅行使它们联系在一起，便携、环保的婴儿温奶帮手——聚焦向日葵。本案设计把凸透镜融入婴儿奶瓶底部，只要像向日葵一样面对着温暖的阳光，就可以利用透镜聚焦日光产生的热能，加热奶瓶中心的金属芯棒，从而提高瓶内液体温度，温奶的麻烦就由无处不在的阳光解决了。瓶体底部除了用来聚光的透镜窗，还包括三个可爱的向日葵面庞，红、黄、蓝三色的表情分别代表内部液体三种区间温度——热、温、凉，直白的图案方便观察与使用；瓶体的外侧有透明的容量显示刻度尺，便于调制饮品时使用；整个瓶体为梯筒形塑质材料制作，隔凉、轻便且强度高。

"FOCUS" sunflower
traveling baby feeder
"FOCUS" sunflower
feeder、sun、warmth、enjoyment, are fused together, you can feel the sun through the sweet milk. Along with the warm sunflower, the baby will have a comfortable travling.
"FOCUS" sunflower——portable and heating feeder.
SAM090223 NO.1

图 1－38a

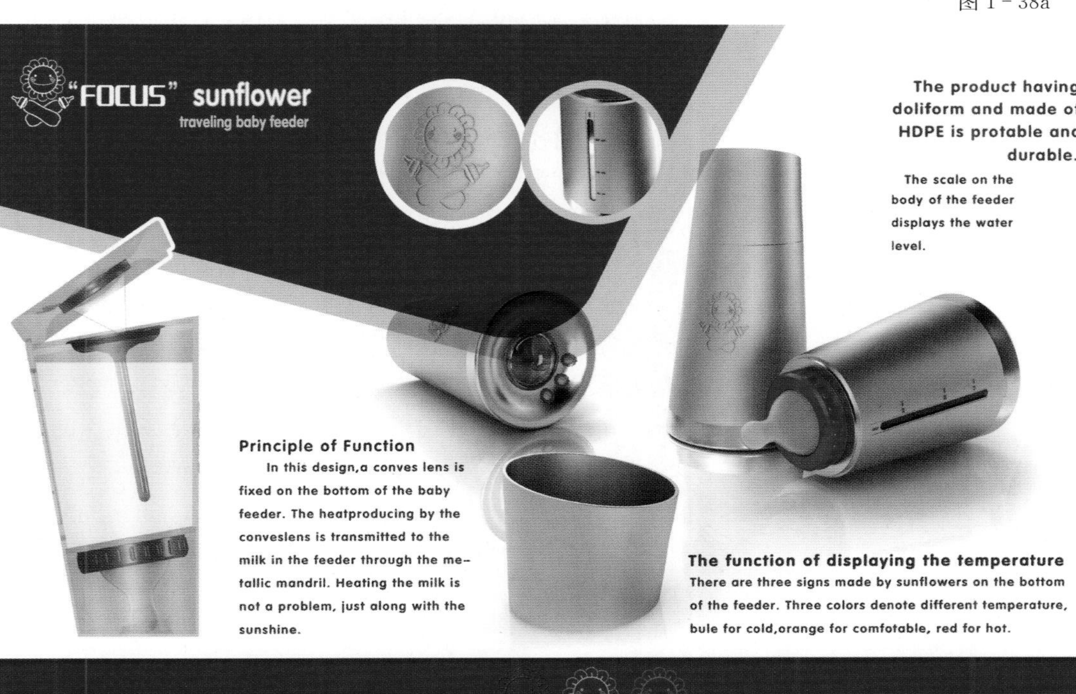
"FOCUS" sunflower
traveling baby feeder
The product having doliform and made of HDPE is protable and durable.
The scale on the body of the feeder displays the water level.
Principle of Function
In this design,a conves lens is fixed on the bottom of the baby feeder. The heatproducing by the conveslens is transmitted to the milk in the feeder through the me-tallic mandril. Heating the milk is not a problem, just along with the sunshine.
The function of displaying the temperature
There are three signs made by sunflowers on the bottom of the feeder. Three colors denote different temperature, bule for cold,orange for comfotable, red for hot.
SAM090223 NO.2

图 1－38b

第二章　设计思维中常用的产品创意方法

2.1　观念设计与多元设计风格

“观念”源自古希腊的“永恒不变的真实存在”，观即看法，念即想法；它是指人类支配行为的主观意识。观念的产生与人类所处的客观环境是密不可分的，它源自我们生活的客观世界。设计作为主体间审美意识的主观创造与解读，实际上是把一种主观意识有计划地通过视觉的形式传达出来的活动过程。设计并不是一种单纯的技能，而是我们观察和认知世界的一种方式，作为文化传承的物质载体，它能够触及人的意识活动，从而改变我们的生活。实际上观念设计是推动设计文化性延伸的源力，它根源于国家或民族的历史、地理、风土人情、传统习俗、生活方式、文学艺术、行为规范、思维方式、价值观念等基础范畴，对人们诠释生活、承接文化、发展历史、超越现代的社会文化发展起着至关重要的作用。

从观念设计的产生和根源不难看出其具有主观性、发展性、多样性和概括性等文化特征。主观性是指观念设计直接来源于人类的主观意识，虽然这种主观意识根源于客观世界，但观念设计仍然在转化过程中打下了深深的人类主观意识烙印；发展性是指观念设计是人类认知世界的一种方式，它是随客观世界的发展而发展变化的；多样性是指观念设计在其产生和发展的过程中受诸多因素的影响，因此其不可避免地发展成许多不同的形式类型；而概括性则是指观念设计是人类社会文化的总结与升华，它囊括了人类的文明与智慧，是人类美学文化的物质结晶。

2.1.1　推动观念设计多元化发展的文化要素

众所周知，现代科技的发展导致了全球化的文化趋同现象，一种强势文化观念会迅速蔓延到世界各地，但每种强势文化的产生都是基于深层次的文化特异性的。设计在本质、目的以及原则等诸方面都离不开强势文化对其的影响，文化的元素不断地渗透到设计中去，而设计又把种种特异的文化“气味”散发出来。产品设计是当代文化的一种新形式，无论如何它肯定是会被打上民族文化的烙印的。因此，地域性与民族性文化的发掘日益受到人们重视，“多元文化论”得到人们普遍的支持，说明由于地域文化的特异性所形成的观念设计具有顽强的生命力和蔓延性。在这种观念的指导下，地域性文化在一定条件下可以转化为国际性文化，而国际性文化也能够被吸收和融合为新的地域文化。这种全球性的文化观念多元构成是推动观念设计多元化的重要力量，在某种意义上，观念设计的地域性与国际性的特异与融合就是观念设计地域性的再创造。

信息技术的革命使观念设计的产生和发展正发生着深刻的变化，人们除了要求产品的物质功能被充分满足，还要求产品的精神功能让用户交流和宣泄情感。我们必须更多地去对设计与文化的关系进行思考。观念能够触及所有人的意识活动，满足人的精神需求，实现情感所必需的积极性、大众性、统一性、深刻性。由此可见，对观念的创造和发展是产品设计实现情感化的重要手段。德国著名的生态哲学家汉斯·萨克赛说：“物体的美是其自身的一个标志。当然这是我们判断给予它的。但是，美不仅仅是主观的事情，美比人的存在更早。”由此可见，社会审美具有主观与客观双重属性。观念设计的审美因素与审美标准正是由人群精神活动和物质活动共同规范的。认识运用这些审美观念是设计的前提，服务人类是设计的目的。物化形态作为设计载体从观念出发是必须的，这样才能创造出大量具有广泛性、客观性的美的形体。并且美同观念一样，在各领域或时间、空间范围里的价值不是一成不变的。观念中美的产生就是人的大脑对客观美的正确反映。设计作为人们生存与发展过程中的创造性活动，本质上也是一种文化观念的体现。文化的循环创造了观念，观念的转向改变了人。观念设计在不断地对文化的继承与超越中形成审美的多样统一。观念设计包括了诸多方面，有全人类共有的观念，民族间各有特色的观念，时代发展过程中自然形成的各领域的观念，另外还有基于科学性的观念、人文性和生活方式的观念等。观念设计的多元审美必定有着与之相适应的多样的文化范畴。在变化多端的文化范畴中，我们所设计的产品就应该以一种特殊的知觉态度去帮助人们取得一种审美的生活方式和风格。用观念引导潮流，使被忽视和掩盖的美好经验重新被人们认识。例如旅游产品开发，人们在开始追求旅游产品的精神体验以后就提出了淡化产品的效用，开始强调审美同情的设计观念。我们可以感觉到旅游产品已经不仅仅局限在旅游和地域文化的范畴，而更像是休闲文化中的一部分。旅行，并不在于你去了多少地方，购买了多少用来送人的旅游纪念品，而更多的是注重轻松、自由、美好的体验。然而快餐似的现代旅游，已经让人们忘记了旅行的真正味道，忘记给自己留一些时间去思考、去体验。由此可见，旅游产品不应只停留在纪念品、土特产品或是礼物的层次上。它的设计要使得人们感觉更加幸福，体验那不同的生活，不同的风土人情，感受到休闲的快乐。例如图 2－1 中面具式门票设计，为门票加入了体验的元素——它让使用者像参加舞会一样，用心去感受不同的风土人情。设计赋予了一直作为交易票据出现的门票更多人情味。这是观念转向所产生的文化差异和新生观念出现后所带来的联系纽带，也是对传统的效能性工业产品的超越，它蕴涵了丰富的情感内容。

图 2－1 特色面具式门票(沈阳大学郭文慧)

产品名称：枫叶体验面罩

内涵解析：繁杂的生活中你是否想象过自己是一片叶子，默默地发芽，默默的生长，默默的飘落化为乌有……暂时忘却身边的琐事，带上轻轻的体验面罩，让自己做片单纯的枫叶吧，在枫林中随风摇曳，翩翩起舞……

材料应用：

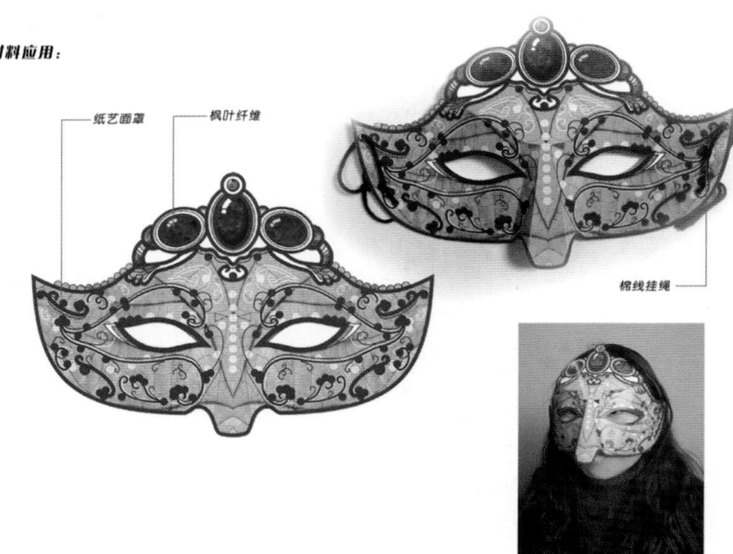

枫叶体验面罩

2.1.2　信息时代下的多元观念设计

到了信息时代，文化观念的发展已经日臻成熟和完善，各种思想交流融汇，互相渗透。随着世界经济的迅猛发展以及信息时代大传媒的作用，全球化在商业和城市环境中已表现得非常广泛。全球化带来异质文化的相互冲击，在此过程中，跨国接触与交流愈加频繁的文化观念引发了各地本土文化的再发现，而不是文化帝国主义或媒介帝国主义所说的同质化。这种文化的吸收与兼容引发了全球观念设计的井喷。新观念、新思维的层出不穷为信息时代产品设计注入了新的血液，观念设计的盛世来临了。前卫时尚的概念设计、生态环保的绿色设计、细腻亲切的情感化设计、有条不紊的慢设计、真实深刻的体验设计、善于反思与调整的再设计，静默的、喧嚣的、简单的、繁复的、浅显的、深奥的无所不有，它们形随意变，渐渐契合着现代人复杂的内心意识。他们抽取自不同的文化思想，同时又延展着丰富多彩的历史文明。

2.1.2.1　绿色设计

绿色设计不仅是一种技术层面上设计技法的创新，更重要的是一种设计理念上的变革，是人类开始从情感上接近自然的伟大尝试。它要求设计师放弃长久以来的那种过分强调产品外观材料和制作上标新立异的做法，而将设计的重点放在真正意义上的产品创新上面，以一种更富于责任心的方法去创造和发展产品的形态，用一种更为简洁、经典、大方的产品造型样式使产品尽可能地延长使用寿命。绿色设计反映了人们对于现代科技文化所引起的环境及生态破坏的反思，同时也体现了设计师道德和社会责任心的回归。

2.1.2.2　情感化设计

物质生产极大丰富的现代社会，随着生活节奏日益加快，人们更关心情感上的需求及精神上的需求。满足人们内心深处的愿望成为了设计的重要考虑因素之一，让产品这一特殊的物质形态具有思想性和人的情感，成为现代设计师们首要解决的问题。通过情感化的产品设计拉近人们之间的距离，改善人们的生活，实现产品情感化，使产品更具有“亲和力”和较强的情感化因素，让人在与物的交流过程中产生愉悦的心情，享受快乐的同时更满足必要的需

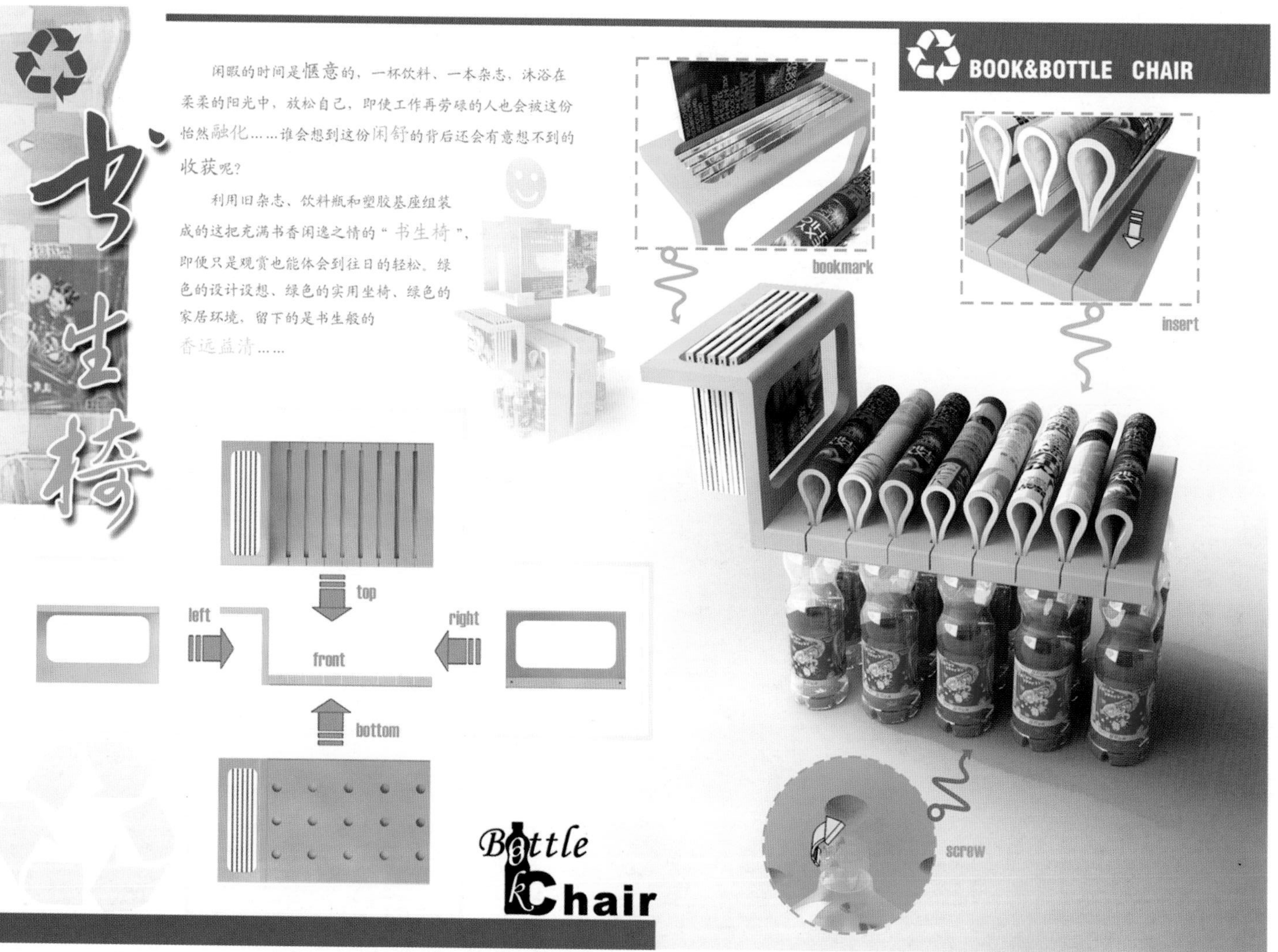

图2-2 绿色设计“书生椅”(东北大学 周淼)

求。图 2 - 3“成熟的萝卜”是以耕作、游牧的原始生活体验为理念设计的一款利用太阳能照明的室外草坪灯。安置灯具的过程就好比种植蔬菜一样：白天种下白色的小萝卜，经过吸收阳光积蓄养分，夜晚，一棵棵白色的小萝卜“长成”了熟透的红色萝卜。设计的最大特点在于将人、产品和自然环境完全地融合在一起。将真实的植物种子种植在灯身中部的小器皿内，经过照料，慢慢的，植物发芽长出叶子后，与红色的灯身组成了一棵以假乱真的萝卜。人们将从这有趣的过程中，体验到产品与人之间有互动性，产品是自然环境的一部分，是有生命和延续性的。

图 2 - 3　“成熟的萝卜”(色鑫)

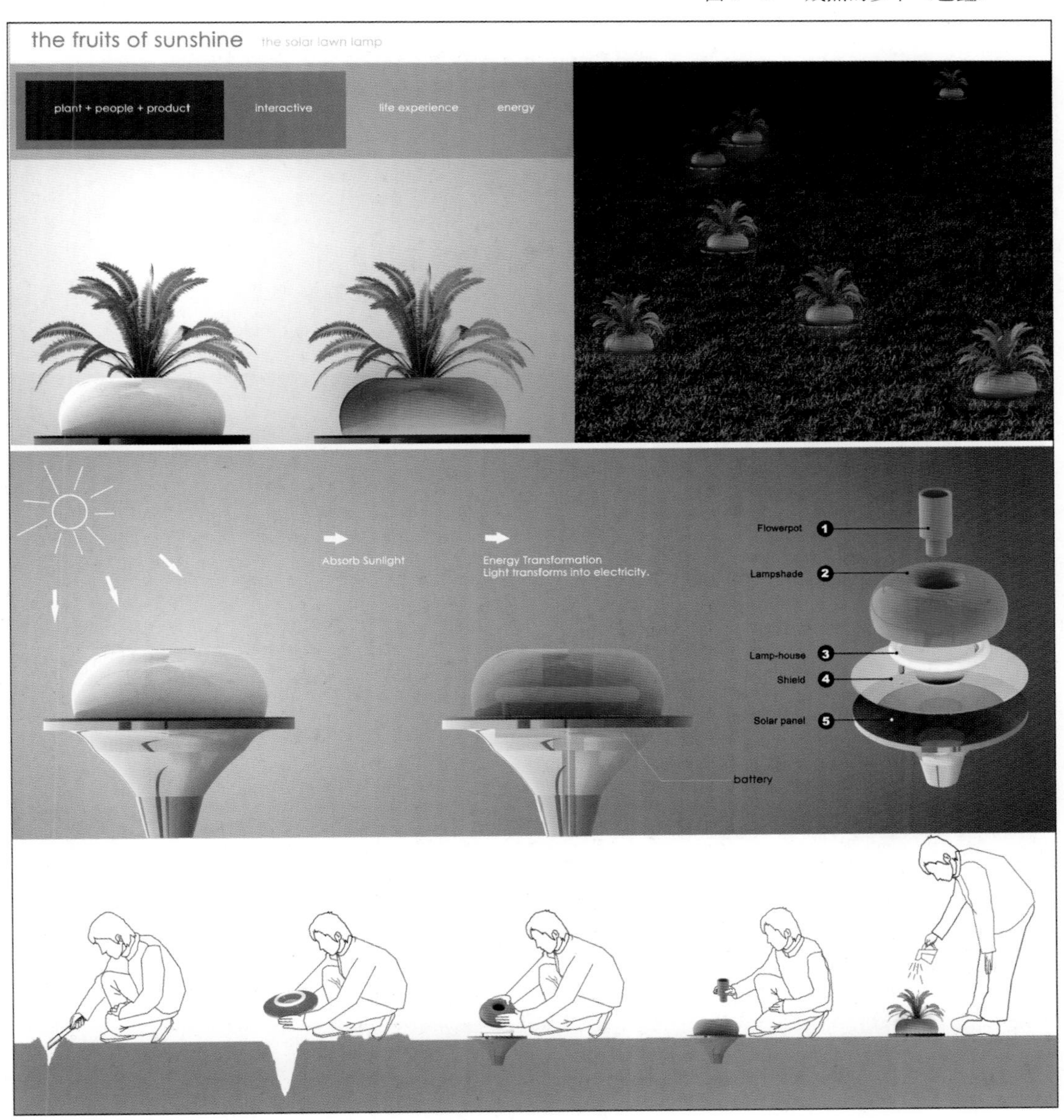

2.1.2.3 慢设计

慢设计是基于人们对精神生活的追求而提出的淡化产品功能，强调审美同情的设计概念。对于讲究功能的人而言，慢设计显得复杂且没有必要，但它改变了长期以来“快”带给人们的僵化、冷漠的感受。它用一种近似仪式的使用过程，触摸人们内心最容易被感动的情结，使人忘记时间的流逝，感受生命刹那的静穆。好的设计灵感或许只有在这种随性、超然的感知状态下通过“澄怀”去“味象”，即“澄观一心而腾踔万象”。这种将生活复杂化的设计承载着心灵交流的温馨和乐趣。这一观念倡导的是“慢”生活，只有慢下来，不盲从日常事务运作的节奏，我们才有可能忘却外在的一切缧绁之苦，才有可能忘记自身世俗的存在，在陶然沉醉中，进入美的体验境地。

2.1.2.4 概念设计

概念设计更多地应用于当今时代的最新科技成果支持下的产品研发，它代表着未来产品的发展方向，给人以更广阔的遐想空间。因为概念设计具有超前的构思，应用

图 2-4 自己刻图案的趣味软木灯（东北大学 谢金婷）

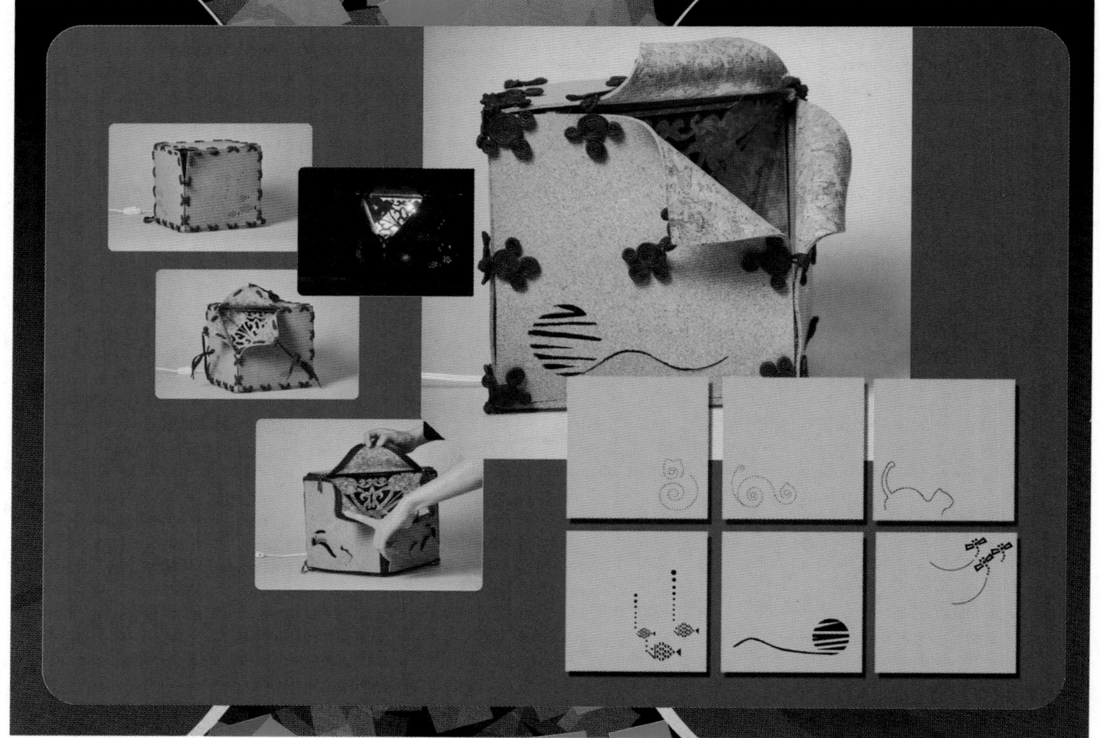

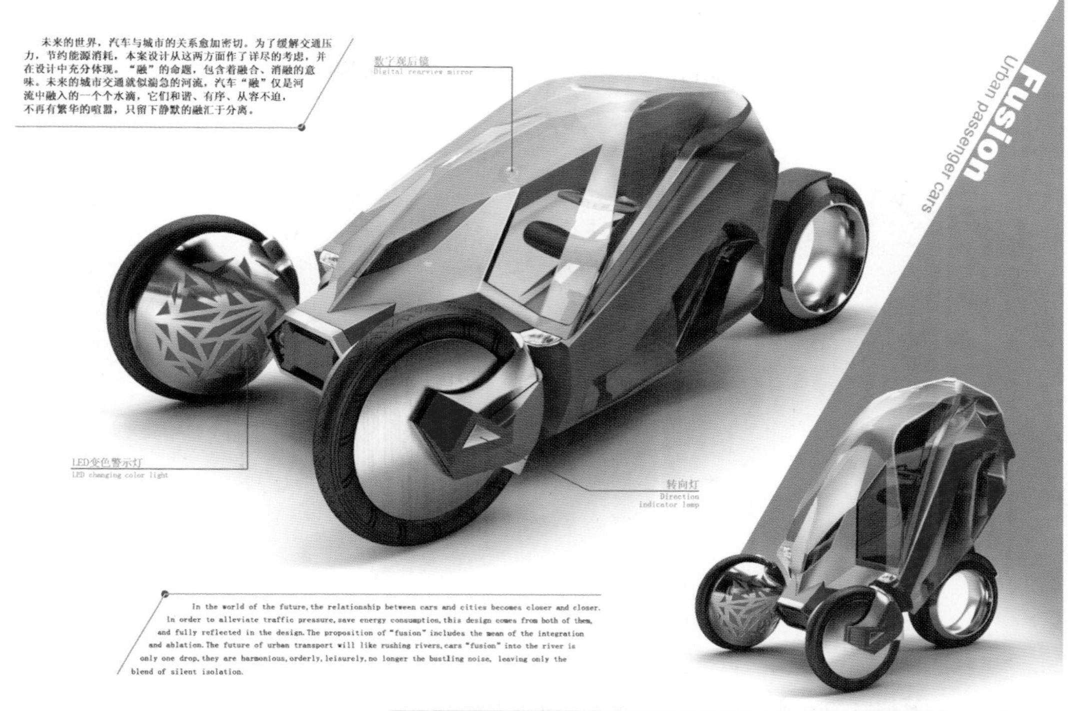

图 2-5　Fusion(沈阳大学　郭文慧)

最新科技成果体现设计者独特的创意，它不仅完整地诠释了设计者对未来的预见能力，也能从中领略到产业中最顶尖的科学技术。概念设计可以更多地摆脱生产制造水平方面的束缚，尽情地甚至夸张地展示自己的独特魅力。就概念设计而言，设计新产品就是设计一种新的生活方式、工作方式、休闲方式、娱乐方式，现代设计更多地体现着人类深层文化中一种生存理念和精神向往。

2.2　产品设计创意方法

2.2.1　设计与创意

创意就是具有新颖性和创造性的想法，是人本价值导向的创新，是产品设计的异质性价值与基础性效用的分离。创意是设计的基础能力，也是原始动力，创造力的充分发挥将给设计带来无限的活力。凯夫斯在《创意产业经济学》中指出，创意性产品的特性、基调、风格“独立于购买者对产品质量评估之外”，“当存在横向区别的产品以同样的价格出售时，人们的偏爱程度是不同的”。可见，这种产品间的差异性主要是由创意决定的。当创新在内容上体现出更多如快乐、满足、善良、可爱等“人”化价值时，创新方式相应就会更多地转向“艺术化创造”。

历史地看，人类长期处于物质匮乏的状态，发展经济能够增加人的生存能力从而增加幸福。但是进入 21 世纪，饥饿、安全、生存等的生理需求和安全需求问题逐渐得到解决。当财富积累到一定程度时，它的增加对幸福的作用就越来越小。奚恺元提出过这样的问题，“中国几十年发展，温饱问题大部分解决了，但事实上不是所有人都开心，怎么样把现有的物质转换为心理的满足?”奚恺元的实证研究表明，在人均 3 000 美元收入地区，效用与价值的相关度下降到 2%以下。可见，在低级需求层次没有满足前，经济是以效用为核心的，产品设计的实质表现为效用最大化；低级需求层次满足之后基于情感的文化概念对消费者评估价值的影响逐渐加大。创意正好作用于这一文化区间。创意产业人员关注的往往并非“利益最大化问题”，而是发自内心的满足。创意是自然而然的，要求自然放松、水到渠成。以最大化理性为理念的管理，对创意是不适用的，它呼吁更人性化的管理。而从功能化设计走向创意设计，我们可以看到，创意对创造高附加值的贡献，远远超过产品质量的贡献。当下的产品设计所强调的是一种系统全面的创新，当我们在进行设计创意的时候，要认识到创意不同于其他的特性方面，这就要求我们从技术、艺术、人文、经济、生态等诸多方面考虑，如何针对“人”的需求特色来进行设计，设计师必须抓住人们在一定的范围内的特殊需要，让使用者感到一种融洽的、被关爱的幸福。这种设计可能是一种大跨度的全新产品概念的创造，亦可能是为了适应现实的小的产品改良；它可能是强调人与自然的和谐，从而给人们提供一个合理的消费方式，又或是倡导另一种新的生活方式。如图 2 - 6 中，设计师郭文慧设计的 Hillside in home 在家庭中创造草地、星空等元素，既能勾起成人对童年的美好记忆，又营造出与家人温馨沟通的环境平台。其实种种的创意性设计都可以从科学性与艺术性的交汇点上，传统与现代的结合点上，理性与感性的关联点上进行特色性的创造。

总的看来，创意的特殊性是由价值的非异化特性，引起生产及组织的有机的、复归的特性。纵观各个行业，创意越来越成为创新的内在活力源泉所在。文化创新、产品创新，归根到底，是人类社会组织的有机化发展过程，而创

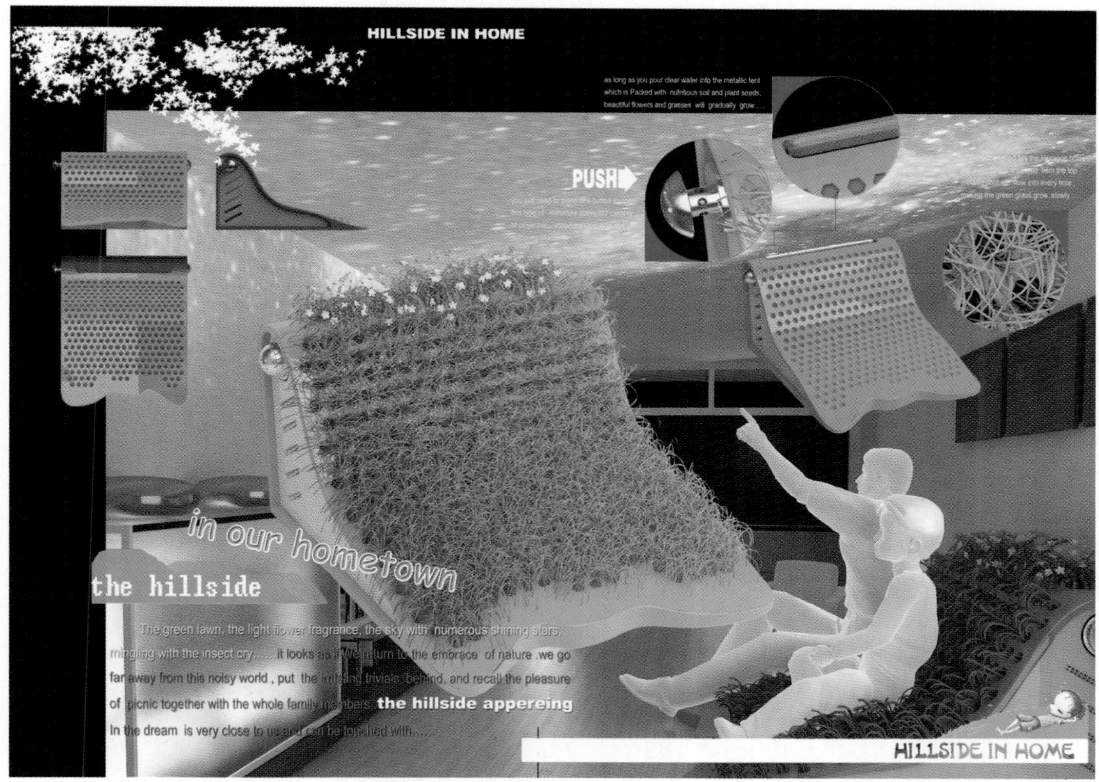

图 2－6　Hillside in home(沈阳大学　郭文慧)

意则是更基础层面的社会有机化转变方式。离开了创意基础的国家创新、企业创新,只能导向工具理性的技术创新。从功能化设计走向创意设计,我们可以看到,创意产品的新概念层出不穷,它甚至向音乐、图书、电影、游戏,以及设计、广告、公关等众多门类蔓延。这种依靠独特的设计和概念,来吸引消费者的新型产业,被称作创意产业(Creative Industry)。这些设计别致、创意新颖的非生活必需品正越来越受到消费者的追捧。越来越多设计师敏锐地察觉到这个潜力市场,加入到其中,我们看到一个更加自由、脱离标准化、彰显个性的时代正在形成。设计师色鑫设计的“萤火虫”浪漫照明桌灯就是个很好的例子,许多人都知道古时候勤奋的人将萤火虫放入瓶子中,借助其发出的光来学习的故事。“萤火虫”灯就是根据这个小故事为创意点而设计的桌灯。利用现代的材料和技术让人们体味故事的情节并从中感受故事中的那份感动。灯具主体是透明的玻璃材料,内部错落放置许多小直径的LED灯,每个LED灯后有一条绿色的电线连接主线路板,白天时,整个灯体看起来像许多种子在瓶子里发芽生长。夜晚时,按下“瓶塞”部分。每条线路前端LED灯发

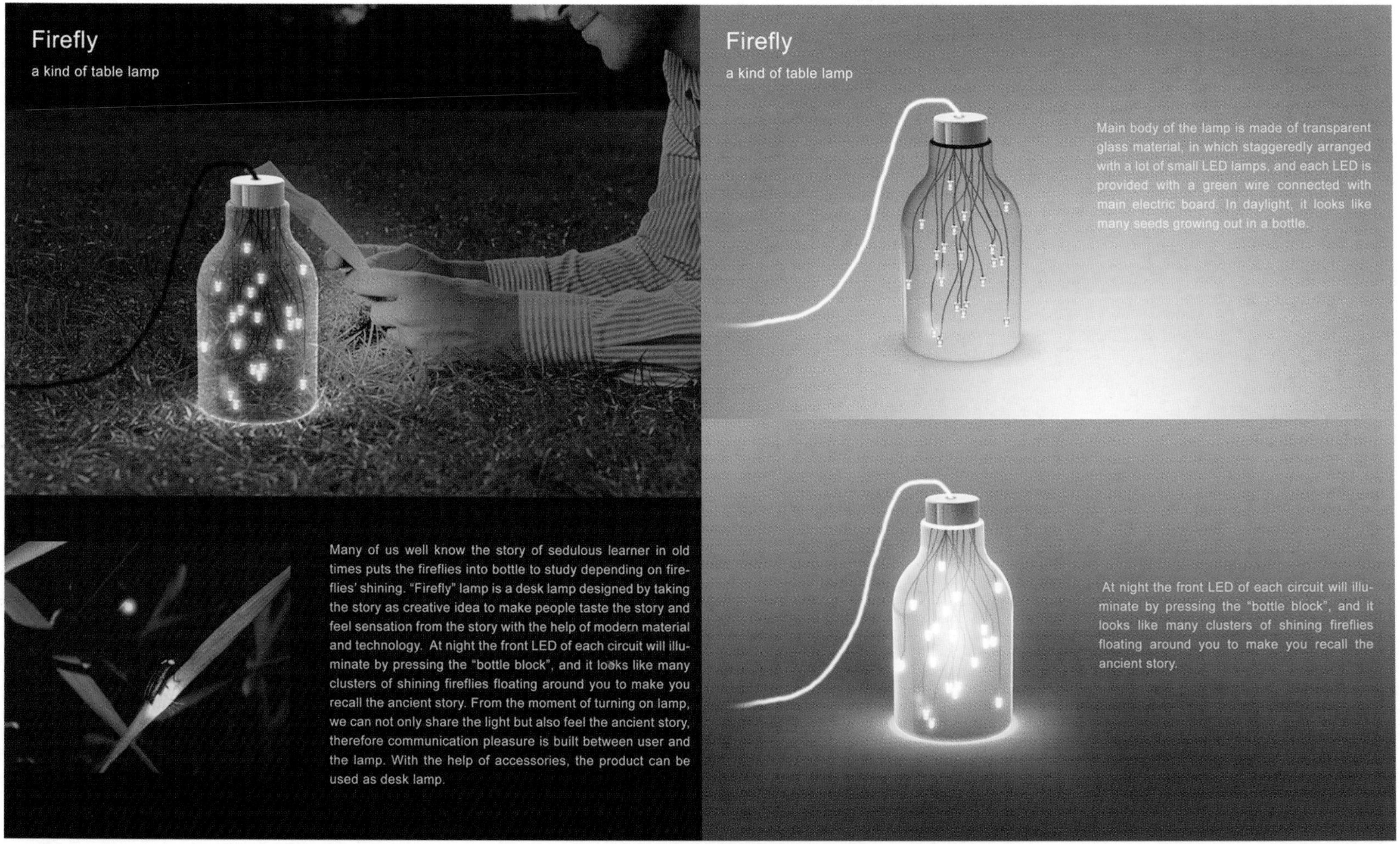

Firefly

a kind of table lamp

Many of us well know the story of sedulous learner in old times puts the fireflies into bottle to study depending on fireflies' shining. "Firefly" lamp is a desk lamp designed by taking the story as creative idea to make people taste the story and feel sensation from the story with the help of modern material and technology. At night the front LED of each circuit will illuminate by pressing the "bottle block", and it looks like many clusters of shining fireflies floating around you to make you recall the ancient story. From the moment of turning on lamp, we can not only share the light but also feel the ancient story, therefore communication pleasure is built between user and the lamp. With the help of accessories, the product can be used as desk lamp.

Firefly

a kind of table lamp

Main body of the lamp is made of transparent glass material, in which staggeredly arranged with a lot of small LED lamps, and each LED is provided with a green wire connected with main electric board. In daylight, it looks like many seeds growing out in a bottle.

At night the front LED of each circuit will illuminate by pressing the "bottle block", and it looks like many clusters of shining fireflies floating around you to make you recall the ancient story.

图2–7 "萤火虫"浪漫照明桌灯(色鑫)

出光芒，整个灯体看上去就好比一簇簇发光的萤火虫飘浮在周围，会让人们联想到那个远古的故事。在开灯那一刻起，灯光不仅带来光明，同时人们也可以感受到情节和故事，这样用户和产品之间增添了交流的乐趣。依托成熟的LED照明技术，辅以怀旧、温暖的情感设计，使得这件并不昂贵的奢侈品成了小资点缀家庭气氛的首选。优秀的外观工业设计加上新颖的功能，得到了广大年轻消费者的宠爱。

可以预期未来几年，创意型的产品设计将被更大幅度地"人"化后推向市场，各种新鲜玩意都将成为情趣生活的调味剂。物质需求的上升带来了精神需求的多样化，人们对文化创意设计产品的接受和认可，带来了这个行业的发展新曙光。不同的大环境下有不同的市场需要，先知先觉地了解市场，了解全球经济动向，才能促成设计行业的正常良性发展。

2.2.2　设计创意构思的约束和指导

产品的设计创意过程是一个提出概念、设计方案、决策新产品的渐进过程。创意的形成离不开创造性思维，创意思维具有目的性、求异性、突变性等特征，具体表现为形象思维和符号思维两种类型。

形象思维又可以称为直觉思维，包括联想、灵感与顿悟等多种方式，根据已知的知觉材料，重新加以组合和联想. 从而形成新构思、新形象。符号思维强调数理逻辑、归纳逻辑和演绎逻辑等逻辑思维，主要运用的是概念、判断、推理的思维形式，对产品创造进行程序化、量化分析。形象思维用于发散、跳跃地寻找产品的创意概念，符号思维用于对创意概念的梳理和决策。在整个产品创意过程中，两种思维相互结合发挥着作用。因此，创意并不是像无头苍蝇一样的到处瞎撞，它是在一定的约束和指导下进行的，也只有这样才能让"想象"里的事物，变得更真实合理，并最终能够在现实中建立起来，我们大体可以把这些约束和指导归纳为以下的六个方面：

团队合作：科学地依靠团队的智慧，在明确目的的前提下，多学科、多人群间互相启发、集思广益。

模拟真实：只要使虚拟出产品的使用情景尽量模拟出"现实场景"，就可以使意象世界里的东西都变得很有"真实感"。

合理构想：尽量用现有知识和常规去构建想象内容，

无论产品概念多么夸张离奇，都能使其合理化的。例如设计飞行器，可以大胆想象，但如何解释它的飞行原理就要考虑概念的设计问题。

逻辑缜密：事物规律是我们思维的经验认知，而想象的内容如果符合普遍逻辑规律，即能使人感到可信。想象和构建逻辑规律同样重要，完全没有逻辑基础的想象真实度就会很低。使用逻辑的方法使设计创新更为缜密，想象也更能接近实现。

典型概括：典型就是根据一类事物的共同特征来概括生活，创造典型形象的方法。例如各种设计风格的形成，当某一类接近的形式规律普遍出现，演进微妙，并与其他时空的普遍概念有了明显的不同，这就形成了新的行业普遍特征。这些特征的共性整合可以显示为这类普遍特征的典型化过程，而设计起码在一个重要的角度就是追求这种新的典型化的过程。因为设计的目的是普遍成果而非个体成果，这也是区别于单纯艺术的特征。

迂回逆反：有目的地识别已形成的产品设计思维定式，进行逆反思维，从而引出新的创意。常见的逆向思维方式有前后逆向、功能逆向、因果逆向等。当面临某个产品创新问题而束手无策的时候，可以扩大搜索的范围，从其他方面寻找启发，激发创意，解决问题。

2.2.3 设计的创意思维方法

我们把创意思维方法进一步地规范、具体，于是就产生了种类繁多的创意方法。从创造思维的角度来看，我们大致可以把这些方法归纳为印象 KJ 法、5W1H 检讨法、头脑风暴法、导向法、心智图法和检核表法。其中 5W1H 检讨法、印象 KJ 法通常被用来预测产品的潮流风向和确定市场定位；头脑风暴法、导向法属于发散型思维创意方法，主要用来开发新产品概念；心智图法、检核表法强调深入理解构成产品的元素间的关系和改良价值，在产品改良设计中有着重要指导作用。

2.2.3.1 印象 KJ 法

印象 KJ 法是将未知的、未曾接触过产品领域的相关事实、意见或设想之类的资料收集起来，并利用其内在的感性印象关系定义产品差异，归类合并成 A 型图解。在未知和无经验的情况下，产品的潮流风向和市场定位是杂乱无章的，除了弄清每一个有关的事实，冷静分析掌握的

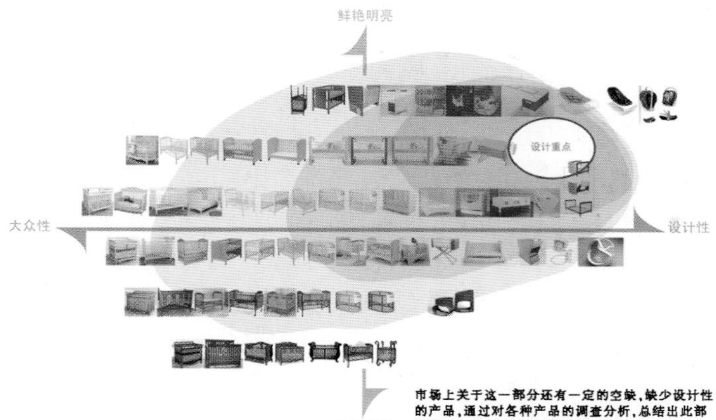

市场上关于这一部分还有一定的空缺，缺少设计性的产品，通过对各种产品的调查分析，总结出此部分产品的特征，来作为设计的基础。

图 2-8a　儿童床趋势印象 KJ 法分析图

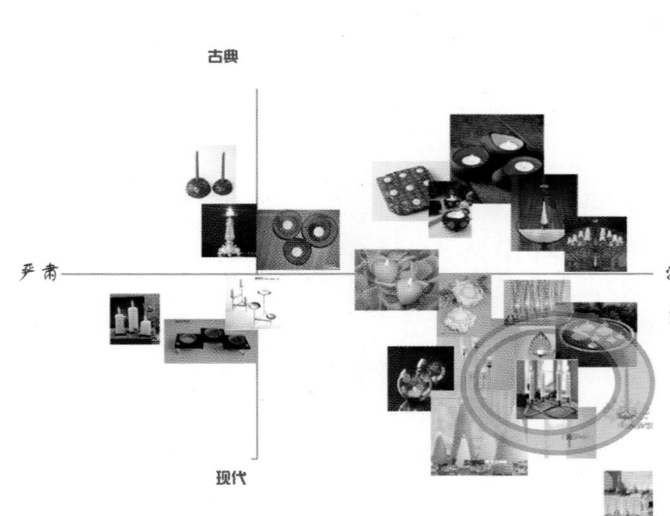

新时代情感化烛台设计
现有产品市场调查
古典
严肃
浪漫
现代
由图可知：a.烛台发展趋势渐渐偏向于现代感强且装饰味十足的方向发展。
b.现有烛台所包含的情感化元素较少。
c.蜡烛形态多样，为烛台的设计提供了更多的形式。
d.蜡烛的光温暖柔和，可以给人带来心灵的慰藉。
e.目前市场上的烛台品种繁多但使用者很少，没有得到大家广泛的追捧
发展前景分析：烛台形式变化空间巨大，结合新颖材料，在新的社会环境下，能够与人们形成情感互通的产品将是未来烛台的主要研究课题。

图 2-8b　现代烛台风格趋势印象 KJ 法分析图

实际资料外，关键在于掌握多数人对产品的主观印象。印象 KJ 法所用的工具是 A 型图解，而 A 型图解就是把收集到的某一特定主题的大量资料，整理成卡片，根据它们相互间印象坐标关系分类综合的一种方法。利用这些资料间的相互关系予以归类整理，以便从复杂的现象中整理出思路，抓住实质，找出解决问题的途径(图 2-8a、b)。

常用的关于外观类的印象词汇：

1. 惹人爱的；2. 有活力的；3. 鲜艳的；4. 娇艳的；5. 老式的；6. 震撼的；7. 民俗的；8. 优雅的；9. 美味的；10. 漂亮的；11. 庄重的；12. 匀称的；13. 成熟的；14. 随

性的;15. 帅气的;16. 华美的;17. 枯燥的;18. 可爱的;19. 振作的;20. 伶俐的;21. 强烈的;22. 经典的;23. 光亮的;24. 酷的;25. 豪华的;26. 艳丽的;27. 执著的;28. 个性的;29. 古典的;30. 孩子气的;31. 清爽的;32. 刺激的;33. 时髦的;34. 素雅的;35. 质朴的;36. 敏锐的;37. 冲击性的;38. 高级的;39. 新鲜的;40. 简单的;41. 凉爽的;42. 有速度感的;43. 智能的;44. 清洁的;45. 清楚的;46. 性感的;47. 先进的;48. 洗练的;49. 朴素的;50. 有生气的;51. 单纯的;52. 美艳的;53. 传统的;54. 都市感的;55. 热闹的;56. 华丽的;57. 娇柔的;58. 平凡的;59. 摩登的;60. 温柔的;61. 野性的;62. 优美的;63. 浪漫的;64. 狂野的;65. 年轻的;66. 东方的。

常用的关于感情类的印象词汇:

1. 安全的;2. 纯粹的;3. 喜悦的;4. 深奥的;5. 开放的;6. 有活力的;7. 舒畅的;8. 高尚的;9. 健康的;10. 有行动力的;11. 惬意的;12. 滑稽的;13. 幸福的;14. 自然的;15. 可亲的;16. 青春的;17. 纤细的;18. 高兴的;19. 容易亲近的;20. 怀念的;21. 快乐的;22. 微妙的;23. 不可思议的;24. 娇嫩的;25. 理智的。

2.2.3.2 “5W1H”检讨法

5W1H 检讨法可以提示讨论者从不同的层面去思考和解决问题。所谓 5W1H 是指概括一个产品机会的基本元素。这些元素包括: Who,指的是目标用户;What,是他们的需求;Why,他们有这种需求;When,这件事情又是什么时候发生的;Where,他们是在什么环境下做这件事;How,现在的情况下他们是怎么做这件事情的(图 2-9)。

2.2.3.3 头脑风暴法

头脑风暴法又称为集体思维法.它是美国的阿历克斯·奥斯本博士 1937 年首先提出的一种强调集体思考的创意方法。头脑风暴法的基本点是积极思考、互相启发、集思广益。风暴主要以团体方式进行,可以运用此法激发灵感,并得到多种思路解决方案。在科学技术飞速发展的今天,一个人很难有全面的知识体系,集体思考、集体智慧正好可以防止个人的片面和遗漏。头脑风暴的基本原理是通过强化信息刺激,促使思维者展开想象,引起思维扩散。在短期内产生大量设想,并进一步诱发创造性设想。

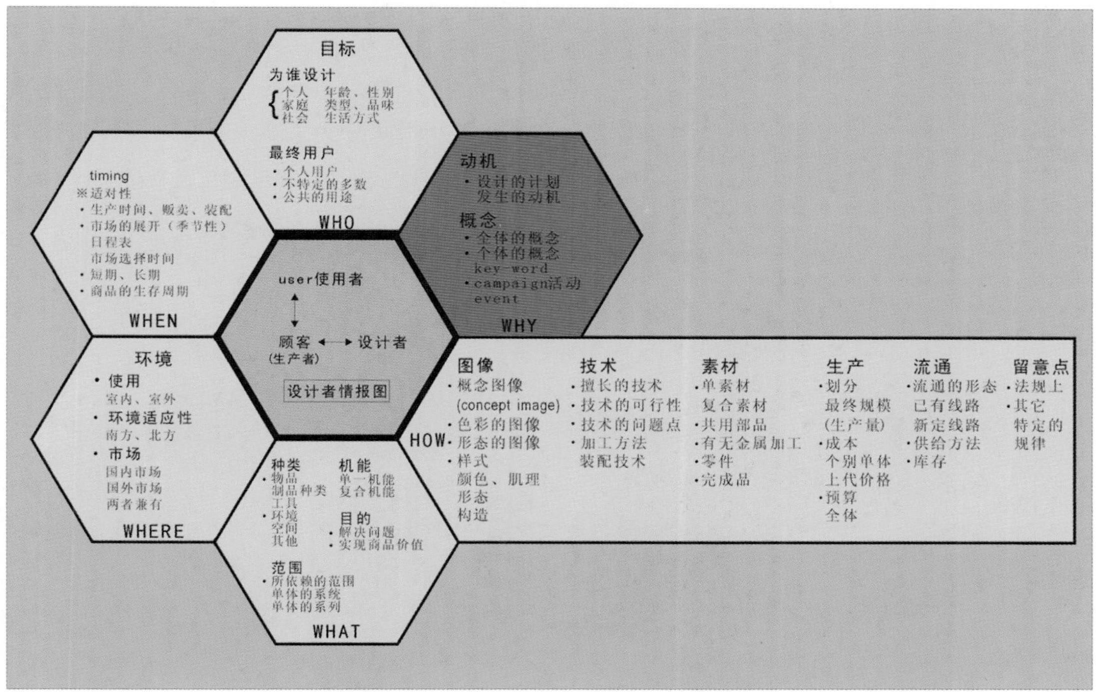

图 2-9　5W1H 设计者情报图

设计方案初期阶段，掌握了初步的资料和方向后，运用头脑风暴方法，激发设计者和整个团队创意，力求产生大量的点子和思路。个人经过头脑风暴的过程可以使设计思路变得开阔，不会过早拘泥于细节。这样对于项目定位准确性有重要帮助，为进一步深化设计，提供素材。团队进行头脑风暴过程，可以产生海量成果，通过讨论，总结出接近设计目标的策略。头脑风暴法实施是在规定的时间内，集中构建出大量概念想法。从这些大量的思考成果中提炼出优秀新颖的构思。完成"量"的思考到"质"的升华。在个人提出思考问题和探索解决方法的过程中，规定不得评论别人的意见和观点；其他人在发言时要认真地听；安排专人记录会议期间提出的意见和观点；提倡大家畅所欲言，互相启发、取长补短，提出创新方案。这样一来，我们就可以获得更多富有成效的改进方案。

1. 实施方法

明确目的：设计方案初期阶段，整个团队讨论研发项目的社会因素、经济因素、科技因素，掌握初步的设计资料和方向。

讨论结构：

三三法，设计团队分为 3—4 个小组，每个小组 2—4 人。每个小组 10—20 分钟内分头进行设计和意见交流，取得综合成果再汇总到团队直接表述综合意向。三三法往往能形成特色突出而又思考深入的差异性成果。

六六法(Phillips 66 Technique)，也是以开展头脑风暴的团队讨论法，将大团队分为六人一组，只进行六分钟

图 2-10 “趾间精灵”脚趾外翻矫正器(东北大学 刘茜 夏婧)

“轻松杯”2010沈阳工业设计大赛

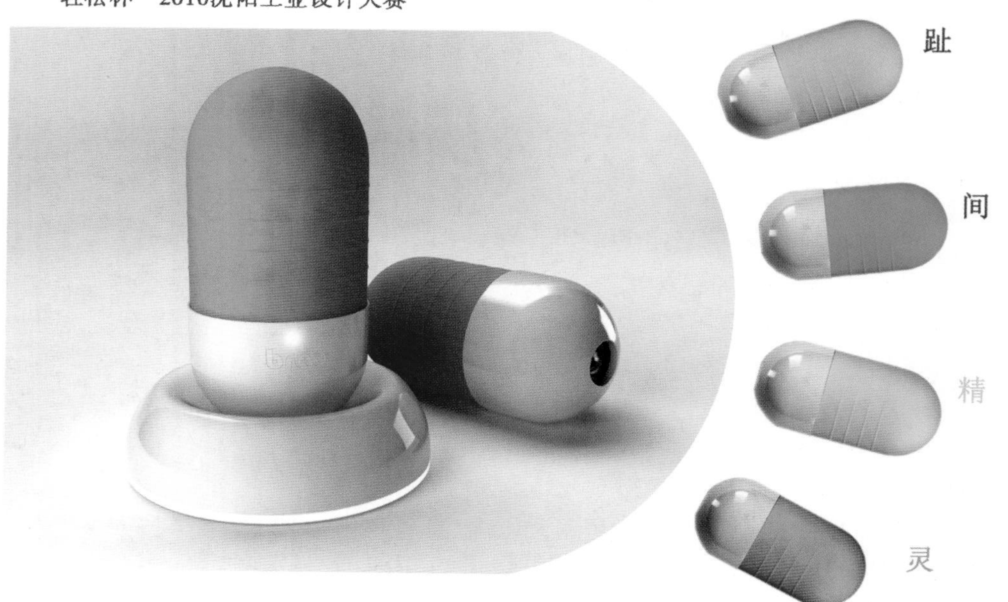

内部结构展示：

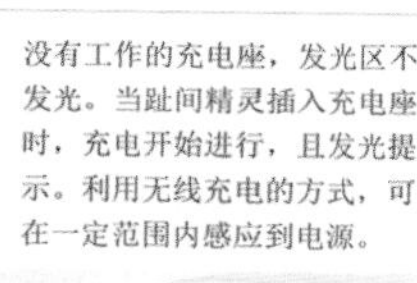

没有工作的充电座，发光区不发光。当趾间精灵插入充电座时，充电开始进行，且发光提示。利用无线充电的方式，可在一定范围内感应到电源。

产品说明：

趾间精灵是一款主要用于人的脚趾间的产品。它可以通过自身有规律的收缩和扩张来达到一个缓解，乃至治疗脚趾外翻的功效。

小巧可爱是它的特色之一。它工作在脚趾之间，就像小精灵穿梭于丛林之间，缓解脚趾不适的同时，为你带来娱乐新感受。

它的另一特色就是方便携带。大拇指大小的胶囊状趾间精灵可以随时随地与你相伴而不会为你带来负担。

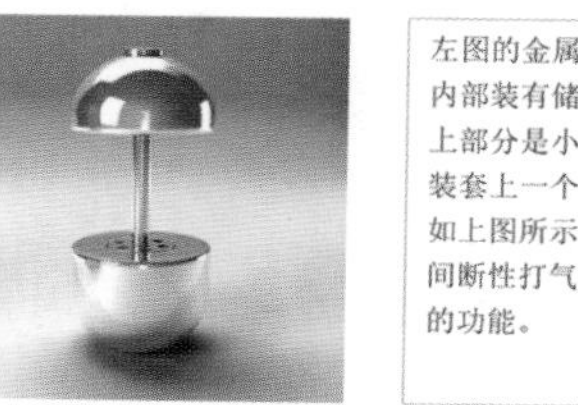

左图的金属结构下部分的内部装有储电器、气泵等，上部分是小型按压开关。装套上一个配套的气囊则如上图所示。气泵向气囊间断性打气实现收缩扩张的功能。

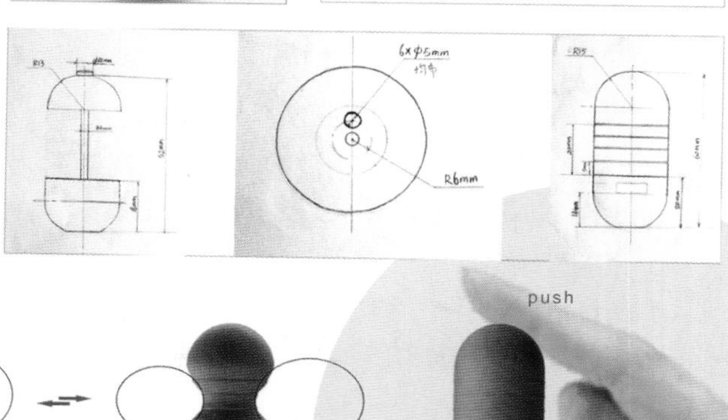

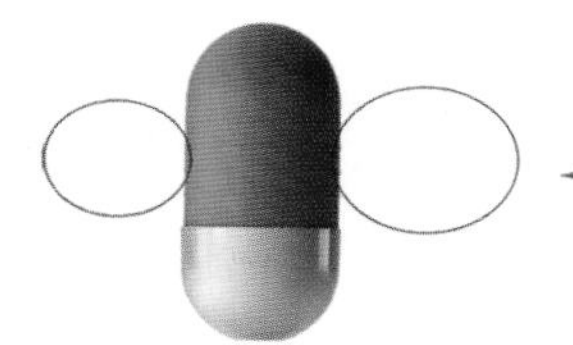

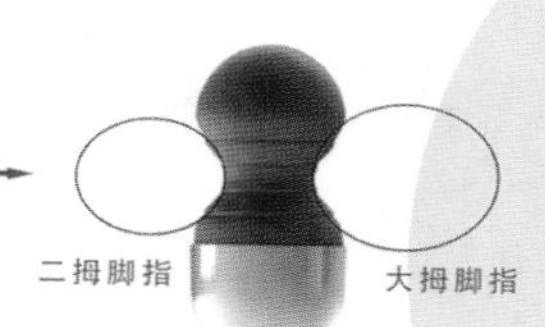

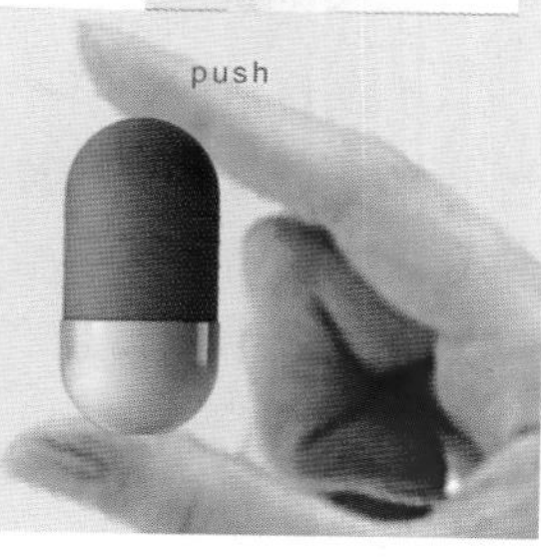

的小组讨论，每人一分钟。然后再回到大团队中分享及做最终的评估，这样产生的成果意见更趋均匀。

2. 头脑风暴限制条件

设计头脑风暴的运作时间没有固定限制，一般一次分组讨论和产生成果时间为 10 分钟左右，团队讨论需要三次以上，综合考虑 1 小时左右较为合适，不宜过长。设计团队人数在 10 人左右到 20 人左右，按照三三法和六六法进行组织。这样可以保证有较高的效率进行交流沟通，又不会因人少而造成缺少创意成果。

3. 头脑风暴实施原则

自由畅想：思考不受任何限制，放松思想，自由开展。如有可能，通过绘图方法表现设计理解，辅以文字，可以较直观表现思想。

限制批评：提出想法和团队讨论，必须坚持当场不对任何设想作出评价的原则，以促进更多的想法提出。

以量求质：进行头脑风暴过程，目标就是获得尽可能多的想法，以便获得不同角度和有价值的创意。

完善补充：取得有质量的创意后，需要进行完善和补充信息。不断地促进思想展现，使阶段性设计成果向成功的解决方案更加靠近。

2.2.3.4 导向法

导向法可以把要解决的问题方向强调出来，有针对性地进行创意。主要包括希望导向法、缺点导向法。

1. 希望导向法

这是一种不断地提出“希望”、“怎样才能更好”等等的理想和愿望，进而探求解决问题和改善对策的方法。把想要设计的产品以“希望点”的理想状态的方式列举出来，然后根据主客观条件，确定设计的方向。用这种方法进行创造的时候，可以采用头脑风暴，有针对性地列举各种“希望点”。将希望点进行整理，经过分析选出若干来进行研究。比如做一个女性保健类产品的设计，有人希望没有腹部赘肉，有人希望没有皱纹，有人希望长时间穿高跟鞋脚趾不外翻，有人希望效能准确，有人希望外观时尚……将这些希望点集中、排序，根据希望与可能性进行新产品的设计。

2. 缺点导向法

其实缺点导向法是希望点导向法的一个变形形式。任何产品进入市场之后都会暴露出一定的缺点，我们把这

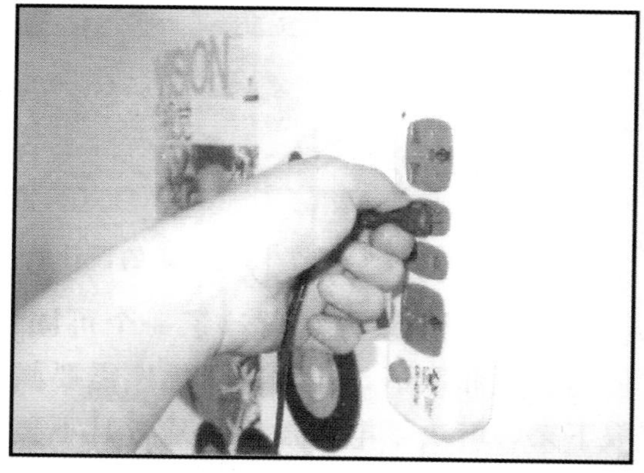
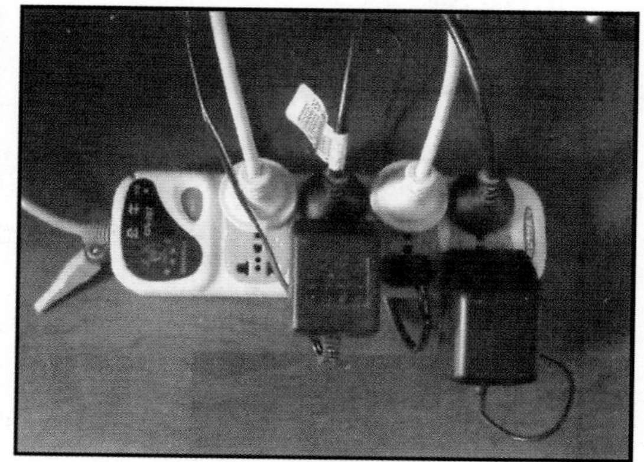
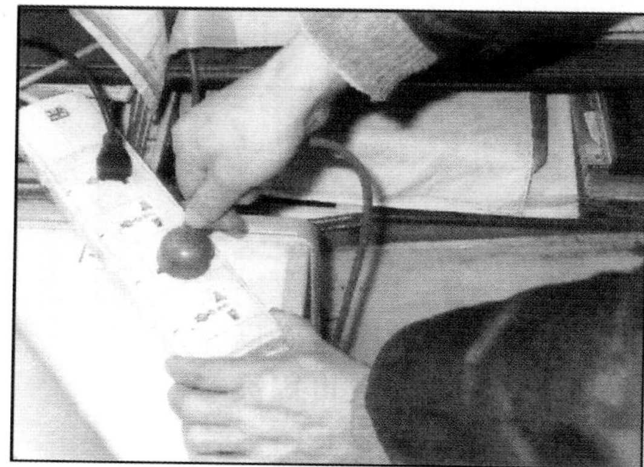
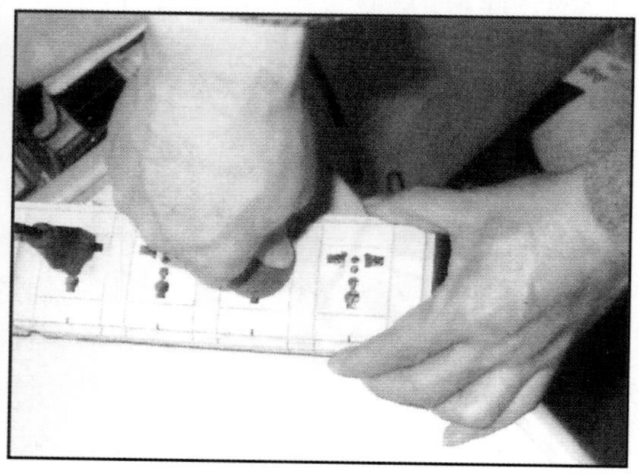

图 2-11　电插排

些需要改进的产品作为对象，把它们的缺点一一列举出来，在其中选择一个或者几个进行改进，从而创造出新的产品。对电插排的改进就是一个例子，比如传统的电插排的相邻插孔间距无法同时插入两个大型三项插头，插孔不能得到充分利用；电线容易缠绕（图 2-11）。这样我们就有了改良插排的导向概念（图 2-12a、b、c）。

2.2.3.5　心智图法（Mind Mapping）

心智图法是一种简单却又极其有效地表达发散性思维的图形思维工具，也可说是一种观念图像化的思考策略。此法主要采用图志式的概念，以线条、图形、符号、颜色、文字、数字等各样方式，将意念和信息快速地以上述各种方式摘要下来，建立记忆链接。结构上，具备开放性及系统性的特点，让使用者能自由地激发扩散性思维，发挥联想力，又能有层次地将各类想法组织起来，以刺激大脑做出各方面的反应，从而得以发挥全脑思考的多元化功能。心智图是由事物对象、特征，以及联想等概念、语意组成的相互联系的链。我们把要改进的对象组成同义链，把随意选择的对象组成偶然链，把特征组成特征链并展开联想，形成广泛的联想链，然后再进行组合以获得更多的新构思。

设计过程中心智图的实施方法：

1. 主题

设计主题对象以图形的形式体现在整张纸的中心，将相关主要的分支用不同颜色的线条向各个方向画出。

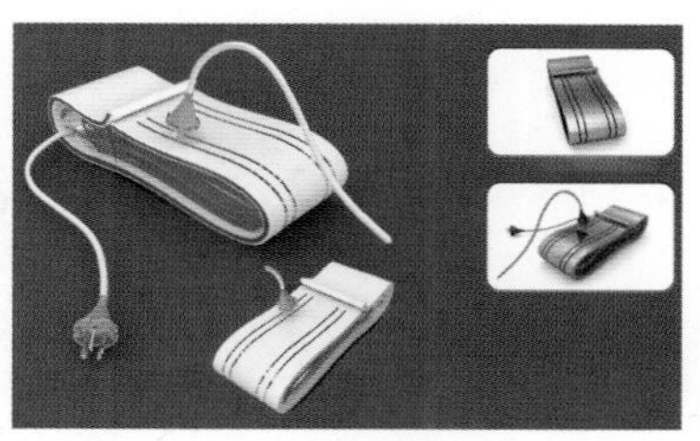

图 2－12a　电插排 1

2. 内容

尽量使用图形和符号来表示各个主题和分支内容，无论什么抽象的概念，图形比文字具有更丰富的内容展示。信息相关联的地方，用箭头线连接，这样就可以很直观地了解内容节点之间的联系。如果分析信息时，有太多信息关联，可以运用代码在核心内容旁边标注，可以证明这些信息之间是有联系的。关联线上方应标注记录用的关键词。

3. 线条要求

关键词和箭头线应长度相似，避免图形交叉混乱。为了体现层次感分明，思维导图越靠近中间的线会越粗，越往外延伸的线会越细，字体也是越靠近中心图的最大，越往后面的就越小。思维导图的线段之间是互相连接的，线条上的关键词之间也是互相隶属、互相说明的关系。环抱线在分支过多的时候，能让你更直观地看到不同主题的内容。

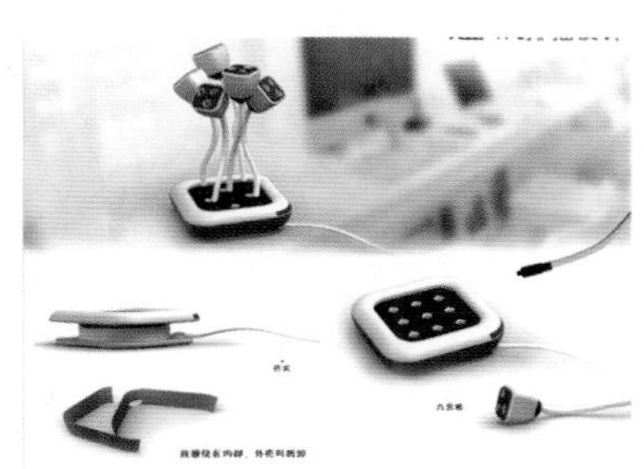

图 2－12b　电插排 2

4. 布局

做思维导图时，它的分支是可以灵活摆放的，哪条分支的内容会多一些，哪条分支的内容少一些，把最多内容的分支与内容较少的分支安排在纸的同一侧，可以合理地安排内容的摆放。

5. 概念提炼

在开始阶段，头脑风暴过程形成诸多与主题相关的概念和元素节点，并用箭头线与中心设计对象相关联，形成复杂的组织结构。然后将共性的衍生元素遴选出来，并从设计需求角度选定最合适的内容标示出来。每个设计主题需要 2—3 个创意概念和意向主题就足够了，过多的方向会对进一步设计造成困惑。空间设计方面形成的主题应该以色彩、形态、文化风格方向为主要突破口，这些成果很方便转换成为完整的设计方案（图 2－13）。

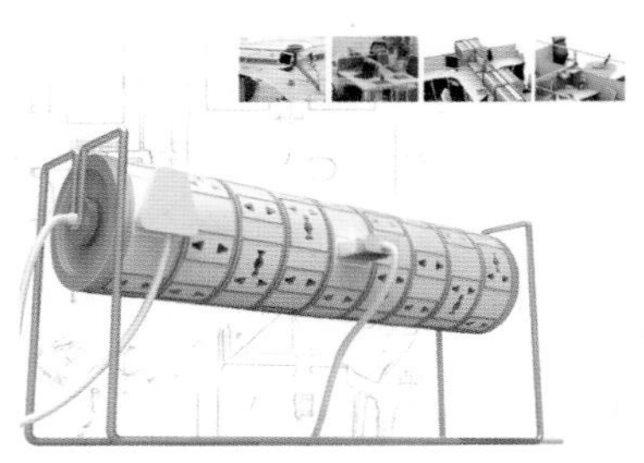

图 2－12c　电插排 3

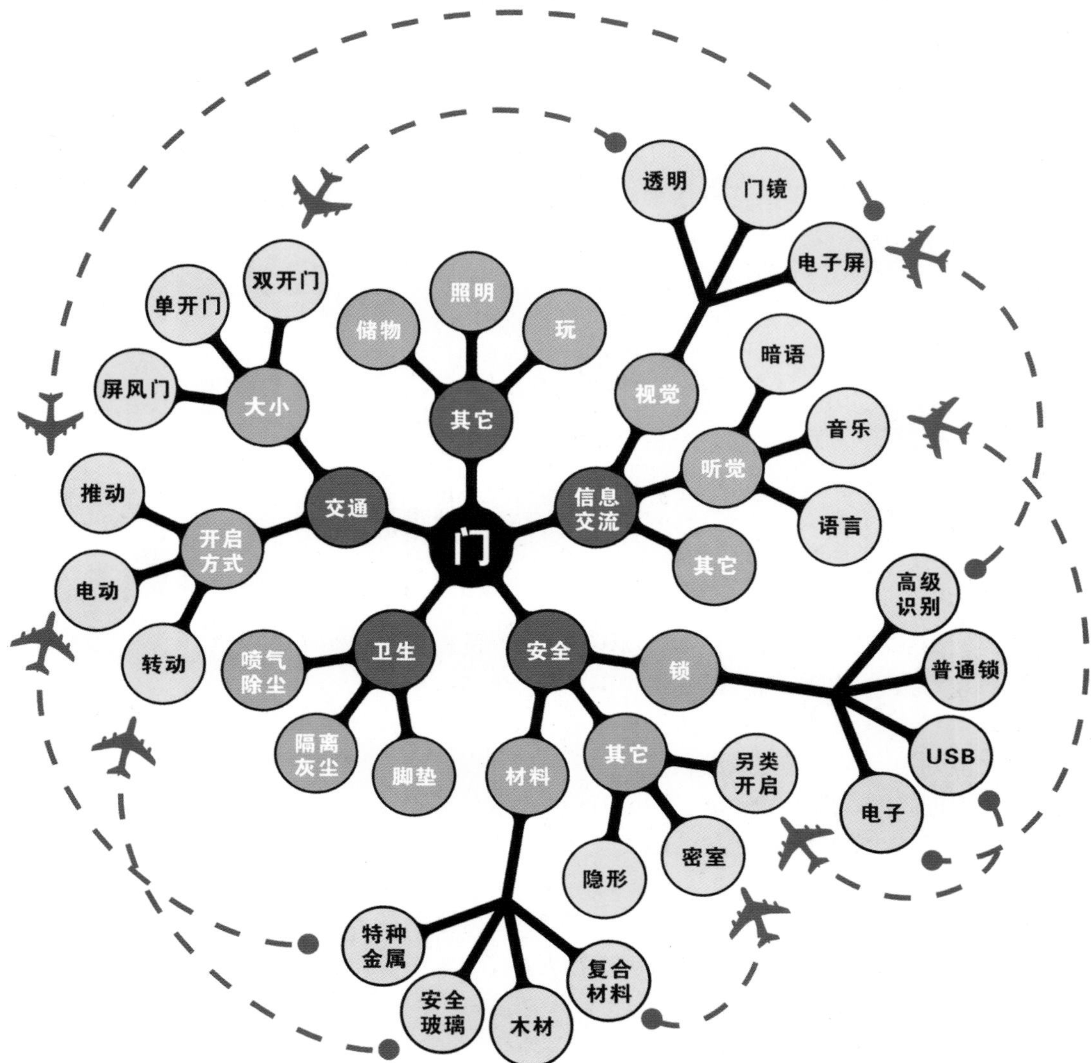

图 2-13 门的概念研发心智图

2.2.3.6 检核表法

检核表法(Checklist Method)是根据产品创造过程中所要解决的问题,并对市场需求、使用情况等诸多方面进行分析,确定重点要求。把有关的问题进行罗列,先制成一览表,对每项检核方向逐一进行检查,以避免有所遗漏。然后把这些问题一一提出来进行核对讨论,从而寻找到解决问题的方法。此法强调使用者在创造的过程中观察和分析事物或问题的特性或属性,然后针对每项特性提出改良或改变的构想。

下表是著名发明学家奥斯本曾经制定的一个检核表。

奥斯本检核表

用途	有无新的用途？是否有新的使用方式？可否改变现有使用方式？
类比	有无类比的东西？过去有无类似问题？利用类比能否产生新观念？可否模仿？能否超过？
增加	可否增加些什么？附加些什么？提高强度、性能？加倍？放大？更长时间？更长、更高、更厚？
减少	可否减少些什么？可否小型化？是否密集、压缩、浓缩？可否缩短、去掉、分割、减轻？
改变	可否改变功能、形状、颜色、运动、气味、音响？是否还有其他改变的可能
代替	可否代替？用什么代替？还有什么别的排列？别的材料？别的成分？别的过程？别的能源？
交换	可否变换？可否交换模式？可否变换布置顺序、操作工序？可否交换因果关系？
颠倒	可否颠倒？可否颠倒正负、正反？可否颠倒位置、头尾、上下颠倒？可否颠倒作用？
组合	可否重新组合？可否尝试混合、合成、配合、协调、配套？可否把物体组合？目的组合？物性组合？

2.3 产品创意展开

所谓产品创意展开就是把已形成的创意概念分解成几个彼此独立但又相互联系的要素，并确定各要素中需要解决的问题。然后把它们以网络或者矩阵的方式进行更新式的排列组合，从而产生一些解决问题的系统性方案和设想，如果能够做到对问题进行系统的分解组合，便可以大大提高由创意成功演化为产品的可能性。一般经常使用的产品创意展开方式为以下的八种：

2.3.1 模块组合

将现有产品进行要素分解，通过比较和分析，把主要的要素提取出来进行内部属性模块化，按实际开发需要组合模块(图 2-14)。

组合按摩仪

"轻松杯"2010沈阳工业设计大赛

COMBINATION MASSAGE INSTRUMENT

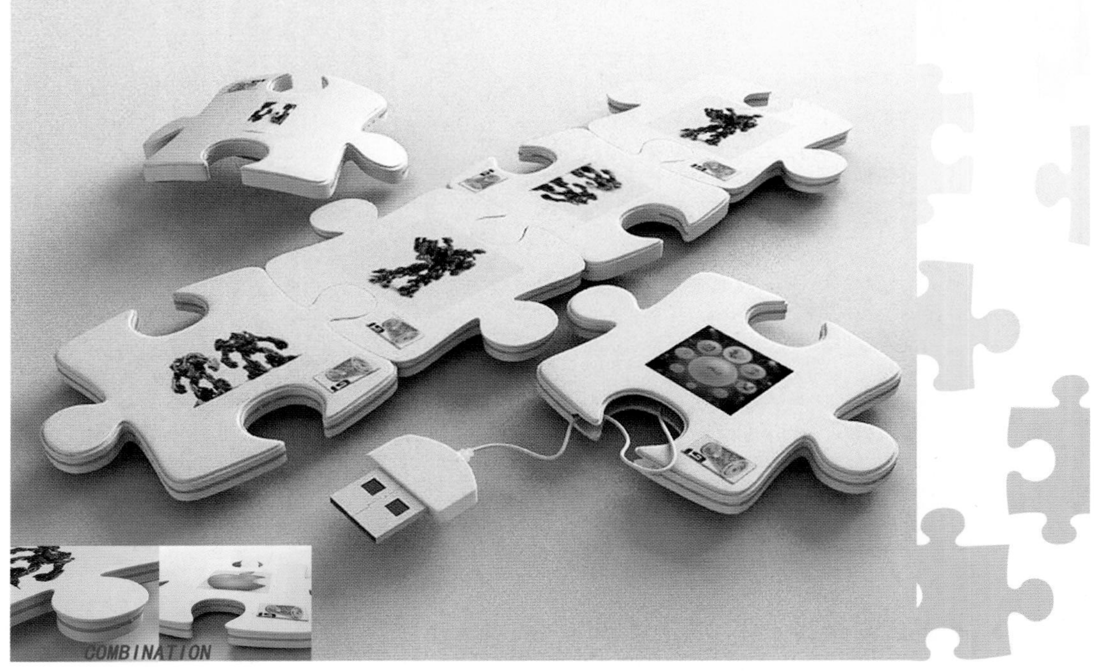

LED显示屏 模式选择菜单

感应器 蓝牙传输

USB插头 接触电极

电量显示

软件辅助按摩模块

• 按摩仪利用生物电流仿真技术，模仿传统的按摩手法：捏、揉、震动等，并配有远红外发热可以帮您有效缓解身体各部位的肌肉疲劳和疼痛。将按摩仪与电脑连接，并在相应的软件中选好按摩部位和按摩手法等内容，第一单体将任务通过蓝牙传输到各单体，便可以享受智能化的按摩

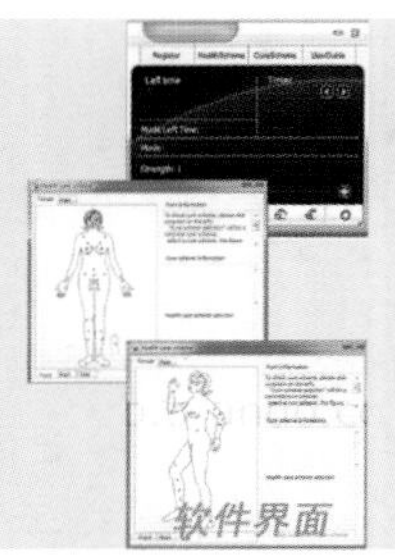

生理监测模块

• 该模块通过感应器监测用户的体表生理特征，并将数据进行整理提醒用户的身体状况，或传输给医生，辅助治疗

穴位可视化模块

• 当用户将该单体置于按摩部位后，其上的LED显示屏将显示穴位及经络，用户便可对穴位进行精准按摩

• 按摩仪设有三大功能模块，各单体分属不同模块，用户在享受按摩同时体验DIY的乐趣

穴位经络显示

图 2-14 组合按摩仪(东北大学 聂政文)

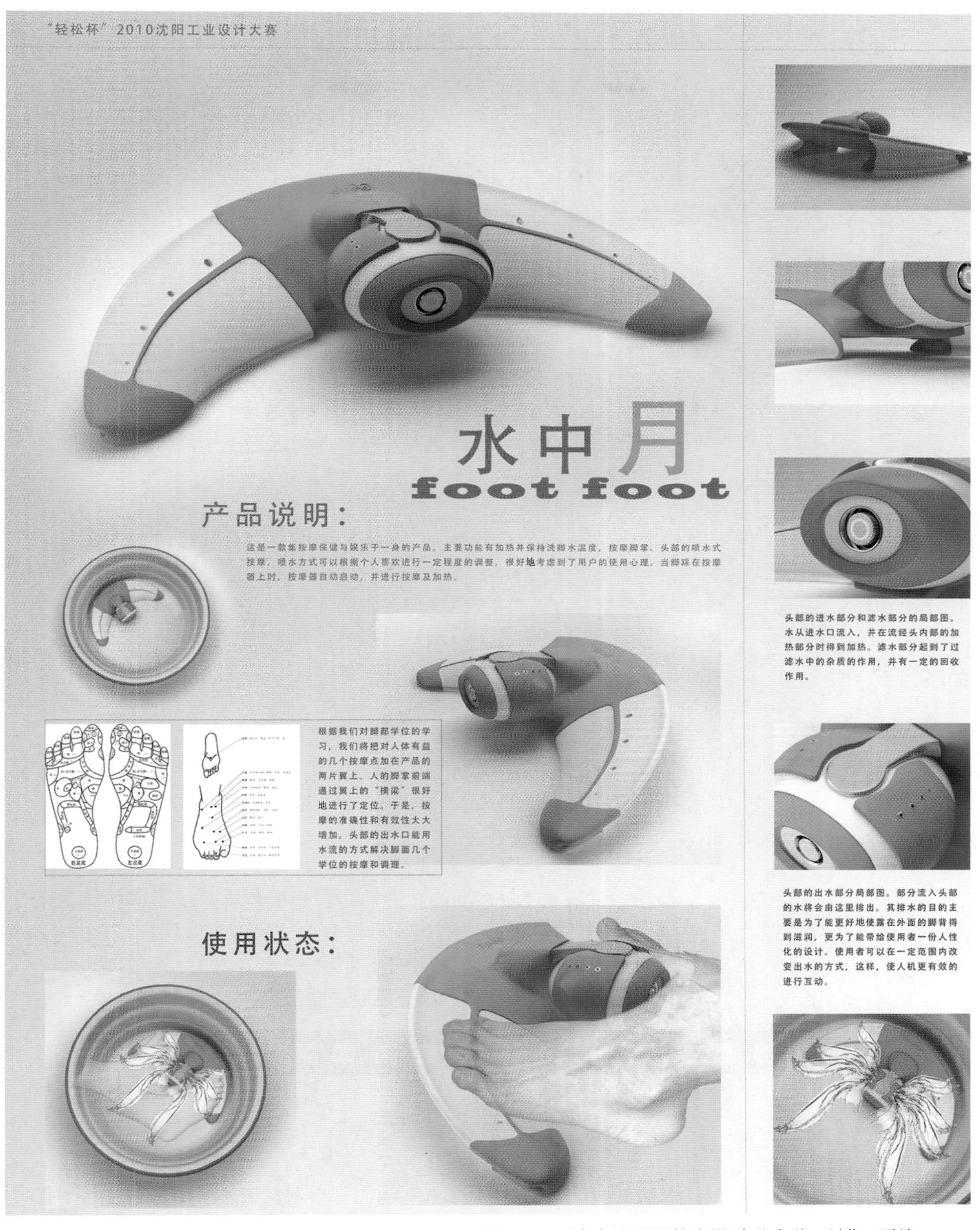

"轻松杯"2010沈阳工业设计大赛
水中月
foot foot
产品说明：
这是一款集按摩保健与娱乐于一身的产品。主要功能有加热并保持洗脚水温度，按摩脚掌、头部的喷水式按摩。喷水方式可以根据个人喜欢进行一定程度的调整，很好地考虑到了用户的使用心理。当脚踩在按摩器上时，按摩器自动启动，并进行按摩及加热。
根据我们对脚部学位的学习，我们将把对人体有益的几个按摩点加在产品的两片翼上。人的脚掌前端通过翼上的"横梁"很好地进行了定位。于是，按摩的准确性和有效性大大增加。头部的出水口能用水流的方式解决脚面几个学位的按摩和调理。
使用状态：
头部的进水部分和滤水部分的局部图。水从进水口流入，并在流经头内部的加热部分时得到加热。滤水部分起到了过滤水中的杂质的作用，并有一定的回收作用。
头部的出水部分局部图。部分流入头部的水将会由这里排出。其排水的目的主要是为了能更好地使露在外面的脚背得到滋润，更为了能带给使用者一份人性化的设计。使用者可以在一定范围内改变出水的方式，这样，使人机更有效的进行互动。

图 2－15 "水中月"足浴按摩器(东北大学 刘茜 夏婧)

2.3.2 功能离散

将原有产品功能组合根据设计需要进行分离，从而形成新构思。例如户外用品中的冲锋衣、保暖衣等就是将衣服防风和保暖功能分离的结果。例如“水中月”足浴按摩器设计(图 2－15)将市场上常见的足浴盆中按摩加热功能和盆的功能分离，从而产生了一款更加小巧，能配合家中已有洗脚盆使用的全新产品。

2.3.3 功能综合

把若干已有的发明成果和创造构思巧妙地组合和融合，使之以新的面貌、新的功能形成新的产品。这种产品综合的功能或技术要求有一定的内在联系。如在手机中集成照相功能，是为了满足彩信和视频通话的内在技术要求。

2.3.4 移植换元

由其他产品或文化类型中成功部分移植嫁接在产品的材料、部件、方式、包装等方面，形成新技术、新材料、新产品、新工艺，实现产品创新。例如电脑影音播放器的符号就移植了 VCD、DVD 操控面板上的指示符号。

2.3.5 意象类比

主要有直接类比、象征类比两方面。直接类比包括对形态的直接模仿或对文化符号的意象引用。象征类比是使用同质异构或造型隐喻等手段进行设计创意(图 2－16)。

2.3.6 功能还原

基于对产品的功能的还原进行创新。还原产品的功能，可以破除成熟产品对创意思维的束缚，有利于创造出全新产品。如门的功能是解决密闭空间的交通、安全、信息交流；坐具是满足坐的需求的工具。

图 2－16 直接类比使用传统符号意象

图 2－17　象征类比使用异构同构意象

2.3.7　夸张强化

夸张强化是故意强调某一特征，使对象剧烈变形的方法。变形可以是局部的，也可以是整体的。夸张强化的手法经常用于玩具领域，对于物的夸张可以增加形象的符号属性，便于识别并留下深刻印象。产品造型中，夸张的手法对于特定设计对象是十分有效的构思方法。

2.3.8　拟人拟态

拟人拟态就是对客观事物赋予形象和特征，试图产生新的典型形象。当然，使用拟态手法，也可以理解为通过这样的方法将头脑经验中与人们认知距离较大的事物拉近属性，达到视觉共鸣的效果。

2.4　数理模数与产品造型比例尺度

比例尺度是客观存在的、抽象的概念。符合比例尺度规律视觉元素所能够具备的共性，是抽象的、形而上的属性。但毋庸置疑的是，人类的视觉对某些特定的比例尺度分割关系会产生审美作用，绝不仅仅是一种文化现象或者审美习惯的传承。优秀的现代主义设计作品，无不以此作为基本的出发点。设计背后的有序和平衡的视觉感受来自于数理模数中分割与比例的神秘关系。在日常的设计当中，我们发现初学者拥有了极好的设计创意，在设计过程中也很难充分地表现出来。大部分原因在于初学者缺乏对美的比例尺度的记忆和组构优美视觉感的经验。这时使用如黄金分割、各种根号比例、各种辅助线来规范形体相互关系有利于设计者的成长。当使用这些数理模数成为一种本能时，设计者才真正成熟起来，才能成为新的技术美学的创造者。

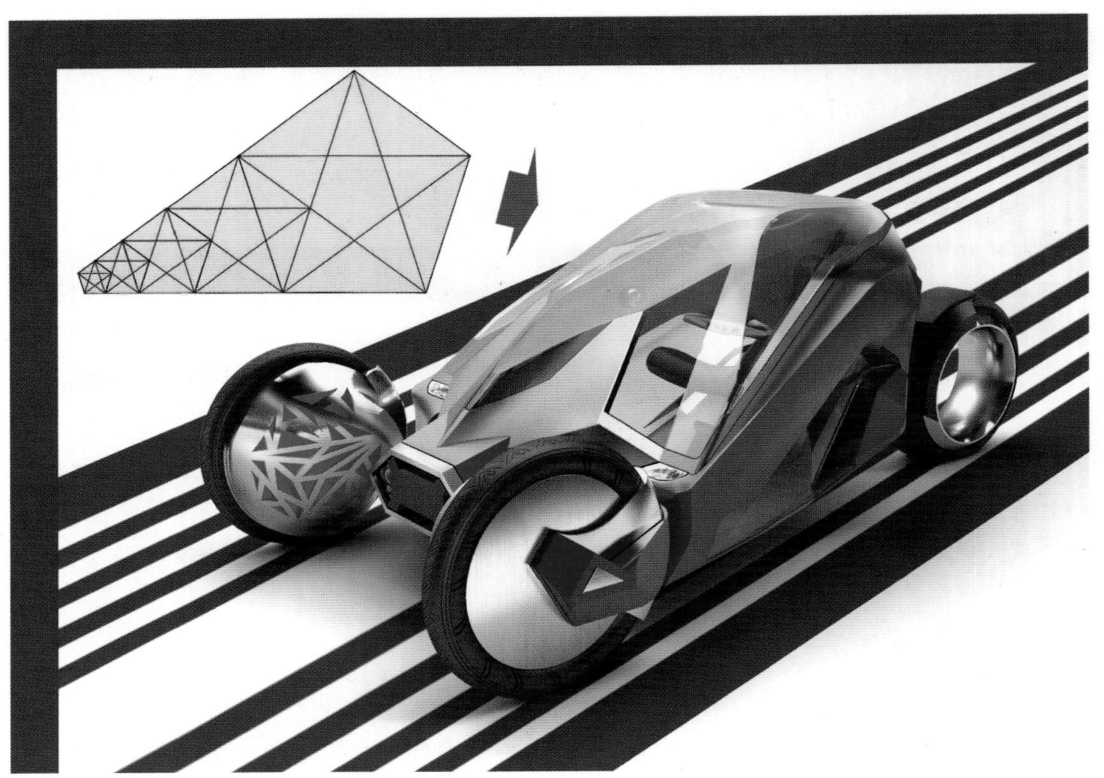

图 2-18 应用黄金比例五角星形图式的概念车形态

2.4.1 常用数理比例图式

良好的比例关系不只是直觉的产物，而且是符合科学理论的。它是用几何语言对产品造型美的描绘，是一种以数理比例来表现现代技术美学的抽象艺术形式。产品造型设计中的比例包括两个方面的含义：首先，比例是整体的长、宽、高之间的大小关系，用合理的比例图式去规范产品整体形态，可以方便地提取形态特征元素，容易形成统一的视觉感；其次，比例是整体与局部或局细部与局细部之间的大小关系。以比例图式为骨骼形架分割局部，能建立和谐、稳定又富有变化的视觉感受（图 2-18）。常用的数理比例图式包括：

2.4.1.1 黄金比例图式

黄金比例是指事物各部分间一定的数学比例关系，即将整体一分为二，较大部分与较小部分之比等于整体与较大部分之比，其比值为 1∶0.618 或 1.618∶1，即长段为全段的 0.618。黄金比例也是西方古典美学的基础。0.618 被公认为最具有审美意义的比例数字（图 2-19、图 2-20）。

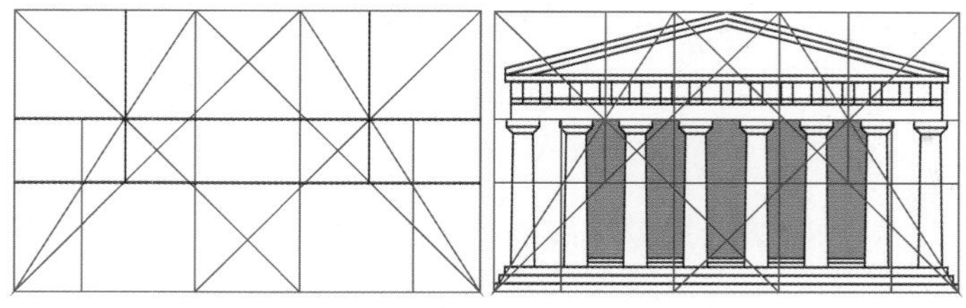

图 2-19　帕提农神庙黄金比例分析

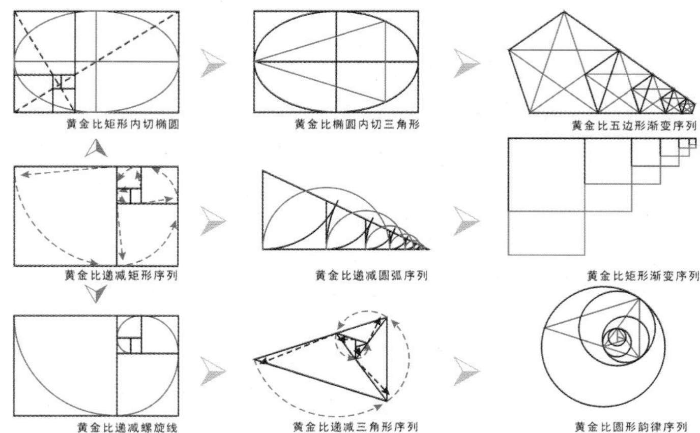

图 2-20　黄金比例图式

2.4.1.2　$\sqrt{2}$比例图式

$\sqrt{2}$矩形具有特殊的性质，能被无限分割为更小的等比矩形，是现代工业中使用较多的比例，如现代纸张中的A型纸。同时，这一比例也是具有传统东方审美和强烈平衡感的比例关系。中国现存的唐代建筑中重檐大殿两层的比例关系大多约为1∶1.4，即$\sqrt{2}$比例。这一比例在日本被称为“白银比例”（图 2-21）。

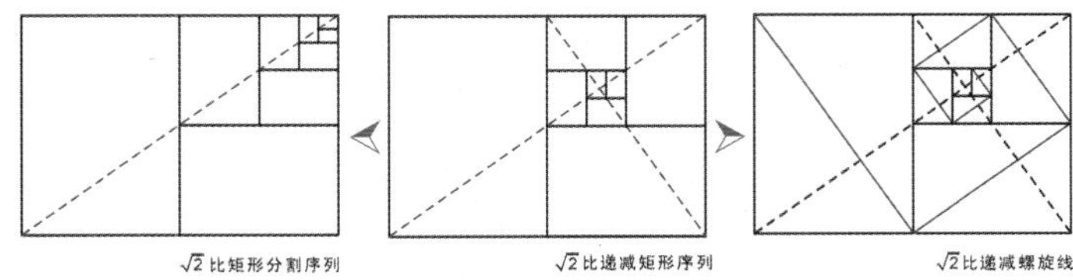

图 2-21　$\sqrt{2}$比例图式

2.4.1.3　其他比例图式（图 2-22）

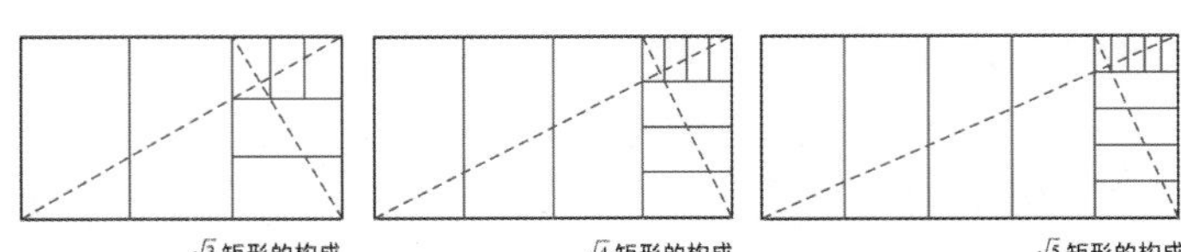

图 2-22　其他比例图式

2.4.2 形态间的比例分割方法

2.4.2.1 骨骼形架

骨骼形架是支配和规范各种形体组合的秩序基础，组合形体应先有骨骼概念，即总体空间形式的架构。骨骼形架分为：

1. 轴向形架：形架分布是规律性的，中间有中轴，呈对称状，具严谨数学网络，受坐标规范。包括多种平面形态的形架，如三角形、多角形、梯形、方形及其他几何形。

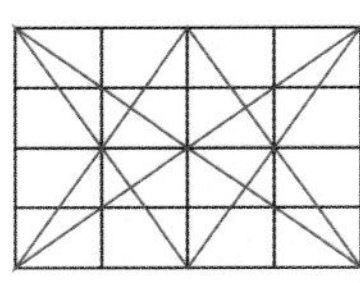
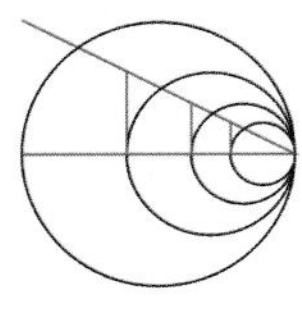
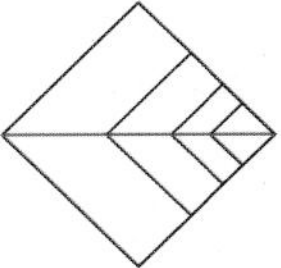
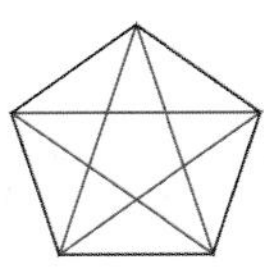

图 2-23 平面轴向形架

2. 非轴向形架：轴向形架非规律重复，灵活多变，须考虑平衡稳定及整体性。包括渐变、韵律形态的形架。

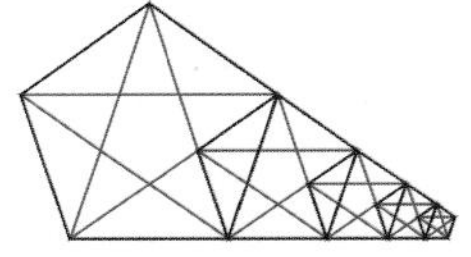

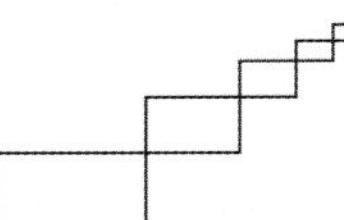

图 2-24 渐变式非轴向形架

3. 立体轴向形架：是平面轴向形架的立体化，形架除了考虑长、宽、深三度空间立体，还应当考虑方向、空间密度、秩序性。

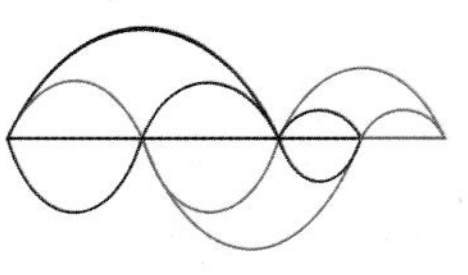
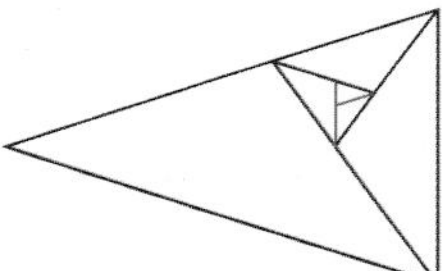
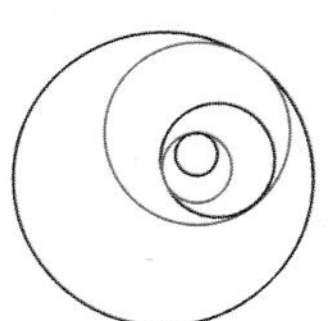

图 2-25 韵律式非轴向形架

2.4.2.2 分形辅助线

辅助线是做产品形态分割时为创造次序和美而绘制的必要参考线，柯布西耶在《走向新建筑》中提到："辅助线是避免任意性的一种保证。它可以使人很好地理解设计。这种辅助线是实现目标的一种方法，而不是一种诀窍处方。辅助线的选择及其他的表达形式是创作的一个整体部分。"辅助线是辅助我们实现设计表达形式的一种简便方法，但并非万试万灵、必须刻板遵守的法则。在实际设计工作中应有针对地活学活用，避免出现现代主义设计时期“用你那些辅助线扼杀想象力，制造了一个开处方的神”的批评。图 2－26～图 2－28 是设计时经常参考的辅助线图式，其中黑线是产品上主导的显性辅助线，红线是辅助的隐性辅助线，红点代表放置视觉重心的兴趣点。

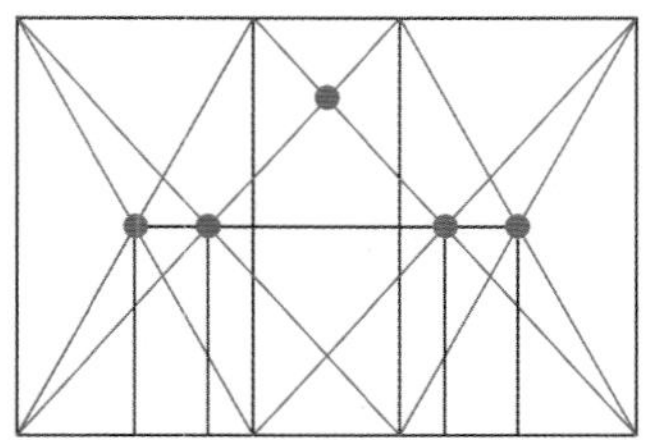
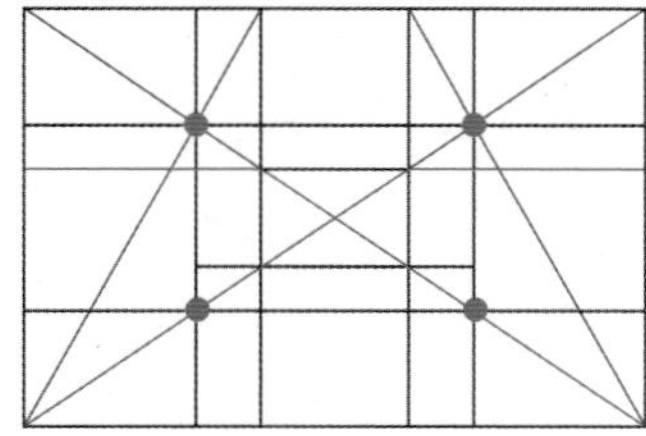

图 2－26 黄金比图形组合辅助线

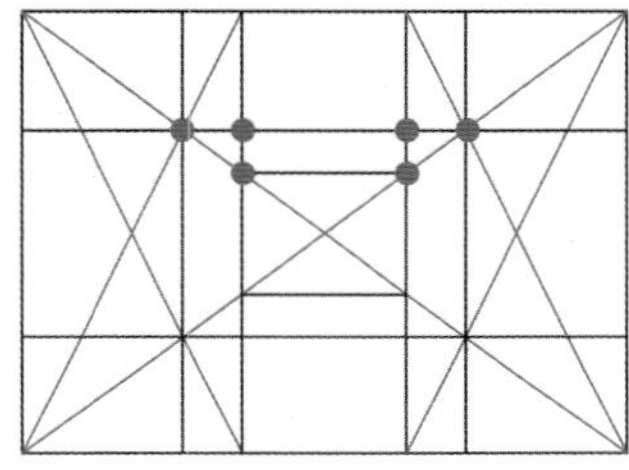
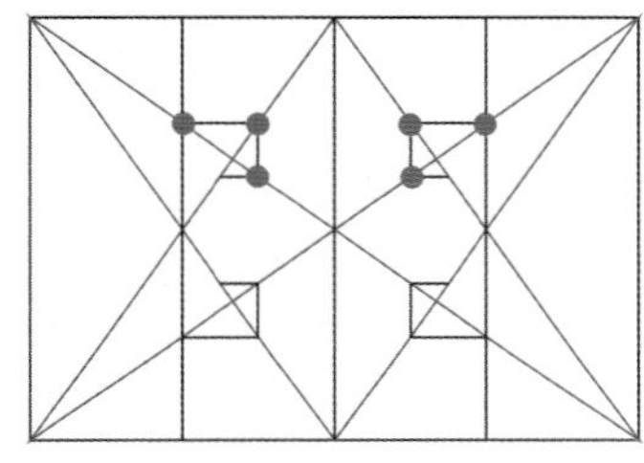

图 2－27 $\sqrt{2}$比图形组合辅助线

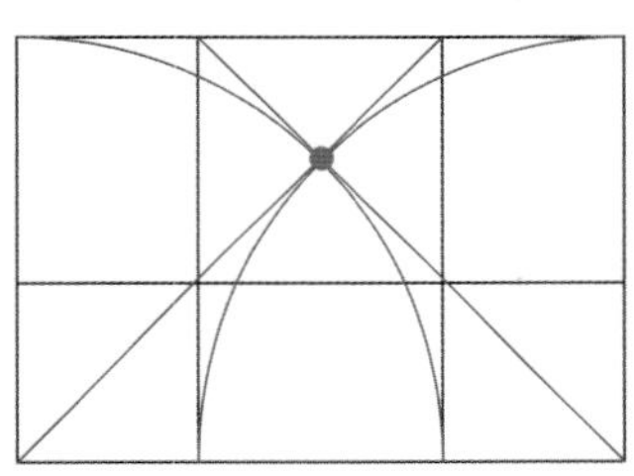
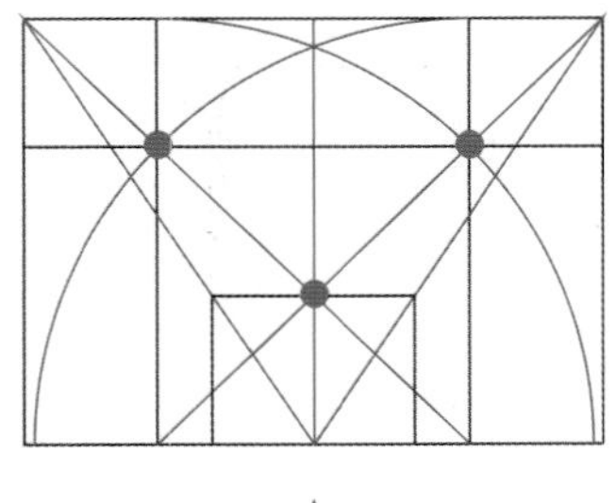
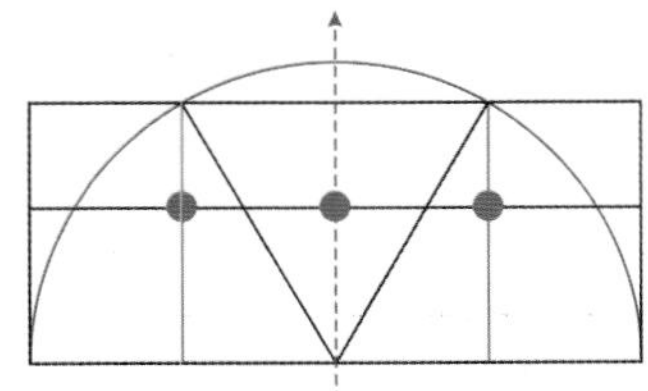
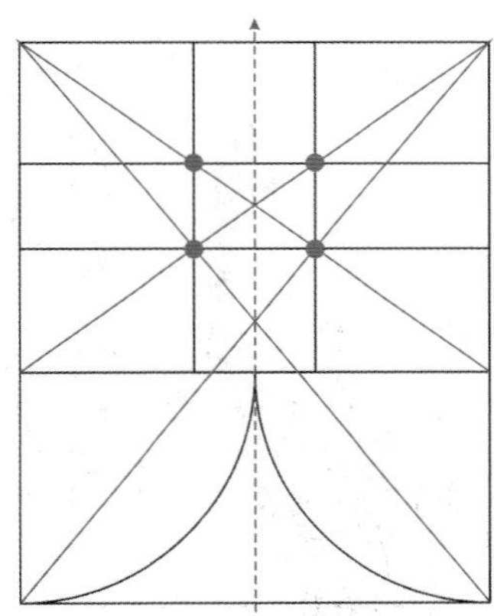
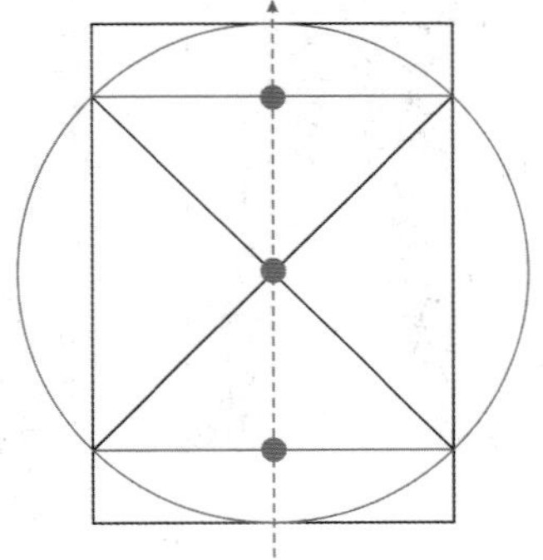

图 2－28 多图形组合辅助线

2.4.2.3　模数制

模数制是以选定的标准尺度单位，为模数基础单位而展开的数值系统，其数值系列能用有理数来表达。模数是作为产品、产品细节、配件及有关配套设备尺寸相互协调的基础。同时，也是为了实现设计标准化、生产工厂化、装配机械化的必要准备。产品形态美感的营造离不开富有美感的比例尺度关系，模数制的模数基数一般使用本书“2.4.1　常用数理比例图式”中提到的比例图形为基础单元；也可以从人体尺度出发，选定下垂手臂、脐、头顶、上伸手臂四个部位为控制点，与地面距离分别为 86 cm、113 cm、183 cm、226 cm。这些数值之间存在着两种关系：一是黄金比率关系；另一个是上伸手臂高恰为脐高的两倍，即 226 cm 和 113 cm。利用这两个数值为基准，插入其他相应数值，形成两套级数，前者称“红尺”，后者称“蓝尺”。将红、蓝尺重合，作为横纵向坐标，其相交形成的许多大小不同的正方形和长方形称为模数系统(图 2－29)。

2.4.3　形态空间关系

形态之间或者形态与他们所在空间之间的关系在产

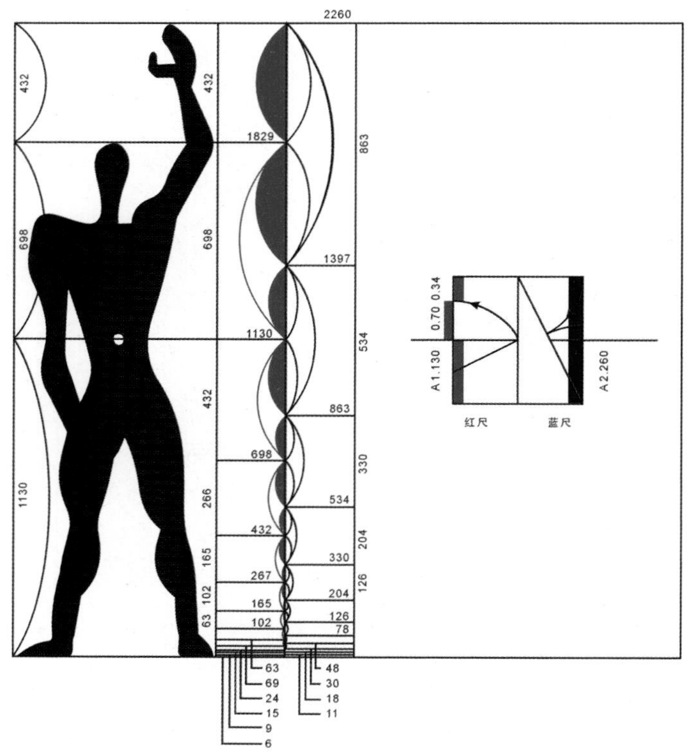

图 2－29　柯布西耶的模数系统

品设计中是非常重要的。改变形态的关系能够解决设计上的很多问题，包括：

尺度问题：尺度是产品形态与其他形态（通常以人的形态尺度作为衡量标准）相比较的大小。尺度大小将影响到人们对整个设计的反应。

比例：比例是部分与整体之间相对的量度和面积的比。

形态的定位：元素的位置排列或并置的关系。

紧张：紧张就是对立，它是一个形态与另一个形态并列而产生的阴阳、推拉的视觉感受，不同程度的变化决定了设计的活跃程度。

2.5　产品族化的识别要素提取

产品族化设计的是一种理性控制的、系列的、整体的、可进化的、保证企业独具特色的形态"风格"。设计学是多门学科的综合，涉及工业设计学、心理学、市场学、感性工学、工业工程学等诸多学科。所以设计是一项集体活动，强调的是对设计过程的理性分析。企业的设计部门必须制定长期的设计政策，建立自己的产品形态体系，以减少设计师个性风格的随意发挥带来的产品形态风格偶然性变化。把设计纳入企业管理的框架之内，保持设计风格的延续性，突出企业产品的族化特征，这是目前世界设计的一种趋势。这种延续性体现对主要形态特征的继承，也可以看出产品形态对市场时代流行特征变化的追求。

2.5.1　基于企业符号的族化识别要素

企业的形象对企业非常重要。在激烈的市场竞争中，企业要突出自己，就必须树立鲜明的视觉形象识别特征。为此，企业必须根据自己的企业文化符号制定产品形态战略，即产品形态族化推广和进化，以保证企业独具特色的形态"符号"，并保证族化"符号"的延续性，可准确地、长期地向顾客传达独特的形象特征。基于企业符号的提取，产品形态族化识别要素常用作法是由企业标识、企业理念等企业形象符号中提取出平面应用元素，再将这些平面应用元素中的鲜明特征应用于产品造型族化识别要素的建立。造型识别要素应该便于推广，有强烈的视觉冲击力，具有强烈的可辨性，容易形成产品族（图 2－30）。

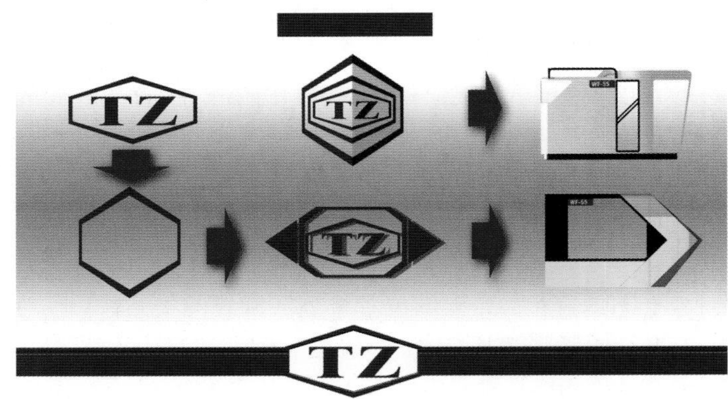

图 2-30 产品造型族化识别要素的演进过程

实现基于企业符号的族化识别要素建立需要保证：

1. 产品形象“统一化”

为了实现企业的总体形象目标的细化，以产品设计为核心而展开系统形象设计，对产品系列进行统一策划、统一设计，形成统一的感官形象和社会形象，以起到提升、塑造和传播企业形象的作用。

2. 色彩规划“系统化”

色彩规划是指在工业、商业或生活等领域，为了有效地发挥色彩的功能，建立起如何使用色彩的规划。色彩的规划是不同情况中，由色彩的统一视觉要素而决定的色调配色方案选择的规范化使用。色彩规划既表现出企业文化一致性的色彩美感特征，又可以因时因地地回避色彩禁忌。由于产品的色彩必须兼备企业文化和国际文化，并受通用漆工艺条件因素的制约，“系统化”就成为产品用色的重要特点。

3. 产品文化“企业化”

产品设计必须溶入企业文化和传统，形成自己的风格。要综合出总特征和总趋势，体现出“设计”的意境，使产品能与现代企业、社会相和谐而成为一种文化现象。在产品的不断接触和使用中，让人们逐步接受了其中传达的企业文化和品牌信息，帮助公众认可企业形象，树立产品的品质形象。产品文化是设计语汇的凝聚，是产品设计的最高层面，应该受到企业重视。

2.5.2 基于形态特征的族化识别要素

企业的文化和识别系统是相对稳定的，当企业已形成一定产品风格时，如何保持设计风格的延续和进化是设计者认识形态和创造形态过程中最重要的部分。在产品族不断演进和换代中，产生了形形色色的、具有鲜明特色的设计形态、设计语言。这些设计形态的鲜明的个性特征和设计语言独有的组合方式形成了区别于其他品牌产品的族化识别要素。尽管我们的生活已经进入了一个“泛”设计的时代，产品的品牌、种类、形态，可以用浩如烟海来形容，但是将可识别形态要素的形成、使用和隐含的心理感受还原为基本的形态语言还是有一定规律性的，即构成产品形态的有特色的形式语言(图 2－31)。

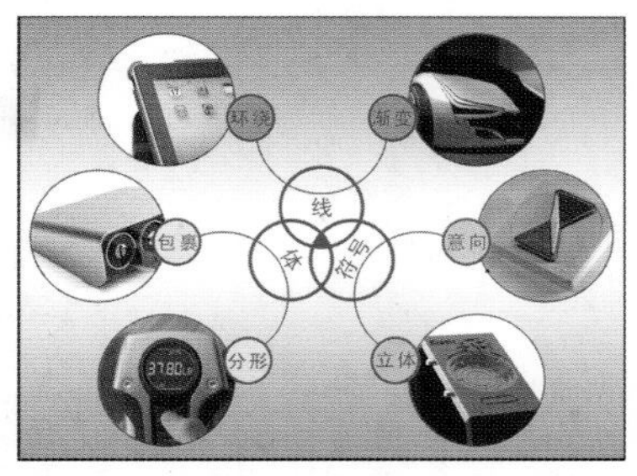

图 2－31　产品形态设计语言示意图
(实例图片选自 www.yankodesign.com)

2.6　产品造型比例分析实例

图 2－32WK－55 电铲是为矿山机械类企业设计的。其形态比例大多借助“2.4.1　常用数理比例图式”中提到的辅助图形及数理比例进行标准化设计。优美的直线外形、极易形成产品族等特点吸引了企业评委的注意，设计方案被第一时间采纳，现已进入生产阶段。

2.7　练习题

1. 坐具产品概念创意发想练习

在创意发想过程中，按照以下步骤进行：

(1) 收集相关资料，使用印象 KJ 法制作坐具产品 A 型图解，明确产品定位区间(5W1H)；

(2) 将设计团队分为 3—4 个小组使用头脑风暴讨论坐具产品的希望导向点，每小组数量为 20—30 个；

(3) 通过检核表选取 2 个希望导向点进行创新要素讨论；

(4) 确定影响坐具产品的希望导向点问题的创新要素，列出各要素的所有可能，将各要素及其可能绘成概念研发心智图；

(5) 再次将设计团队分为 3—4 个小组，每小组从心智图要素中各取出任何可能状态作任意组合，从而产生出解决问题的 5 个可能构思；

(6) 对这些可能构思进行分析评价，从中选出最优构思，以文字或草图形式保存。

2. 坐具产品形态分析及族化练习

分析 Hans Wegner 设计的“The China Chair”(图 2－33)，绘制数理比例分析图。总结“形态比例特征”，设计与之外观风格一致的桌子。

图 2－33　Hans Wegner 设计的“The China Chair”

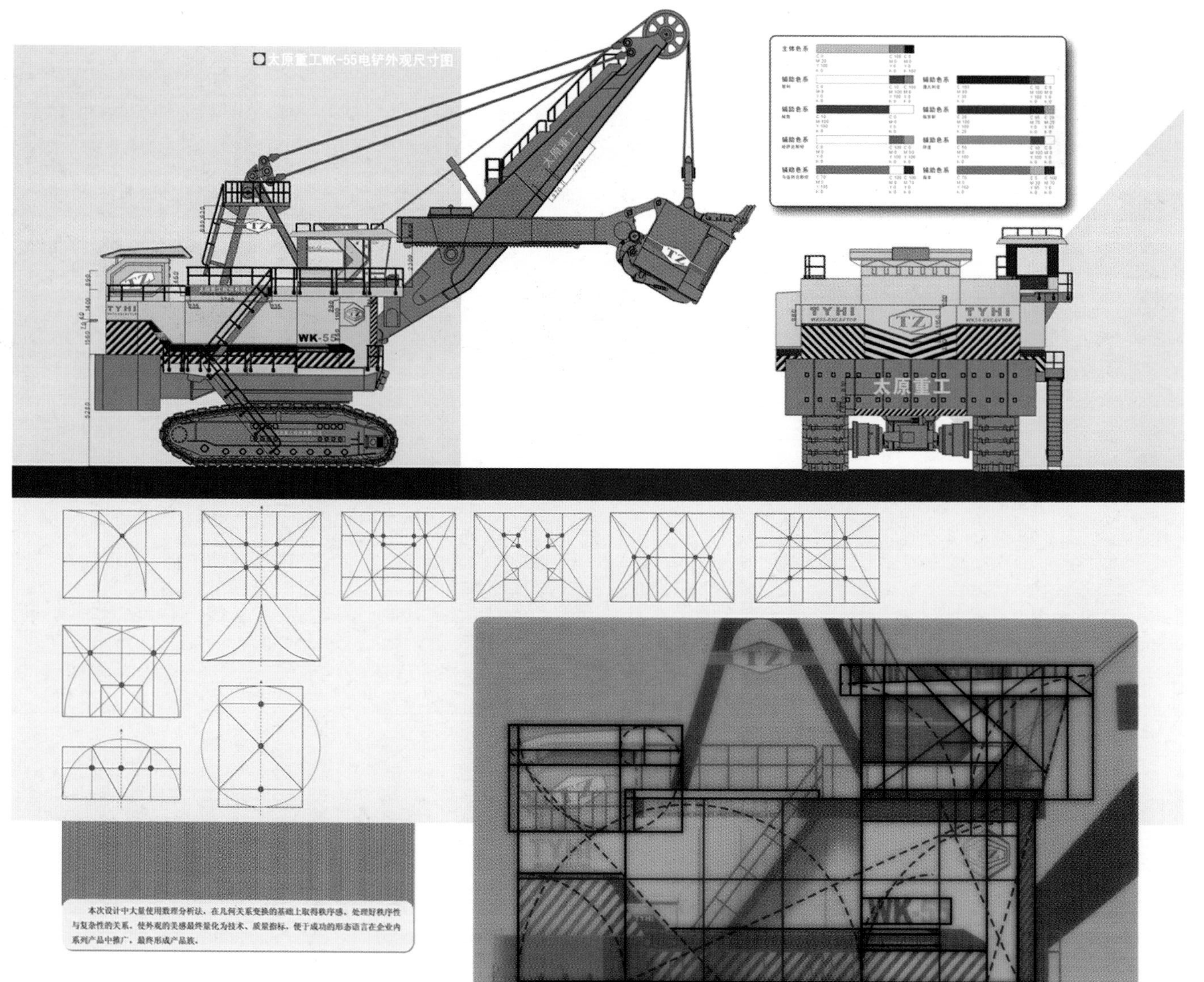

图2-32 WK-55电铲设计比例分析

第三章　产品改良设计流程

3.1　产品改良设计概述

产品改良设计是对已有的产品进行优化、充实和改进的再开发设计。由于产品设计与许多要素有关，因而设计并不是单纯解决技术上的问题或是外观的问题，设计过程将面临与产品有关的各式各样的问题。所以产品改良设计就应该从考察、分析与认识现有产品的基础平台上为出发原点，对产品的“缺点”、“优点”进行客观的、全面的分析判断。对产品过去、现在与将来的使用环境与使用条件进行区别分析。因此，产品的改良设计开发必须要有一个规范的流程，才能有计划、按步骤、分阶段地解决各类问题，最后得到满意的设计结果。

产品改良设计的一般流程如图 3-1 所示。

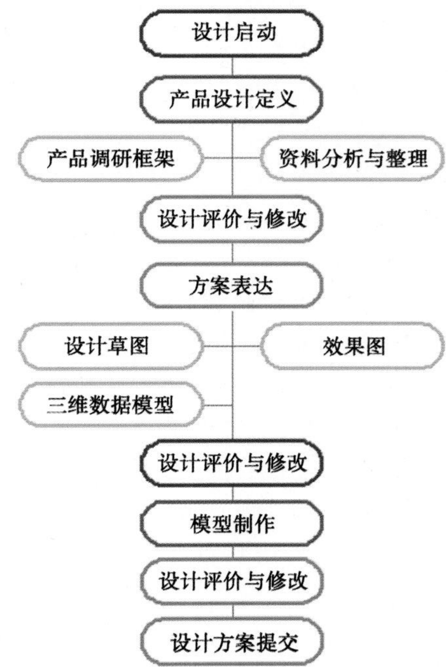

图 3-1　改良设计一般流程

产品改良内容涉及工业设计、结构设计、品牌推广、生产准备等方面，要由企业的多个部门的人员参与。设计流程按照时间顺序可分为文化分析、初步设计、深化设计、设计整合、模具跟踪、批量生产几个阶段。设计中的外观、结构及制造方面的内容并行展开，在不同的设计阶段解决不同的重点问题，以市场文案会议、外观设计会议、结构设计会议、模具制造会议、生产会议等会议或其他形式总结各阶段的问题。

3.2 产品改良设计程序与方法

3.2.1 设计启动

一般而言，产品改良是根据项目任务书的要求进行的，设计任务有多种情况，或是概念延伸、组合的设计，或是外观改良设计，或仅仅是色彩调整设计。在接受一项设计任务时，除了必须了解所需设计的内容以外，还应非常透彻地领悟设计所应实现的目标。

由于每一个设计都是一个解决问题的过程，这几乎都是新的问题或是老问题的新方案，因此在设计之前对设计项目做一个全面的分析是十分必要的。这一分析通常就是项目准备报告的编制，主要内容包含：1. 与甲方（设计委托方）的信息对接：针对开发项目的要求、产品设计的方向、产品相关的技术图纸、甲方企业文化信息要素；2. 设计成果的预期：潜在的市场因素、所要达到的目的、项目的前景以及可能达到的市场占有率、企业实施设计方案应该具有的心理准备及承受能力等；3. 团队人员配置：根据项目要求配置文案、外观、结构、模具、电器人员数量。

接着就要制订一个完善的设计计划。制订设计计划应该注意以下几个要点：

(1) 明确设计内容，掌握设计目的；

(2) 明确该项目进行所需的每个环节；

(3) 了解每个环节工作的目的及手段；

(4) 理解每个环节之间的相互关系及作用；

(5) 充分估计每一个环节工作所需的实际时间；

(6) 认识整个设计过程的要点和难点。

在完成设计计划后，应将设计全过程的内容、时间、操作程序绘制成一张设计计划表，如图 3-2、图 3-3、图 3-4 所示。时间计划表会因为设计要求的不同，分为部分时

笔筒设计时间计划表

内容	日期＼月份	Dcenmber 15	16	17	18	19	20	21	22	23	24	25	26	27	28	29	30	31	January 1	2	3	4	5	6	7	8
设计准备	课题拟定	■																								
	时间计划表		■	■																						
	调查框架表			■	■																					
	市场调查问卷			■	■																					
产品调研	产品发展史					■	■																			
	产品品牌调查						■	■																		
	产品技术因素调查						■	■	■																	
	产品使用安全标准调查							■	■																	
	产品使用人群调查								■	■																
	使用环境								■	■																
产品分析	产品分类总结										■	■														
	产品属性分析											■	■	■												
	产品功能分析												■	■												
	新材料、结构、工艺的应用												■	■												
	产品设计KJ法													■	■											
	人机分析														■											
	设计定位														■	■										
产品设计	方案草图																■	■								
	细节分析																	■	■							
	方案评定																		■							
	效果图																			■						
	三视图																			■	■					
	方案比较																				■	■				
	设计总结																					■	■			
整理	设计版面																							■	■	
	整理报告																							■	■	■

图 3-2　时间计划表

间计划表和全部时间计划表。在设计对象只委托方案的设计时，我们只解决产品的方案不涉及其他，这时计划表就是部分时间计划表，相对比较简单；如果委托的是产品的全部设计，这个时间计划表包括市场调查、方案设计、产品生产和销售几个不同的时间段，这就要求设计师一直跟踪到该产品上市。这时的计划表就是项目时间计划表，范围相对更广泛，时间更长，细节更多。

时间表的具体表现形式及内容一般采用图表法，因每个设计师、设计团队的审美情趣不同，呈现风格迥异的表现形式。

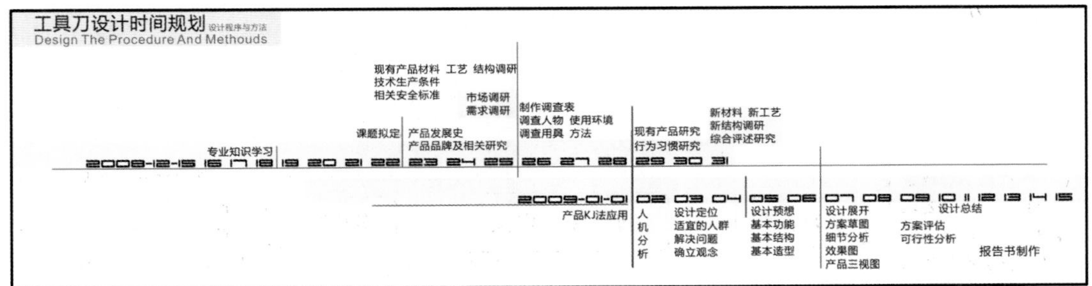

图 3-3　时间计划表(学生作品：牟纬彦；指导教师：田野)

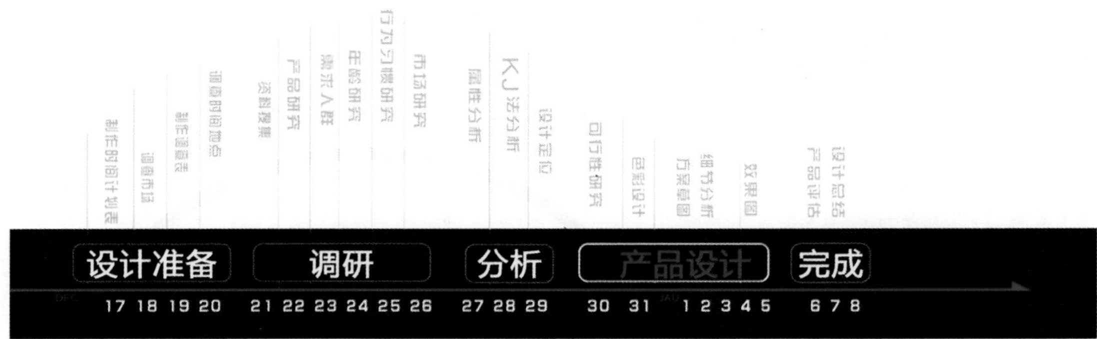

图 3-4 时间计划表(学生作品：牟纬彦；指导教师：田野)

3.2.2 产品设计定义

任何一件产品的设计都不是设计师凭空臆造出来的，因为每一件设计都会涉及需求、经济、文化、审美、技术、材料等一系列的问题。不同的设计不仅所涉及问题的领域不同，而且深入程度也各不相同。因此，对于改良产品，问题的提出和发现是设计的关键。在设计开始之前，必须科学、有效地掌握相关的信息和资料。

在这一阶段，产品设计定义的形成主要依据图 3-5 所示：

3.2.2.1 产品调研的内容

比对同类市场定位的目的是找到产品的目标用户，从目标用户的性别、年龄层、教育程度、职业特点等方面进行研究，从宏观的统计数据中找出用户的需求。用户调研则是以观察、情景分析个性化的方法，研究目标用户群众的典型代表，从而找出他们生活中存在的问题、对某类产品的需求和期望。通过前述几项研究，基本可以找出所要解决的问题，然后对这些问题进行评估，找出最关键的问题，针对关键问题，可以提出有创新价值的产品概念，并可确信这样的产品概念有较好的市场前景。调研主要分为产品调研、销售调研、竞争调研。通过品种的调研，搞清楚同类产品市场销售情况、流行情况，以及市场对新品种的要求；现有产品的内在质量、外在质量所存在的问题，不同年龄组消费者的购买力、对造型的喜好程度，不同地区消费者对造型的好恶程度；竞争对手产品策略与设计方向，包

图 3-5 产品设计定义

括品种、质量、价格、技术服务等；国外有关期刊、资料所反映的同类产品的生产销售、造型以及产品发展趋势的情况也要尽可能地收集。

产品市场调查的内容范围如图 3－6、图 3－7、图 3－8 所示。

从以上几个设计实例调查框架内容的比较可以看到产品调查的基本内容根据课题要求和侧重点的不同，实际要求也有所不同。只有明确设计目的，才能建立行之有效的调查内容框架。

图 3－6 产品市场调查主要内容

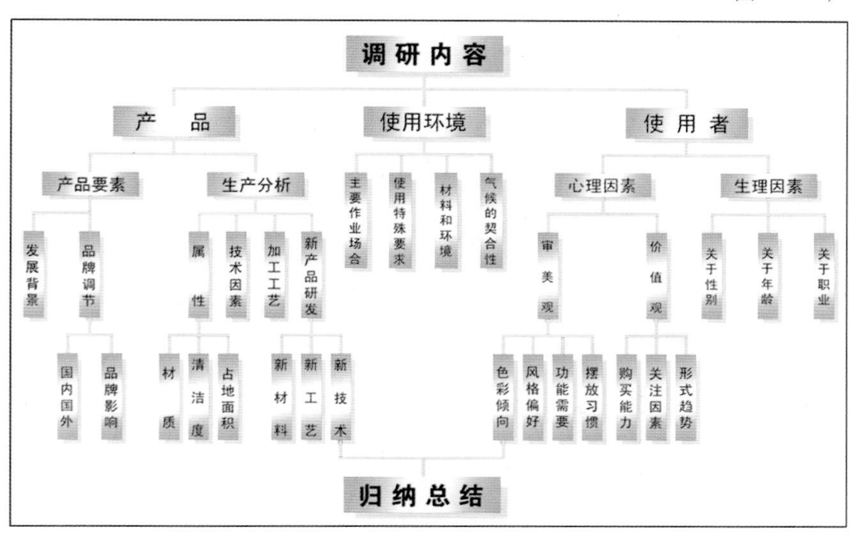

图 3－7 美工刀产品市场调研框架

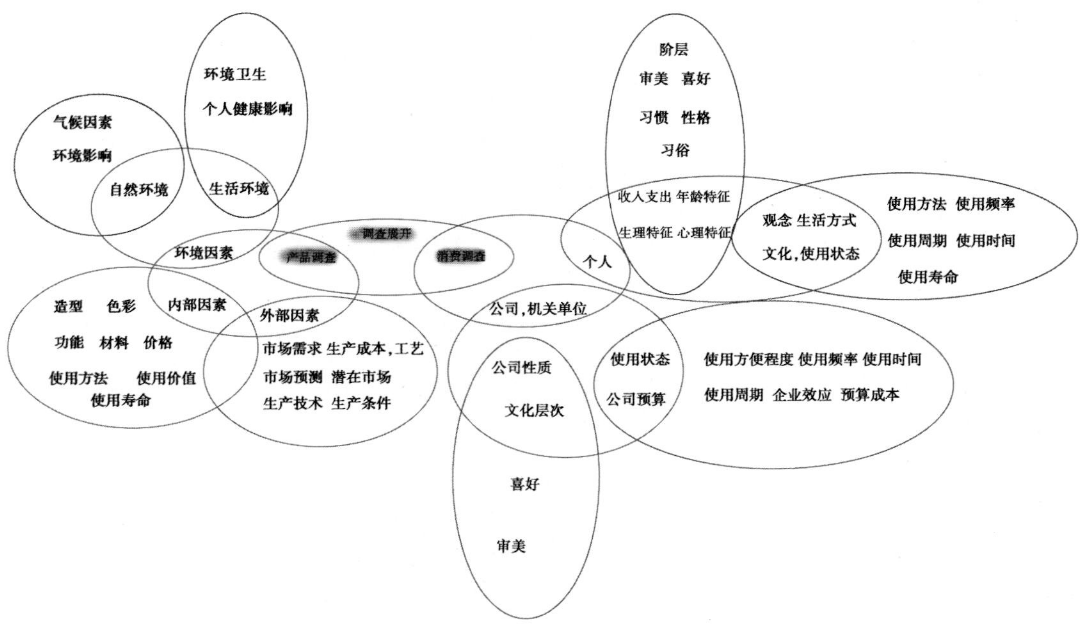

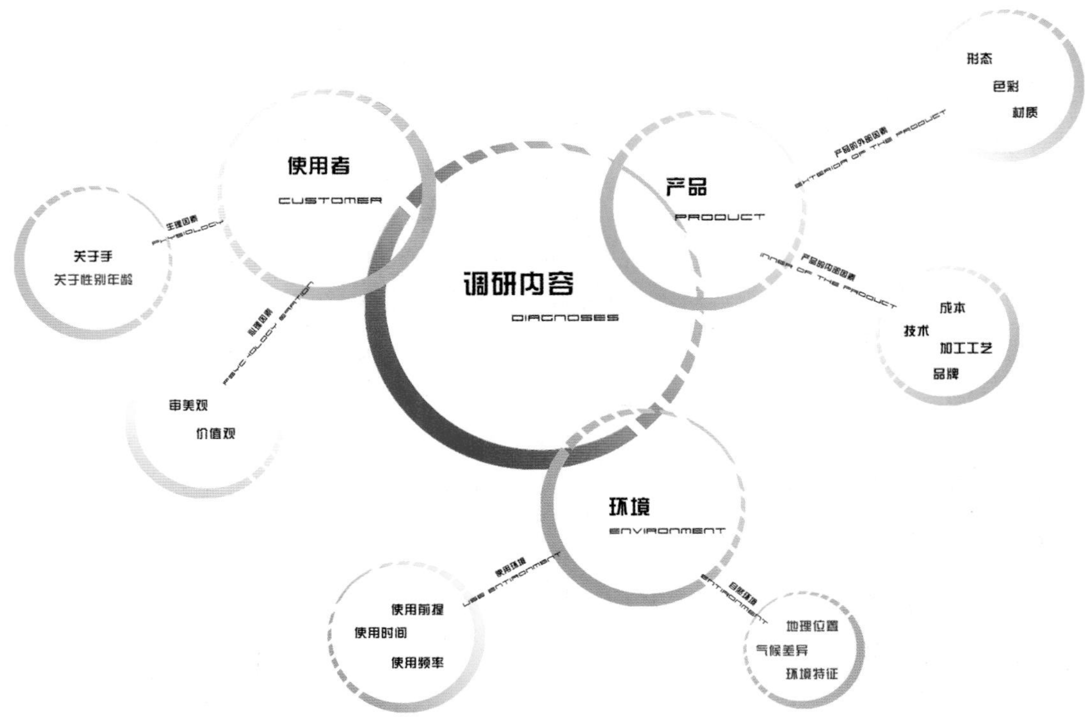

图 3-8 胶带笔产品市场调研框架

3.2.2.2 收集资料的方法

调研方法很多，一般视调研重点的不同采用不同的方法(图 3-9)，如实地调查、人群访谈、查阅、观察、购买、互换、试销试用等方法。最常见、最普通的方法是采用访问的形式(图 3-10、图 3-11)，包括面谈、电话调查、邮寄调查等。调研前要制定调研计划，确定调研对象和调研范围，设计好调查问题，使调研工作尽可能地方便、快捷、简短、明了。通过这样的调研，收集到各种各样的资料，为设计师分析问题、确立设计方向奠定了基础。

调查内容与方法的适用性							
内容	方式	网络查询	电话访问	书刊查找	问卷调查	专利检索	现场调查
产品	自身因素						
	生产因素						
	发展因素						
人	心理因素						
	生理因素						
	智能因素						
环境	空间因素						
	时间因素						
	政策因素						

图 3-9 调研内容与方法的适用性
(设计：田野)

图 3-10 调研问卷

3.2.2.3 调研信息的整理

调研信息的整理主要是指对市场调研获取的信息的分类。信息分类的特点在于能将类别属性相同的信息集中在一起，将类别相近的信息建立起密切联系，把类别性质不同的信息区别开来，组织成有条理的系统，便于设计师或其他用户从中发现原来不了解的相关信息。

产品设计中经常采用的分类原则是将对设计产生重要影响的因素作为分类的基点，从中分析出可以进行分类与比较的定位描述或关键词，将收集到的产品按其特征归类。通过对分类后的产品信息进行比较，设计师可以发现规律性的特征。

产品设计对调研收集到基础商品信息进行分类的思考点主要有这样几方面：

（1）按同类产品市场销售情况分类，以发现最具市场竞争力的商品特征；

（2）按同类产品售价及档次分类，以发现消费群体特征；

（3）按同类产品造型设计风格分类，以发现不同消费群体的爱好和愿望；

（4）按商品的品牌企业分类，以发现市场、营销特征；

（5）按同类产品的技术、功能特点分类，以发现技术的发展趋势。

图 3-12～图 3-16 为美工刀具产品调查信息部分资料的分析和整理。

刀具产品市场调查问卷

1. 性别：	○ 男	○ 女			
2. 年龄：	○ 18岁以下	○ 18-25岁	○ 25-35岁	○ 35-45岁	○ 45岁以上
3. 职业：	○ 学生	○ 上班族	○ 自由职业		
4. 收入：	○ 800元以下	○ 800-1600元	○ 1600-3000元	○ 3000以上	
5. 您在什么情况下使用工具刀？	○ 旅游时	○ 办公	○ 日常生活		
6. 您喜欢什么材质的工具刀的外壳？	○ 金属	○ 木质	○ 塑料	○ 橡胶	○ 陶瓷
7. 您购买工具刀时优先看重什么？	○ 实用	○ 美观	○ 材质	○ 价格	
8. 您用在使工具刀的过程中最看重的是什么？	○ 方便	○ 效率	○ 安全	○ 舒适	
9. 您更换工具刀的原因是什么？	○ 喜新厌旧	○ 损坏	○ 使用不便	○ 其它	
10. 您喜欢什么颜色的工具刀？	○ 黑	○ 灰色	○ 红色	○ 黄色	
11. 您在购买工具刀时能接受的价位是？	○ 蓝色	○ 绿色	○ 其它		
12. 对于未来工具刀的发展方向？	○ 20元以下	○ 20-50元	○ 50-100元	○ 100-500元	○ 500以上
13. 您希望在工具刀上添置什么功能？	○ 多功能	○ 方便携带	○ 专业性强	○ 造型多样	

图3-11　调研问卷

产品品牌调查

国际品牌及主要设计风格

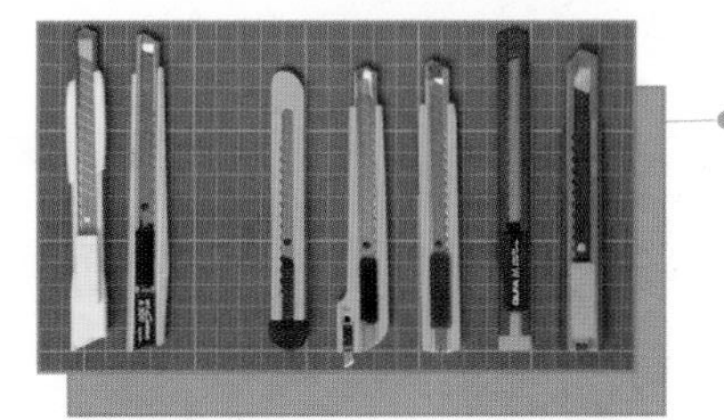

日本OLFA（爱丽华）品牌

刀身较为小巧，刀架造型多用直线，有时用弧线进行点缀，简洁流畅，多以黄灰黑色调为主，刀匣滑轨以波浪线和直线加以表现，其细节体现在刀片推进滑块和后端盖的表现上，整体给人以简洁，明快的感觉

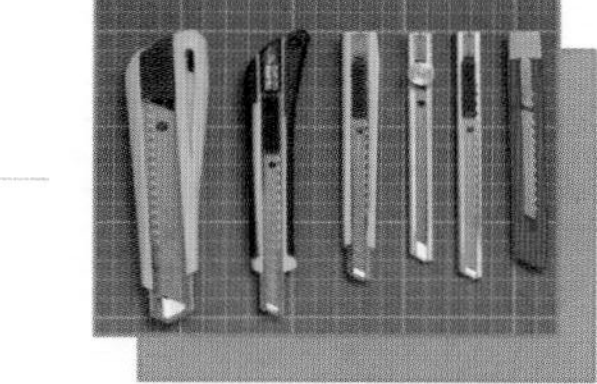

日本TAJIMA（田岛）品牌

刀身较大，刀架多以弧线为主体，自然流畅，多种颜色，多以红黄灰为主，同时并设计了一些型号小巧的美工刀，外壳刀冒全部以直线进行表现，以流线型线条为主，造型美观，细节描绘出彩，其设计整体给人以纤细的视觉冲击力，并且色彩响亮.

德国NIVO

颜色以浅色系列为主，刀身设计上加以横线或倾斜线的条纹，刀匣滑轨以锯齿形状为主，符合人机工程学的设计

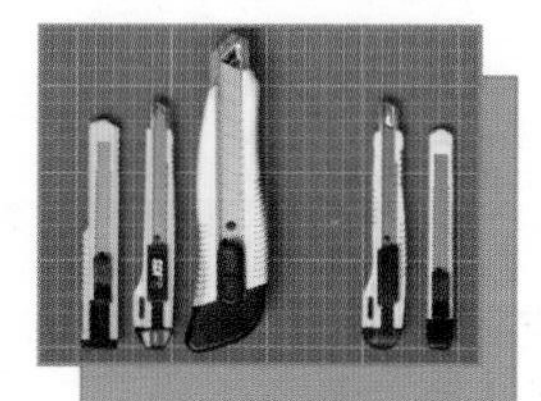

德国SDI

此设计细节较多，在后端冒，刀身手握处，刀片推进器都有不凡的表现，符合人机工程学，给人以高雅的感觉

法国MAPED（马培德）

刀身设计长度较短，弧线幅度较大，设计主要体现在刀匣滑轨上，同时刀身较厚，颜色以蓝黑黄红为主，刀片推进滑块多以黄色为主体，整体造型较为圆滑.

日本KDS

刀身多以弧线表现，弧度较大，后端冒较大，其设计多体现在后端冒和刀匣滑轨前端的设计上，此设计形态起伏较为明显，立体感强烈

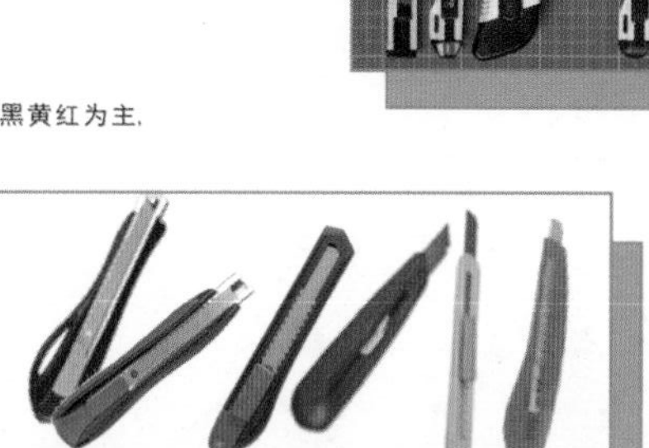

图3-12　产品品牌调查

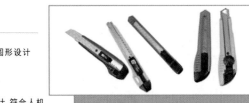

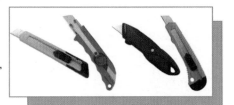

产品品牌调查

国内品牌及主要设计风格

得力DELL 产地宁波

设计风格比较简约，刀身均以直线为主，刀身后端较大，颜色多种，多以黄蓝红为主，在刀片推进块的设计上多用长方形为主，也有圆形设计

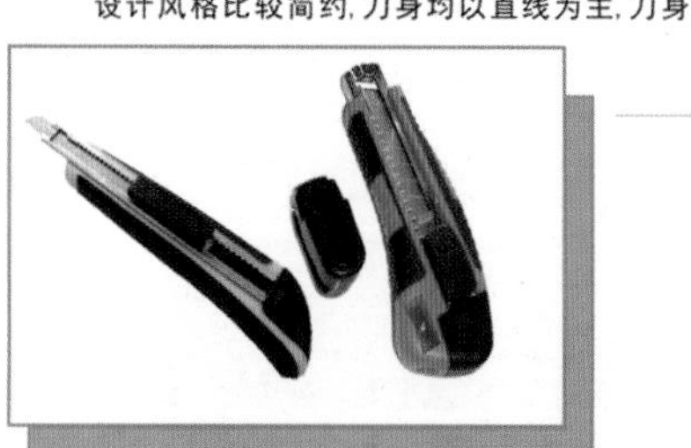

斯耐尔美工刀 产地广州

刀身较大，在色彩构成上采用两色相间，在刀身两端和刀片推进块上采用条纹和点状设计，符合人机工程学，这类刀的设计特点在后端冒的设计上，它与其它的品牌不同，添加了几何形状的按钮，在设计上整体给人以拼接的感觉，打破了以往的设计模式

EAGLE益而高

线条大多以曲线为主，简约流畅，在刀身后端都带有圆形设计，色彩纯度较高，给人以视觉冲击力，同时造型简洁大方，给人以美的享受。在大型号的美工刀外壳设计上，符合人机工程学，使人在使用工具刀时有舒适感

COMIX齐心

齐心大美工刀的设计集中在刀的后端，前细后宽，后端盖的设计呈几何形，小刀的设计整体修长，金属质感较为强烈，其外壳颜色黄红银为主，刀片推进块颜色以黑色为主

手牌美工刀

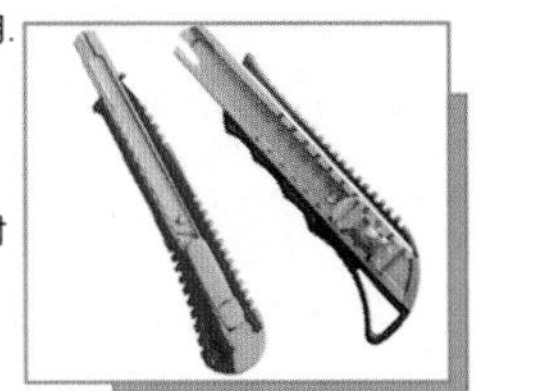

手牌美工刀是台湾出产的，其中设计大多小巧，给人整体以细长的感觉，颜色多以红色、蓝色为主，刀身厚度较薄，设计的美工刀给人以和谐的美感

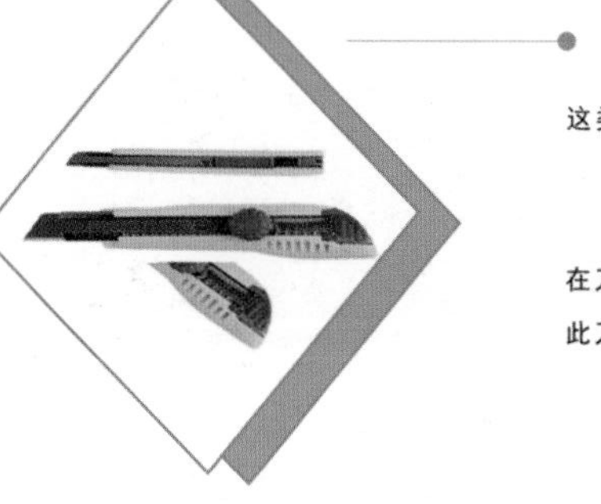

Esselte易达

这类刀的设计上多用蓝黄两色，刀身线条简约流畅，多采用塑料质感，其中刀片推进块上的条纹在整把刀中起点缀作用

Rg日钢

在刀身和刀匣滑轨上多采用齷齿形状，这类刀的设计在刀片推进块上也有不凡的表现，外壳颜色大都以红蓝为主，同时此刀的设计也符合人机工程学

图3-13 产品品牌调查

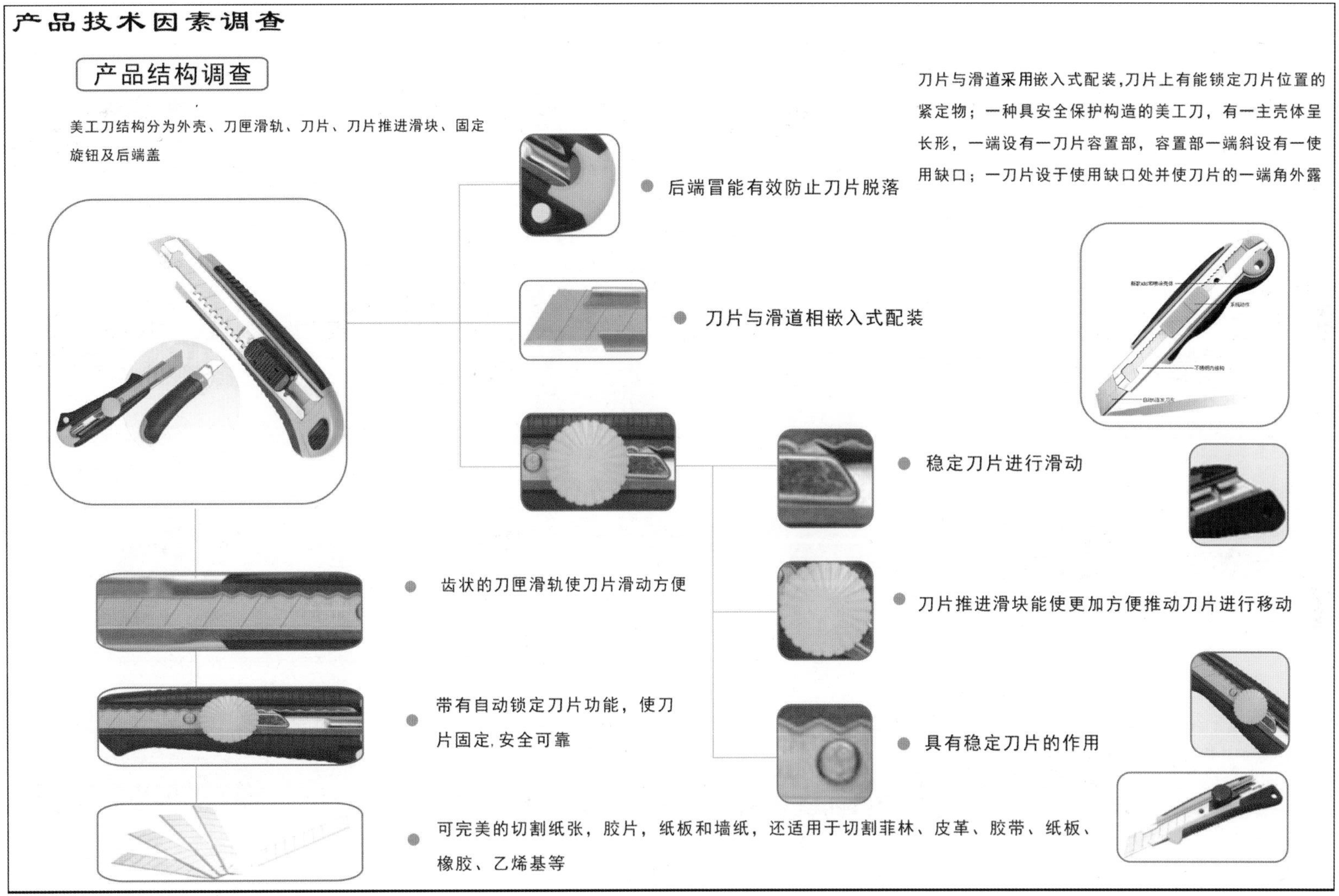

产品技术因素调查

产品结构调查

美工刀结构分为外壳、刀匣滑轨、刀片、刀片推进滑块、固定旋钮及后端盖

刀片与滑道采用嵌入式配装,刀片上有能锁定刀片位置的紧定物；一种具安全保护构造的美工刀，有一主壳体呈长形，一端设有一刀片容置部，容置部一端斜设有一使用缺口；一刀片设于使用缺口处并使刀片的一端角外露

- 后端冒能有效防止刀片脱落
- 刀片与滑道相嵌入式配装
- 稳定刀片进行滑动
- 刀片推进滑块能使更加方便推动刀片进行移动
- 具有稳定刀片的作用
- 齿状的刀匣滑轨使刀片滑动方便
- 带有自动锁定刀片功能，使刀片固定,安全可靠
- 可完美的切割纸张，胶片，纸板和墙纸，还适用于切割菲林、皮革、胶带、纸板、橡胶、乙烯基等

图3–14　产品技术因素调查

产品材料、材质调查

陶瓷外壳

特点 1. 手柄手感舒适；2. 陶瓷材质：锋利，硬度高，耐磨损；3. 具有高密度，耐酸碱性，能更好地保持食物分子，防止养份流失；4. 永不生锈，安全卫生；5. 易于清洗；6. 锋利持久

陶瓷刀采用高科技精密加工制造而成，具有硬度高、耐腐蚀性强、化学稳定性好、高耐磨性等特点，外型美观精致，刃口锋利无比，是真正意义上的永不磨损、永不腐蚀的刀。由此可见，用陶瓷刀进行切削和砍斩时，其性能超过钛合金刀，且比钢刀锋利，经久耐用，保持锋利的时间是相同形状与大小钢刀的60倍。尽管陶瓷刀既锋利又耐用，但它们毕竟是由陶瓷材料制成，较脆，易断裂，因而不可用作撬棒使用。它耐热，抗腐蚀，不生锈，无磁性，不导电，易清洗易使用，刀口锋利持久(可以保持数年锋利无需再磨)，是应用现代高科技研制的一种新型超级绿色刀具

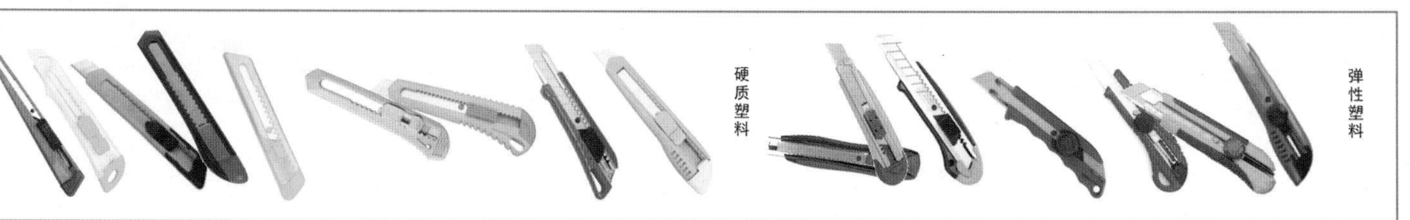

塑料外壳

橡塑外壳

■ 刀柄材料用软质弹性材料制成，手感舒适

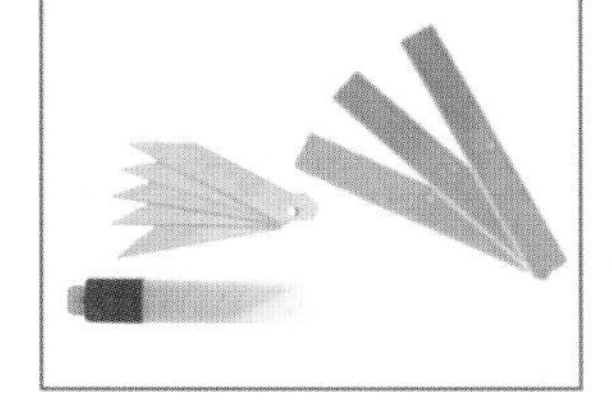

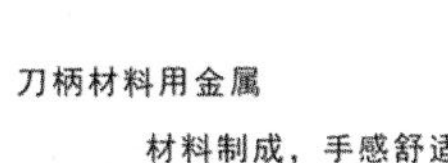

不锈钢刀片

■ 刀片采用优质高碳钢生产，刀身坚韧耐用，刀锋锋利持久

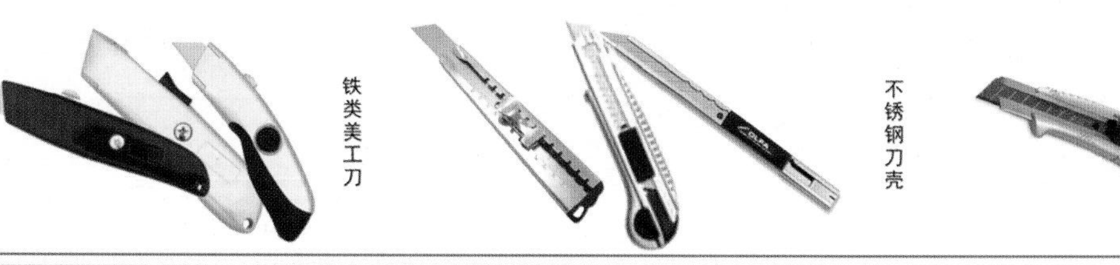

金属材料外壳

■ 刀柄材料用金属材料制成，手感舒适 ■

图3-15 产品材料、材质调查

加工工艺

刀片制造工艺

- 锻打→调质精加工→热处理（卒火）→回火→精（严）磨（特需刀片还需要线切割、镀铬）

全自动刀片硬度处理系统

刀片热处理 一

刀片热处理 二

控制钢材马氏体的变化使回火后的刀片具有优异的硬度和韧性

硬度测试

刀片加工及设备

- 刀具刀片厂可以根据客户提供的产品图纸、规格及刀片材料、硬度值等要求来进行刀片刀具的加工生产。 刀具刀片的生产设备及检测设备主要有大型热处理设备、超级精密平面磨床、微电脑线切割、洛氏硬度计等先进设备。

金属铸造

- 金属铸造（metal casting）是将金属熔炼成符合一定要求的液体并浇进铸型里，经冷却凝固、清整处理后得到有预定形状、尺寸和性能的铸件的工艺过程。铸造毛胚因近乎成形，而达到免机械加工或少量加工的目的降低了成本并在一定程度上减少了时间．铸造是现代机械制造工业的基础工艺之一。

  金属铸造工艺通常包括：

  ① 铸型（使液态金属成为固态铸件的容器）准备，铸型按所用材料可分为砂型、金属型、陶瓷型、泥型、石墨型等，按使用次数可分为一次性型、半永久型和永久型，铸型准备的优劣是影响铸件质量的主要因素；

  ② 铸造金属的熔化与浇注，铸造金属（铸造合金）主要有铸铁、铸钢和铸造有色合金；

  ③ 铸件处理和检验，铸件处理包括清除型芯和铸件表面异物、切除浇冒口、铲磨毛刺和披缝等凸出物以及热处理、整形、防锈处理和粗加工等。

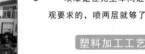

喷漆

- 喷漆是在无尘车间进行的：先清洁塑胶表面的飞尘油污等，再喷底漆，干了之后，再喷图纸要求的表面漆，喷的次数要看图纸的要求，只有外观要求的，喷两层就够了，要求不透光的，或者要求喷漆厚度的，就多喷几次，看效果决定！喷漆后必须进行粘合力测试，检测喷漆的质量。

喷漆现场

塑料加工工艺

塑料制作机房 流水线

- 吹塑，滚塑，注塑，挤塑，注吹，挤吹，注拉吹，滴塑，吸塑等。

图3-16　产品加工工艺调查

由于影响设计的因素很多，通过产品市场、产品使用者、产品使用环境、产品相关技术等方面调查取得的资料，除了用上述分类的方法整理获得结果外，还可将各类信息按该产品设计的相关因素及构成关系整理成图表，这样更有利于设计参考。实际上，在调研阶段对各类信息关系的研究，也就是设计构思(解决问题)的开始。

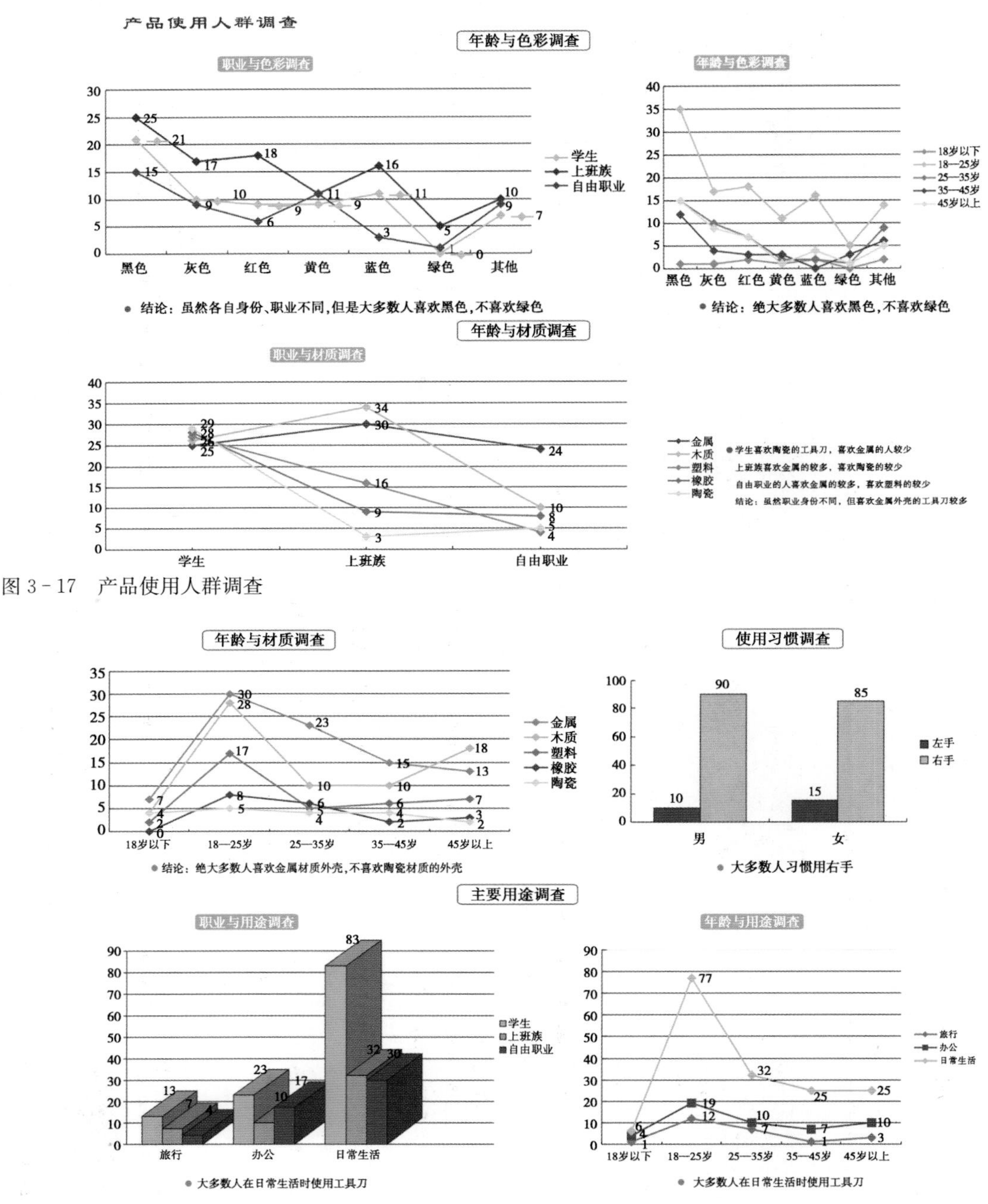

图 3－17 产品使用人群调查

图 3－18 产品使用人群调查

3.2.2.4　资料分析

在统计出大量信息的基础上，如何有效地利用信息，使之按照设计定位的方向前进，就需要我们对信息进行系统化的统计与归纳。产品属性坐标轴分析法和对信息进行归纳的 KJ 法，都是这个阶段的常用方法。

1. 产品属性坐标轴分析法

产品属性可以是产品的组件、结构、尺度、色彩、重量、风格、技术等要素，属性元素的选择是形态研究的关键，它的排列组合为设计定位提供有建设性的选择方向。

属性研究中常用的研究法是坐标轴分析法。在坐标轴分析法中 X、Y 轴两端多为属性的一对反义词，表示设计的两种方向。把各个产品属性图按坐标数值进行位置摆放，然后总结设计的机会点，为属性元素提供有价值的选择。在图 3－19B 图中蓝圈范围内的属性就是该类设计的集中点，是我们未来设计要尽量避开的地方，黄色部分的机会点是设计要研究的重点。

图 3－20 中，以产品设计要素中形态属性分析为例，红色区域内是设计相对集中的部分，黄圈区域内就是未来音箱设计的机会点。

2. KJ 法

KJ 法是日本筑波大学川喜田二郎教授首创，并以其姓名的首字母命名的思维创意方法。这种方法的要点是将基础素材卡片化，根据图解所显示的逻辑关系进行整理分析比较，形成新的创想。

应用到产品设计中，这种方法的卡片要尽量具体精炼，列举各个独立要素和影响这些要素的相关因素，再把这些卡片按照设计的逻辑关系进行排位，形成有完全指向的系统化的设计思路。

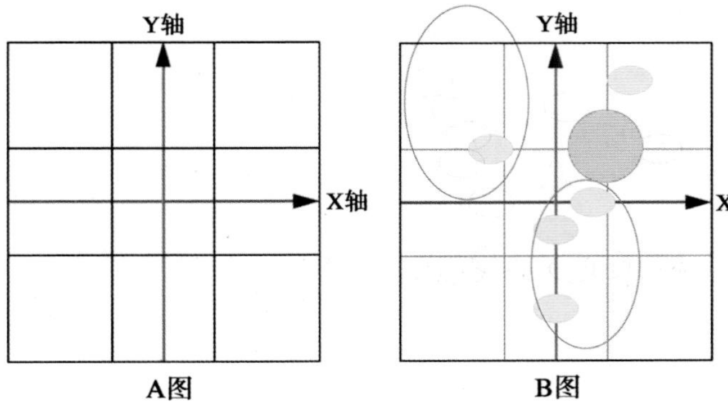

图 3－19　坐标轴分析法

图 3－20　坐标轴法在音箱设计中的应用

(1) 内容收集：从调查中选择可用的各种素材。

(2) 制作卡片：形成卡片形式；卡片要全，内容要经过提炼。

(3) 分组：把素材分类，成组。

图 3－21　美工刀设计的 KJ 法分析

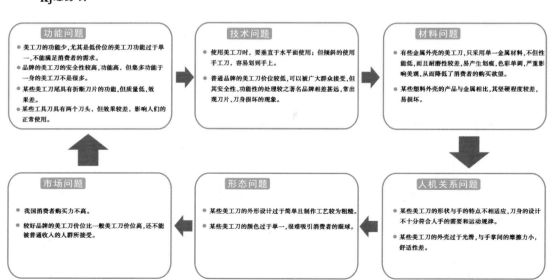

Kj法分析

功能问题

- 美工刀的功能少，尤其是低价位的美工刀功能过于单一，不能满足消费者的需求。
- 品牌的美工刀的安全性较高，功能高，但集多功能于一身的美工刀不是很多。
- 某些美工刀尾具有折断刀片的功能，但质量低，效果差。
- 某些工具刀具有两个刀头，但效果较差，影响人们的正常使用。

技术问题

- 使用美工刀时，要垂直于水平面使用；但倾斜的使用手工刀，容易划到手上。
- 普通品牌的美工刀价位较低，可以被广大群众接受，但其安全性、功能性的处理较之著名品牌相差甚远，常出现刀片、刀身损坏的现象。

材料问题

- 有些金属外壳的美工刀，只采用单一金属材料，不但性能低，而且耐磨性较差，易产生划痕，色彩单调，严重影响美观，从而降低了消费者的购买欲望。
- 某些塑料外壳的产品与金属相比，其坚硬程度较差，易损坏。

人机关系问题

- 某些美工刀的形状与手的特点不相适应，刀身的设计不十分符合人手的需要和运动规律。
- 某些美工刀的外壳过于光滑，与手掌间的摩擦力小，舒适性差。

形态问题

- 某些美工刀的外形设计过于简单且制作工艺较为粗糙。
- 某些美工刀的颜色过于单一，很难吸引消费者的眼球。

市场问题

- 我国消费者购买力不高。
- 较好品牌的美工刀价位比一般美工刀价位高，还不能被普通收入的人群所接受。

（4）图解化：建立各卡片之间的逻辑关系，用卡片图的形式显示设计的流程。

（5）设计表达：以文字描述的方式解释设计。

3.2.2.5　设计定义的确立

设计定义的确立是要为企业确定一个最适合自己的产品设计方向，它也可以作为检验设计是否成功的标准。改良产品设计不可以任由自己的个性随便发挥，任何企业中的产品设计都是在限制条件下的设计，设计定位是根据企业自身的条件和当时的市场情况而制定的。针对不同的目标市场应该有不同的设计，用一个产品解决所有消费者的需求是不可能的，因此我们在设计中一定要有所侧重，首先解决产品设计中的关键问题，这也是设计师的设计目的。简单地说，产品的设计定位就是指企业要设计一个什么样的产品，它的目标客户群是谁，为了满足目标客户的需要，它应该具有什么样的使用功能和造型特征等。

产品的设计定位要在市场调研与分析的基础上进行。只有经过充分的市场调研与分析，了解了市场中消费者的需求，工业设计师才能用比较客观、科学的尺度，给我们设计的产品以恰当、准确的设计定位。

图 3－22　剪刀的设计定位

设计定位

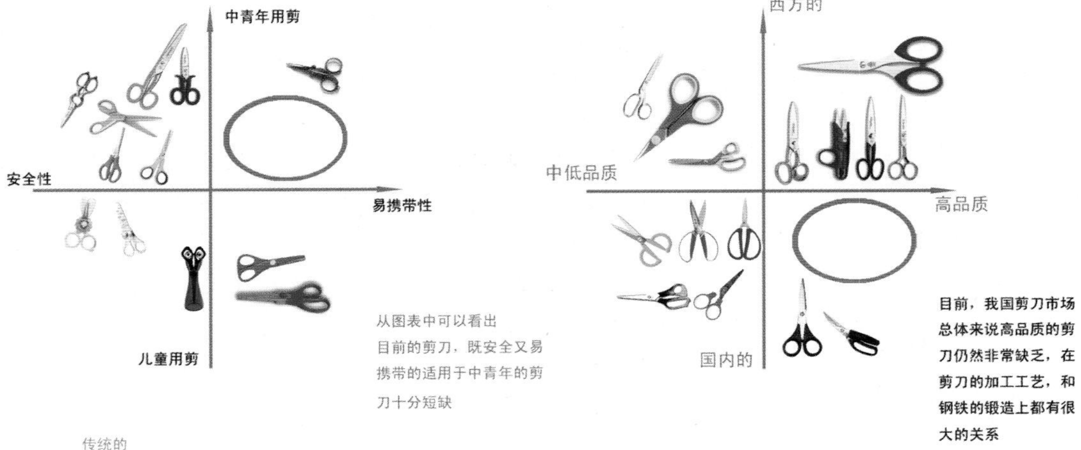
中青年用剪
安全性
易携带性
儿童用剪
从图表中可以看出
目前的剪刀，既安全又易
携带的适用于中青年的剪
刀十分短缺
西方的
中低品质
高品质
国内的
目前，我国剪刀市场
总体来说高品质的剪
刀仍然非常缺乏，在
剪刀的加工工艺，和
钢铁的锻造上都有很
大的关系

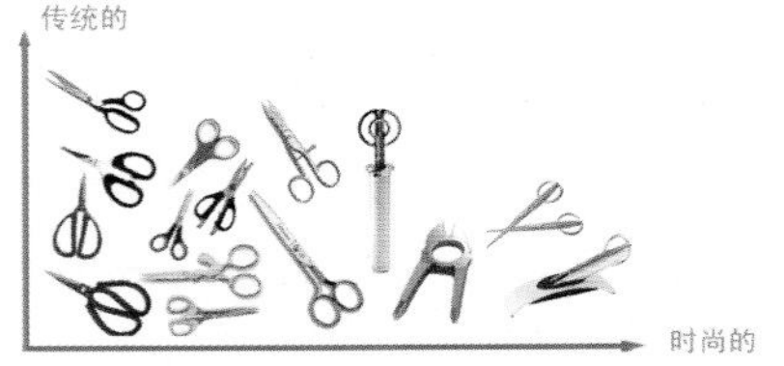
传统的
时尚的

通过，图表可以看出，市场上现在仍然是传统的剪刀占大部分市场，但新型时尚的剪刀却具有传统剪刀所没有的现代人追求时尚元素，简洁有力的造型，时尚剪刀势必会取代传统的剪刀

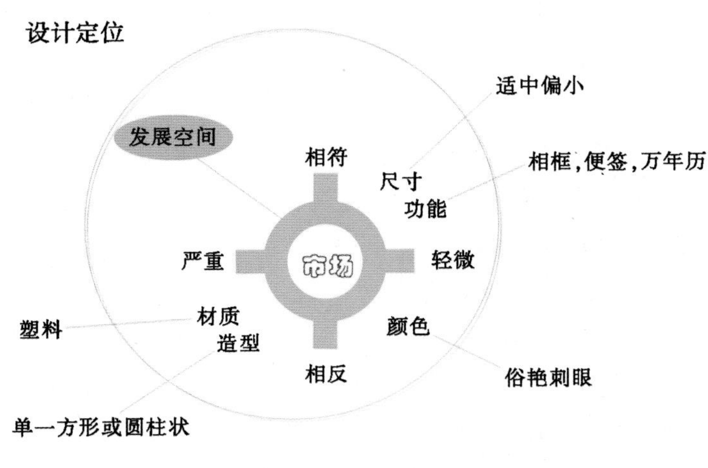

调查统计消费者心理期待

从调查统计上看，18—30岁的使用者是集中人群，但现代人的心理年龄普遍较年轻，所以人群范围基本在18—50。

所以笔筒的定位集中在这一年龄段。以下是统计的结果：

尺寸	适中偏大
风格	简约附现代感
材料	金属/竹木
颜色	低调灰色系/深色系
造型	圆滑
添加功能	相框-便签-灯-垃圾箱
价位	20—50

分析：
市场上的笔筒与消费者期望极为相反的是造型和材质，因而首要解决的问题是这两部分。
其次市面上的颜色太过俗艳，不满足这部分人的审美.尺寸和功能市面上的笔筒几乎类似，种类也较齐全，可以进行改善，或创造全新概念。

带着消费人群的需求进行创新，最终产品同时满足人们多方面审美，而不因某方面影响整体效果。

图 3-23 笔筒的设计定位

3.2.3 方案表达

在经过设计启动和产品设计定义两个阶段后，设计师对产品改良设计的尺寸要求、产品使用方式、使用环境、使用人群等等基础信息都有了一定的认识，通过对上述资料的分析和整理，改良产品的设计定位更加清晰，为设计师下一步设计活动的展开奠定了基础。

方案设计的展开和设计草图的绘制并不是简单的凭空想象的结果。事实上，设计草图的开始往往是从一个发散性的思维开始的，它的基础可以是 KJ 法归纳出的问题点，也可以是客户的某种需求。思维导图可以应用于生活和工作的各个方面，对设计概念和设计形态的确立具有十分积极的作用。

3.2.3.1 设计思维导图

思维导图又叫心智图，是英国教育家托尼·巴赞发明的创新思维图解表达法，是表达发散性思维的有效的图形思维工具，它简单却又极其有效。思维导图运用图文并重的技巧，把各级主题的关系用相互隶属与相关的层级图

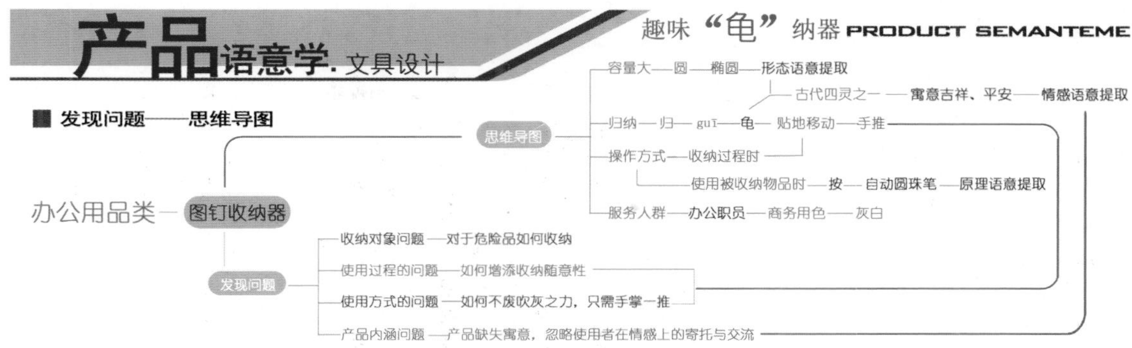

图 3-24　文具设计思维导图
（设计：张婷；指导教师：李雪松）

表现出来，把主题关键词与图像、颜色等建立记忆链接，思维导图充分运用左右脑的机能，利用记忆、阅读、思维的规律，协助人们在科学与艺术、逻辑与想象之间平衡发展，从而开启人类大脑的无限潜能。

设计思维导图是把设计的主要问题作为核心进行的发散式的思考方式，其他的分支都是与之相关的要素，这种方式能形成设计师从点到面的思考方式，建立立体化的思维习惯，有效地把与设计主题相关的各要素系统地联系起来。通过思维导图，设计师能清楚地认识到影响设计的层次关系，把握设计的方向。思维导图可以手工绘制，也可以应用目前比较有效的思维导图设计软件，如：Mindjet MindManager、iMindMap 等。

制作思维导图的方法：

(1) 思维导图的制作，首先确定主题，设计的出发点可以是文字也可以是图像。导图的布局要有层次，清晰明了。

(2) 以主题为中心展开联想，表达手段可以是图形，也可以是关键词。

(3) 在可能的关键词上再深入展开研究，把线索归纳成几个方面。

(4) 归纳各要素间的联系，形成设计思维的方向(图 3-24、图 3-25)。

3.2.3.2　设计草图

绘制设计创意草图(sketch)是产品设计的起始阶段，也是设计过程中必不可少的重要环节。手绘对于产品设计师来说是一种语言，他们通过手绘表达自己的设计构思和创作意图。根据设计不同阶段的需要，我们通常把绘制草图的过程分为构思草图和设计草图两个部分。

设计思维导图

通常人的思维会根据人的经验和知识形成固定的思考事物的路径，一般都成直线型思考。设计思维要打破常规，形成点、线、面或散点、单线、跳的思维模式。

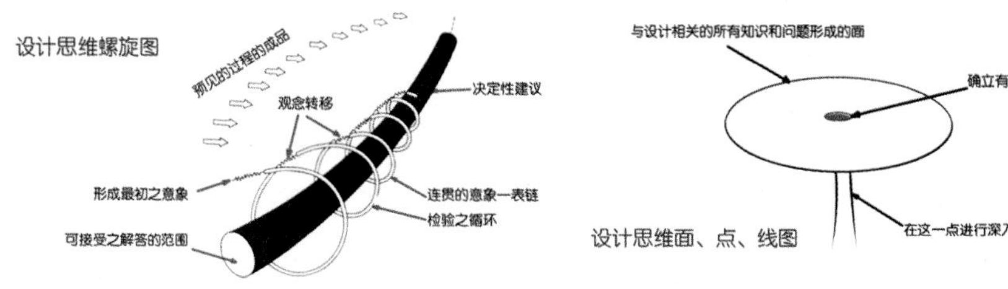

点——线——面思维路线图

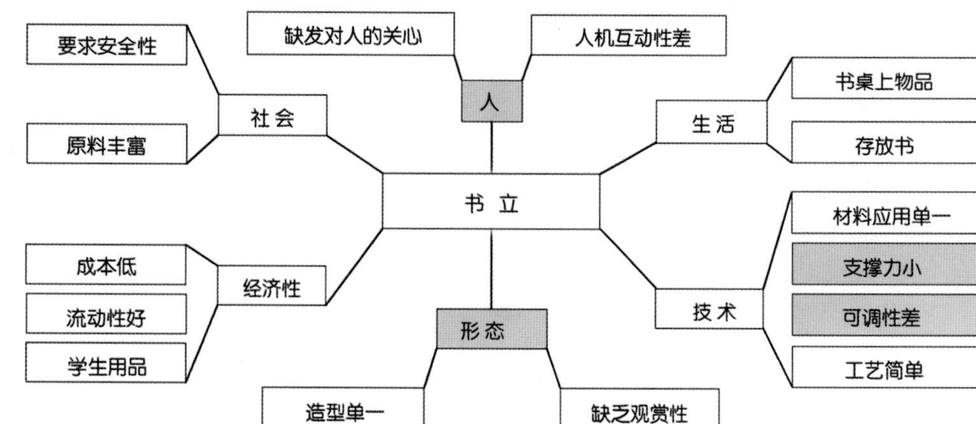

读书方式：两只手拿着看、倚在其它物上看、杵着书看、平方着书看、书签、放在书架上。

存放书方式：书架、把书做小、纸盒子、书皮包上。

思维路线图总结

从书立与人的关系来思考：现有书立缺乏对人的关心和人机互动性，这样我在设计的时候就要解决书立和人的关系。人在储存书、读书和暂时把书放置是时候都与书立有一个交流的过程，设计点让人在和书立打交道的时候感觉到关怀。

从书里的结构来思考：书立材料多用板材，限制其结构，造成其支撑力不够。设计点是否可应用三角结构增加支撑力。使其功能成组化。

从书立的形态来思考：现在市场上的书立大多造型一样，可以在书立中应用自然界形态，突破现有的形态。

总的来思考：书立就是与读书友关的人造物，可以打破现有经验对书立的理解，以上三方面进行跳跃思考后，我的想法是：做一个多功能，拥有书立、书签、把书支起来读的功能，通过细节表达对人的关怀。

图3-25　书立设计思维导图(设计：刘晓燕；指导教师：李雪松)

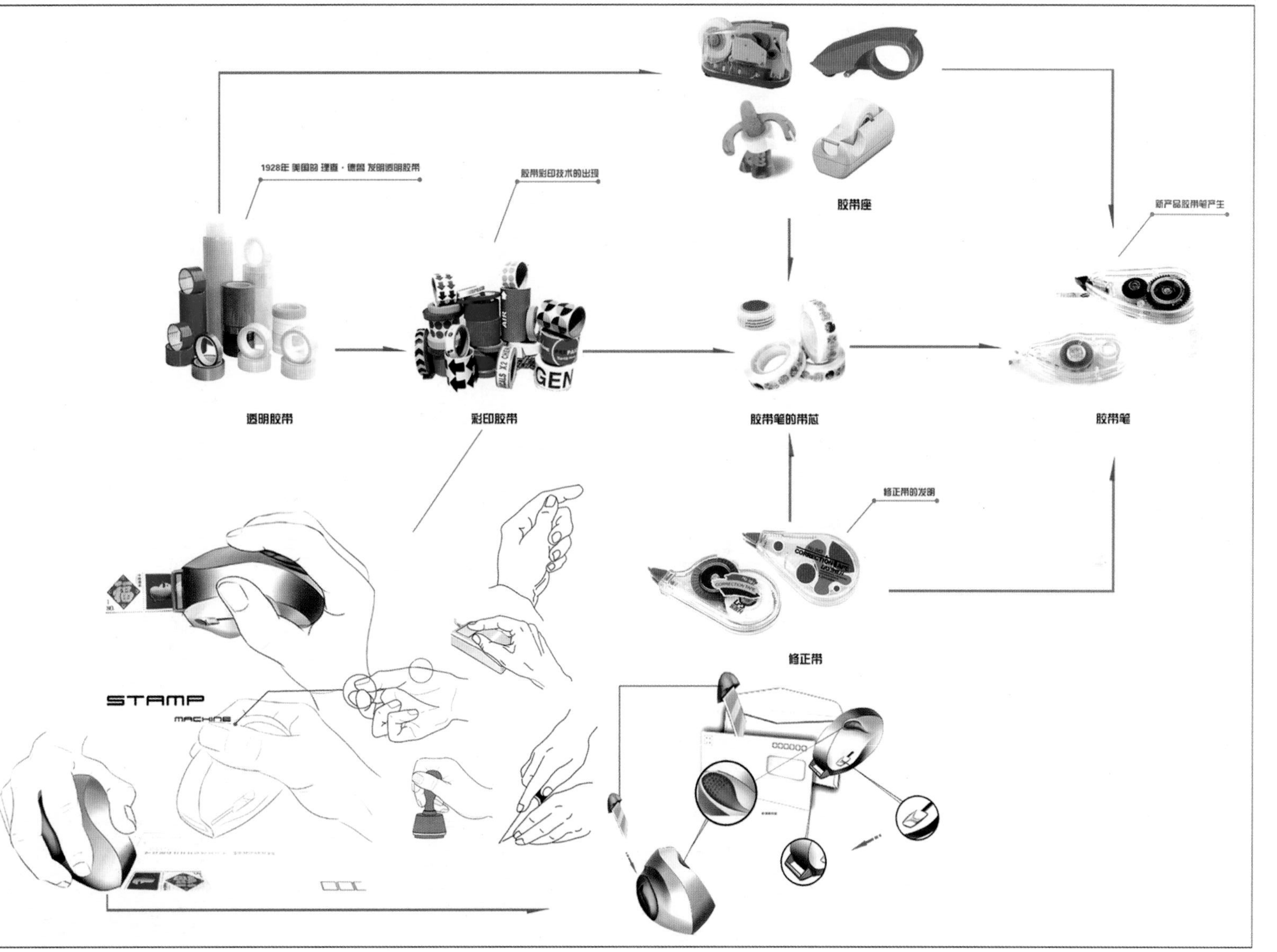

图3-26　邮票笔设计思维导图(设计：张真；指导教师：田野)

1. 构思草图

绘制构思草图是一种广泛寻求未来设计方案可行性的有效方法，也是对工业设计师在产品造型设计中的思维过程的再现。构思草图的原形可以依据思维导图的推导结果，有目的和方向地对形态和功能展开联想和分析。作为设计师最容易驾驭的设计表现手段，它还可以帮助设计师迅速地捕捉头脑中的设计灵感和思维路径，并把它转化成形态符号记录下来。这类草图突出特点是快速、灵活，不要求完善、全面，重点在于能够反映不同思维过程的特点，为下一步设计深化做准备(图 3－27)。

2. 设计草图

设计草图是构思草图的更具体的深入展现，较之构思草图它更多地表现出设计的目的性和系统性。在此阶段，设计师应该在大量收集资料和分析问题的基础上，按照设计定位的要求，开始提出解决问题的办法，通过确定产品的整体功能布局、框架结构和使用方式，分析产品形态、功能、结构的表达层次及设计细节的排布，考量人机工程学方面的可行性，探讨材料的特性、成本及未来产品的生产加工，更具体地展现未来设计的初步形象(图 3－28)。

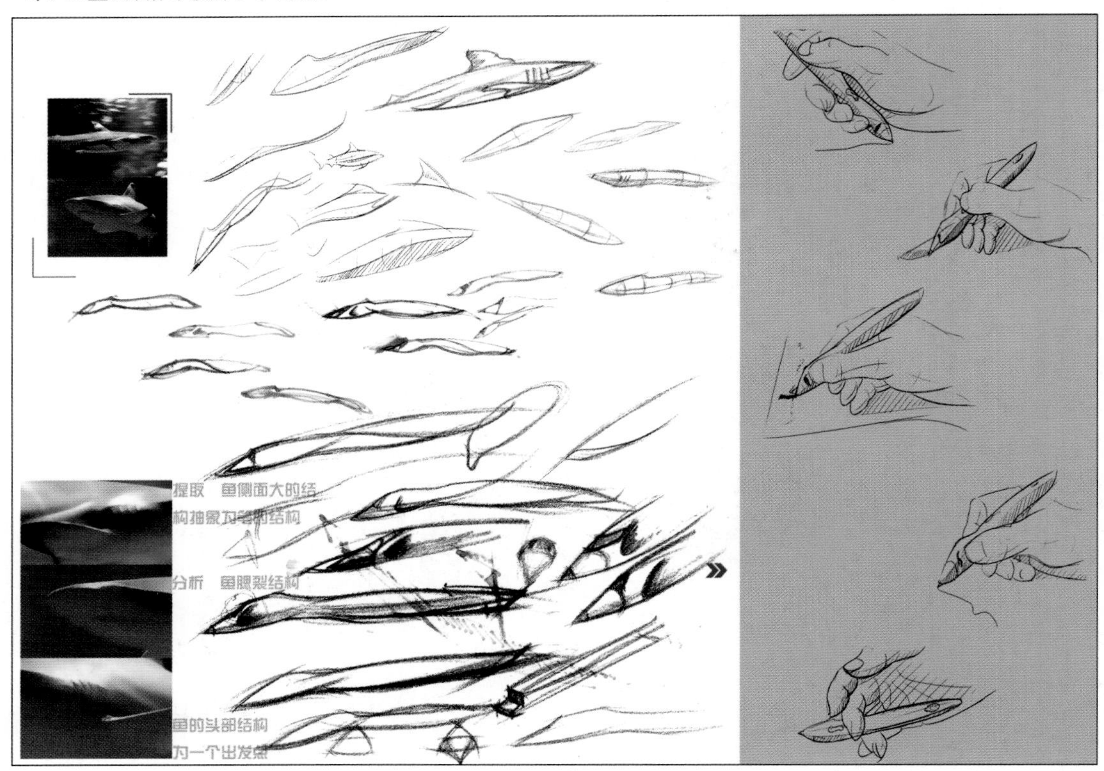

图 3－27 电子读写笔构思草图(设计：王金雨；指导教师：李雪松)

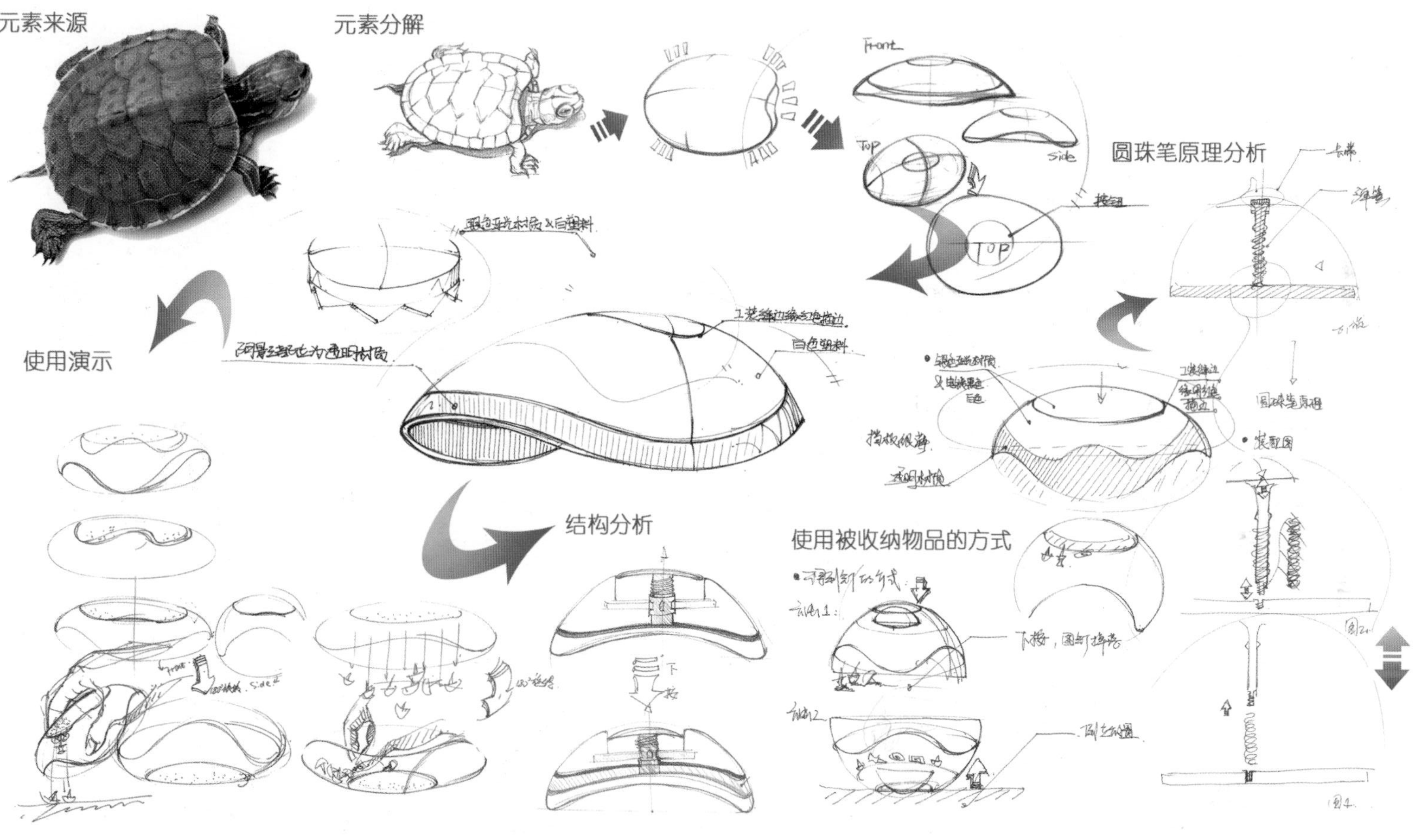

图3-28　图钉收纳器设计草图(设计：张婷；指导教师：李雪松)

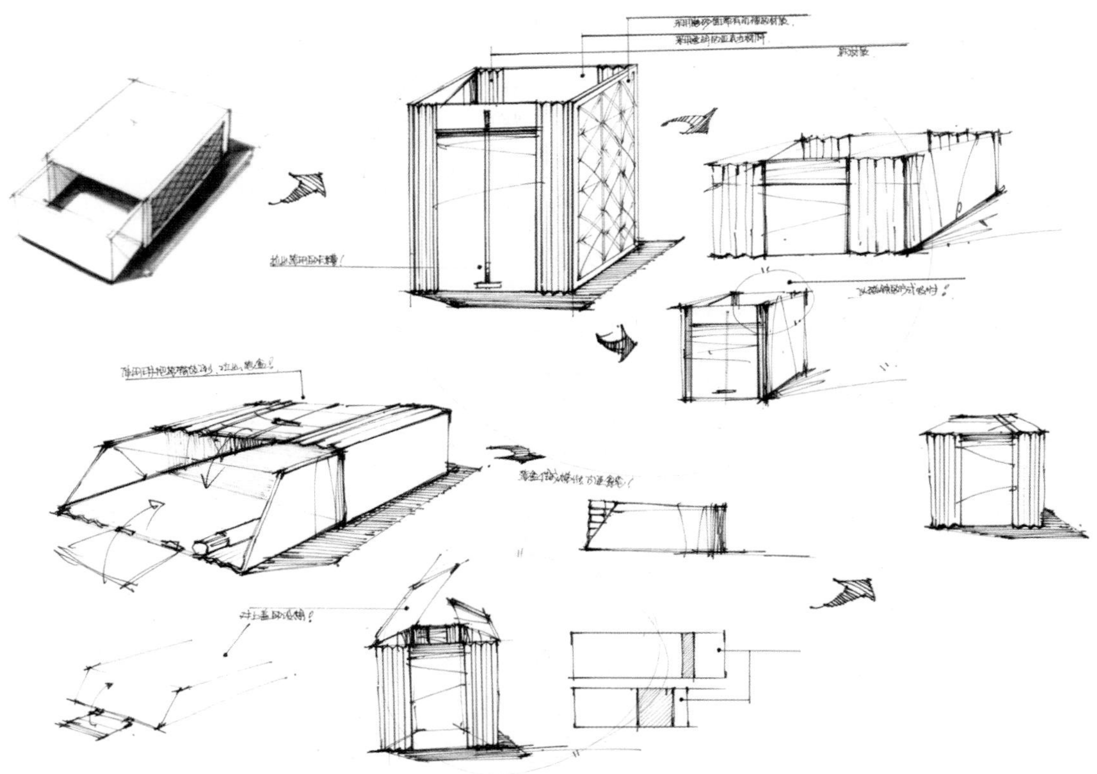

图 3-29　马克笔笔筒(设计：陈九思;指导教师：张克非)

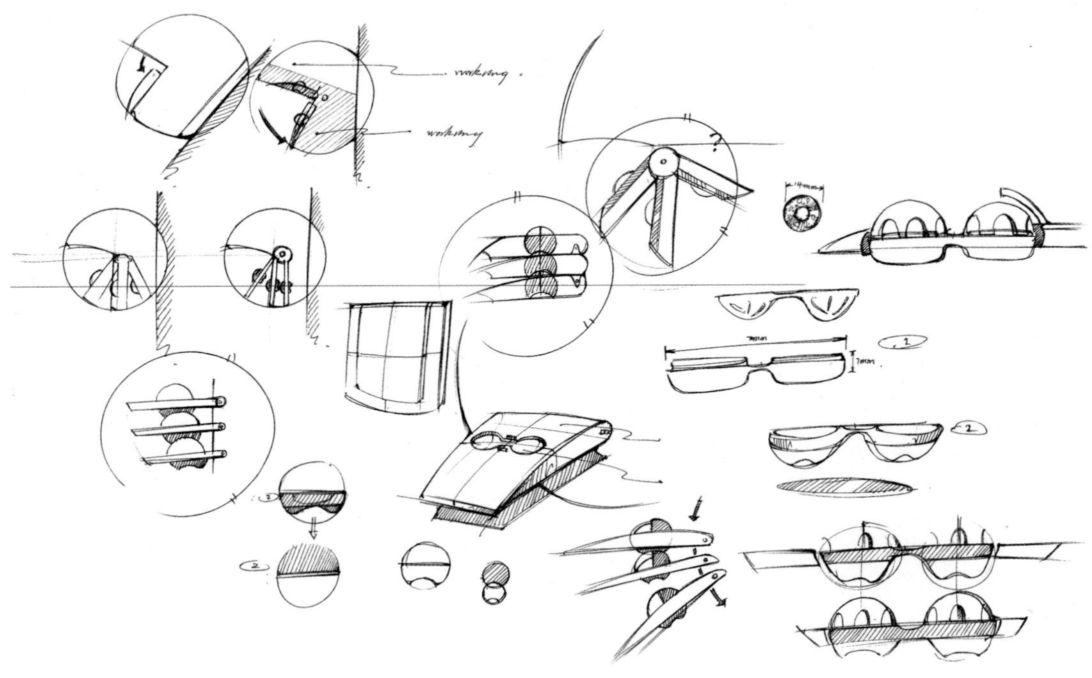

图3-30　隐形眼镜盒(设计：梁倩;指导教师：李雪松,张安)

图 3-31 学生作品(遇明歌;指导教师:薛文凯)

3.2.3.3 产品效果图

产品效果图的表现是产品设计的形态语言,也是传达设计创意必备的技能,是设计过程中的一个重要环节。产品设计中,无论是现实的构思还是未来的设想,都需要设计师通过设计效果图的形式,将抽象的创意转化为具象的视觉媒介,表达出设计的意图。

在对各种方案草图评估筛选后,设计师要通过制作产品效果图表达出产品的比例尺度、功能结构、材料工艺、色彩等产品设计的主要信息,在视觉层面建立起更为直接的产品设计评估平台。产品效果图也被称为产品预想图,是评估产品的重要手段。依据表现手段的不同分为手绘效果图和电脑效果图。图 3-31～图 3-34 为手绘效果图,图3-35～图 3-37 为电脑效果图。

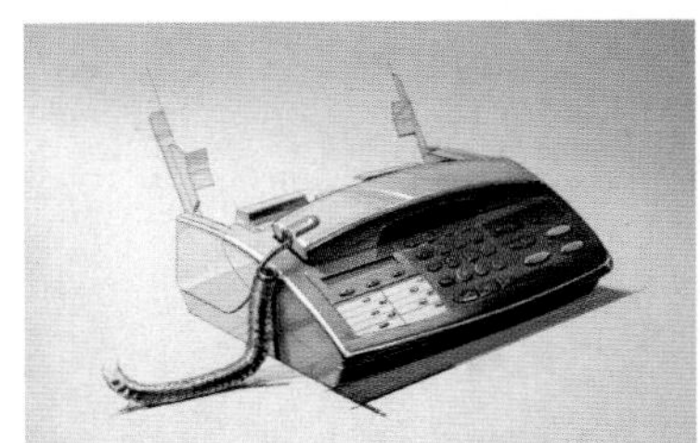

图 3-32 学生作品(焦宏伟;指导教师:薛文凯)

图 3-34 学生作品(指导教师:薛文凯)

图 3-33 学生作品(焦宏伟;指导教师:薛文凯)

图 3-35 便携式音乐播放器(郑璐璐;指导教师:李雪松)

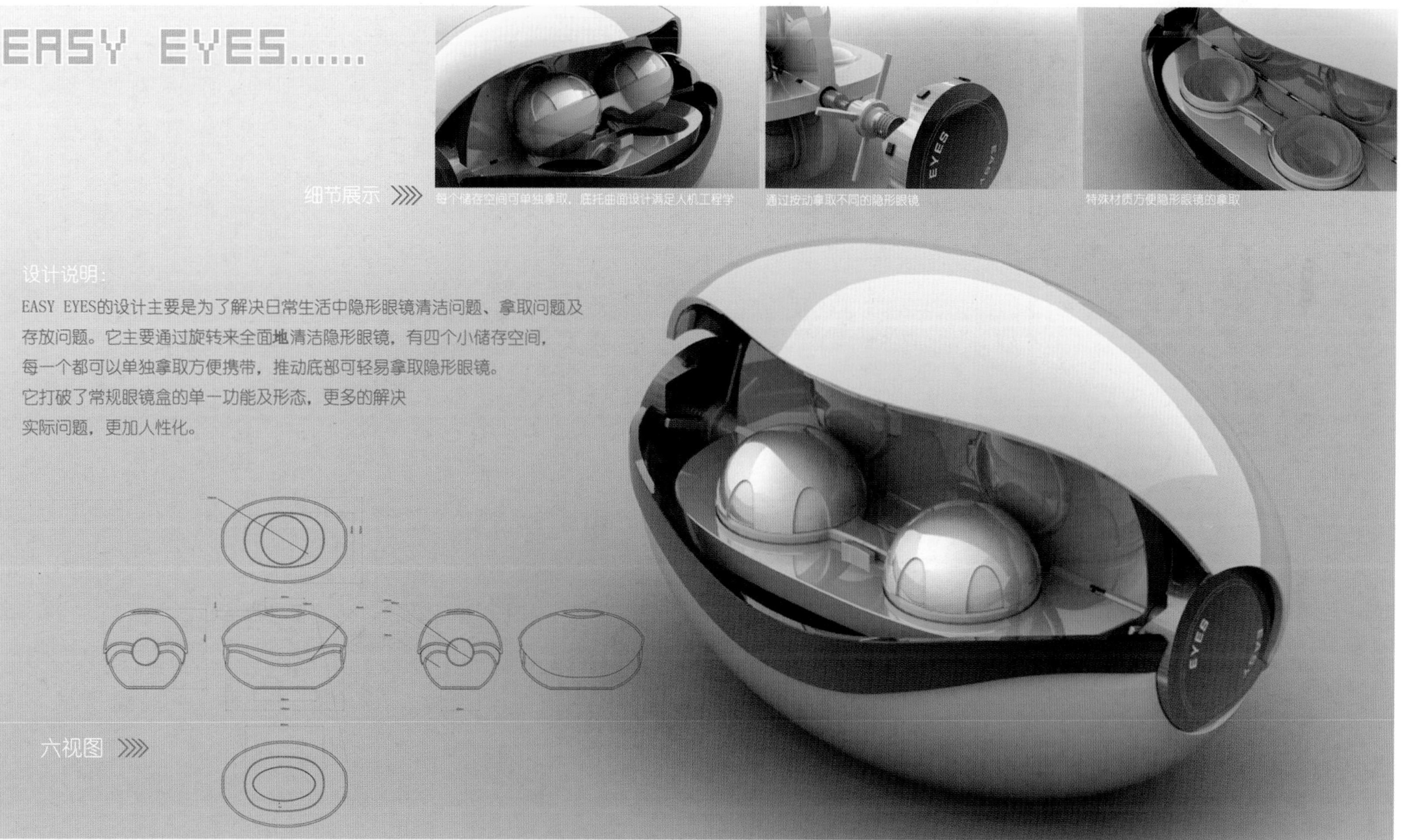

EASY EYES……
细节展示
每个储存空间可单独拿取，底托曲面设计满足人机工程学
通过按动拿取不同的隐形眼镜
特殊材质方便隐形眼镜的拿取
设计说明：
EASY EYES的设计主要是为了解决日常生活中隐形眼镜清洁问题、拿取问题及
存放问题。它主要通过旋转来全面地清洁隐形眼镜，有四个小储存空间，
每一个都可以单独拿取方便携带，推动底部可轻易拿取隐形眼镜。
它打破了常规眼镜盒的单一功能及形态，更多的解决
实际问题，更加人性化。
六视图
EYES
EASY

图3-36　隐形眼镜盒(梁倩；指导教师：李雪松　张安）

图 3－37 园艺工具(设计：张宏玉；指导教师：李雪松)

3.2.4 模型制作

模型制作是产品设计过程中的一种表现形式，是一种最贴近人的三维感觉的设计表现，特征是以实物形式来展现设计意图，启发设计师对设计的再思考。模型制作的意义在于：

1. 方案说明性：以三维的形体来表现设计意图与形态，是模型的基本功能。

2. 设计思维启发性：在模型制作过程中以真实的形态、尺寸和比例来达到推敲设计和启发构想的目的；以合理的人机工学参数为基础，探求感官的回馈、反应，进而求取合理化的形态；模型塑造成为设计人员不断完善设计的有力依据。

3. 物化的可触性：以具体的三维实体、翔实的尺寸和比例、真实的色彩和材质，达到从视觉、触觉上充分表达、反映形体与环境关系的作用，使人感受到产品的真实性，从而更好地沟通设计师与受众对产品意义的理解。

4. 后继生产加工的依据：设计方案得到认可后，产品模型可直接作为生产的依据，通过三维测量仪对模型进行扫描，数据导入计算机，重新调整并生成三维数据，即可进行模具与原型的设计和加工，达到量产。

目前模型制作的手段主要分为手工模型制作和计算机快速成型制作。由于使用材料和手段的不同，手工模型(见图 3－38、图 3－39)的呈现方式也多种多样。手工模型制作的优势在于：学生或设计师通过对模型的加工过程，可以深刻感受产品的形体与结构，模型的制作过程也是产品设计方案的推敲过程。

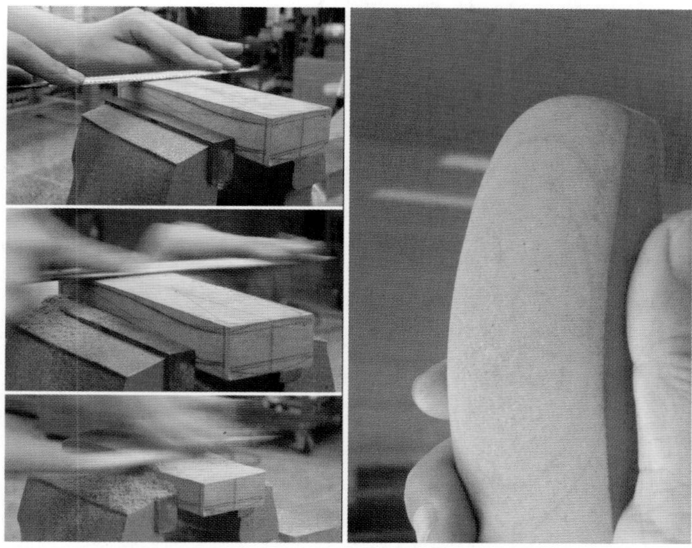

图 3 - 38　电话手柄模型(张真;指导教师：焦宏伟)

图 3 - 39　鼠标的模型塑造(考贝贝;指导教师：胡海权,焦宏伟)

快速成型又称实体自由成型技术(Rapid Prototyping),简称 RP 技术。它实质上是一个多学科交叉的综合技术,是由计算机辅助设计或逆向工程技术产生的数字化三维模型传输到快速成型系统,利用数控技术、激光加工、分层处理等方法将材料一层层地堆积或去除而生成实体原型的技术。图 3 - 40 是通过快速成型系统加工的模型。

图 3 - 40　通过快速成型系统加工的模型

3.2.5　设计评价

在产品设计流程中,始终伴随着产品设计评价与管理。根据产品的开发流程,可以将产品的设计评价分为以下几个阶段：

(1) 原理方案构思阶段的评价。

（2）技术设计阶段的评价。

（3）施工设计与模型样机测试阶段的评价。

对产品设计评价的方法可以通过三个模式进行，即用户模型评价、设计模型评价、市场模型评价。

（1）用户模型评价。是对消费者需求的分析，对于大多数产品而言，用户的评价就代表了市场评价。客观的用户使用信息可以从调查研究、市场反馈中得到。比如"你会不会购买这样的产品"、"你喜不喜欢这样的产品"等这类用户的评价信息获取，可以把用户对新产品的评价进行量化，从而科学地、有针对性地得出用户评价信息。

（2）设计模型评价。是对设计的可行性论证，产品技术、造型创新程度评价和产品开发成本论证。各企业实际情况，加工能力和产品设计定位论证，可以利用专家数据库来评价产品的可行性和成本分析。通过对设计的主要需求特征，设计的技术、生产可行性及产品有可能出现的安装、维护等方面的因素进行综合评价。

（3）市场模型评价。即市场信息的研究分析，包括产品的销售模式、地域文化和产品销售前景分析等。

设计评估是在设计过程中，通过系统的设计检查来确保设计项目最终达到设计目标的有效方法。设计评价的各个阶段与工程设计的各个阶段是同步、交叉并行的，应尽可能地实现 CAD/CAM 一体化，减少工作量，加快设计进度。每一阶段的设计评价，需要不同专业人员的参与，设计师与其他专业人员共同协作完成。应用设计评价可以有效地检验设计的合理性，发现设计上的不足之处，为设计改进提供依据，进而提高工作效率，减少资源浪费。

对上市产品来说，获得评估数据最直接的办法就是通过问卷调查的形式，量化数据。被调查的人群由专家评委和消费用户组成。最终呈现给设计师的是图标化评审报告，不仅能知道设计师在团队中的水平，还能知道具体在哪方面做得好，哪方面有提高的空间，指导意义远远大于分数的意义。

以某品牌手机设计评价体系为例，产品评价指标分为情感、易用、形美、创新、价格五个主要因素，如图 3 - 41 所示。

编号：ID-2012-0001

产品设计评审报告

设计项目	XXX手机		
设计时间	2012/4/6—2012/4/20	设计师	阿杜
专业评委	4人		
评审时间	2012/7/30		
评审方式	专业评委打分、线上问卷调查		

大项指标	评委分	用户分	得分	总得分
情感	15.2	14	14.6	78.2
易用	18.9	19	18.95	
形美	15.7	17	16.35	
创新	15.4	15	15.2	
其他	14.2	12	13.1	
总计	79.4	77	78.2	

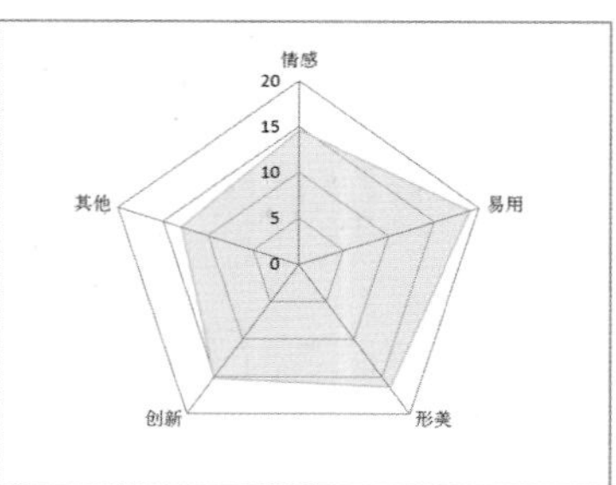

大项	子项	详细	子分数
情感	精准定位	设计对受众定位清晰，符合该设计目标用户群的使用体验。	4
	亲和力	所有交互元素的设计上，用户对信息沟通顺畅，感觉似有人一般的亲和感。	4.2
	温暖	承载对XXX品牌文化认同。	4
	留恋度	良好的使用体验，让人爱不释手。	3
易用	反馈及时	在交互过程中，用户的操作能够在屏幕上及时得到反馈效果，帮助用户提高效率。	4.8
	方位清晰	清晰的知道自己在那里，退路在那里，能够去那里。	4.5
	路径简短	完成任务在尽可能控制在三步之内，完成某项任务所花废的步骤和时间最短最好。	4.9
	容错性好	设计限制因素，突出正确操作，隐藏可能的错误操作，减少勿操作。	4.7
形美	文字悦读	信息传达易读，符合中文阅读习惯，信息传达快速。	4
	颜色合适	利用大众对颜色理解的寓意，使用正确的色彩加强产品的印象。	3.5
	布局美观	均衡与对称的构图，使画面整体具有稳定性。	4.3
	空间感强	运用几何透视的原理，设计中表现远近、层次、穿插等关系。	3.9
创新	专业性	细节完美，找不到明显的设计瑕疵。	3.2
	整体性	所有交互元素的设计上，用户对信息沟通顺畅，感觉似有人一般的亲和感。	4.5
	品牌成分	体现XXX品牌形象，并使品牌基因保持延续与统一。	4.5
	惊喜度	局部设计有贴心且另人惊喜的体验。	3.2
其他	科技	产品技术超前，领先其他品牌。	4
	质量	产品做工精湛，物有所值。	3.5
	价格	价位区间合理，符合产品的社会价值。	3
	颠覆性	在市场上前所未见，能够变成同行业新的标准。	3.7

评委建议
评委签字：

制表人：　　　　制表时间：

图 3－41　产品设计评审报告

3.3　产品设计报告书实例

在实际教学中，我发现很多学生在设计产品时都忽略了一些设计程序的必要环节。很多学生靠所谓的“直觉”和“灵感”来设计方案，缺乏对设计产品的调研和分析，导致绘制方案的时候出现了许多的问题。本章节的实例内容为鲁迅美术学院工业设计系学生的专业课程设计程序报告书，希望通过本章节实例的展示使学生进一步领会和掌握前面章节课程的教学内容，努力将理论联系实际，为今后的设计课程打下坚实的基础(图 3－42～图 3－72 产品设计报告书实例；指导教师：田野)。

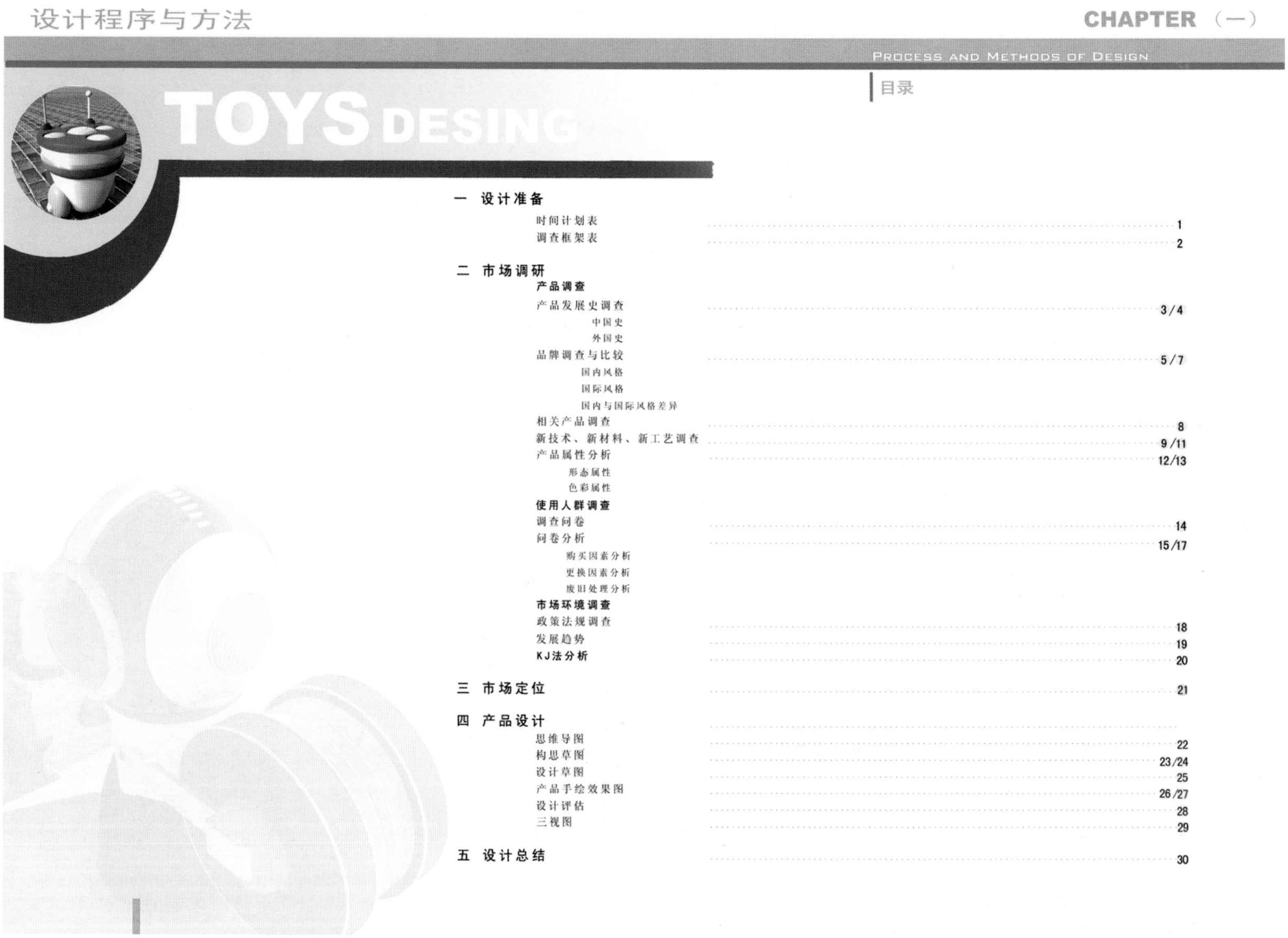

设计程序与方法　　CHAPTER（一）

PROCESS AND METHODS OF DESIGN

TOYS DESING

目录

一 设计准备
- 时间计划表 …… 1
- 调查框架表 …… 2

二 市场调研
- **产品调查**
  - 产品发展史调查 …… 3/4
    - 中国史
    - 外国史
  - 品牌调查与比较 …… 5/7
    - 国内风格
    - 国际风格
    - 国内与国际风格差异
  - 相关产品调查 …… 8
  - 新技术、新材料、新工艺调查 …… 9/11
  - 产品属性分析 …… 12/13
    - 形态属性
    - 色彩属性
- **使用人群调查**
  - 调查问卷 …… 14
  - 问卷分析 …… 15/17
    - 购买因素分析
    - 更换因素分析
    - 废旧处理分析
- **市场环境调查**
  - 政策法规调查 …… 18
  - 发展趋势 …… 19
- **KJ法分析** …… 20

三 市场定位 …… 21

四 产品设计
- 思维导图 …… 22
- 构思草图 …… 23/24
- 设计草图 …… 25
- 产品手绘效果图 …… 26/27
- 设计评估 …… 28
- 三视图 …… 29

五 设计总结 …… 30

图3-42

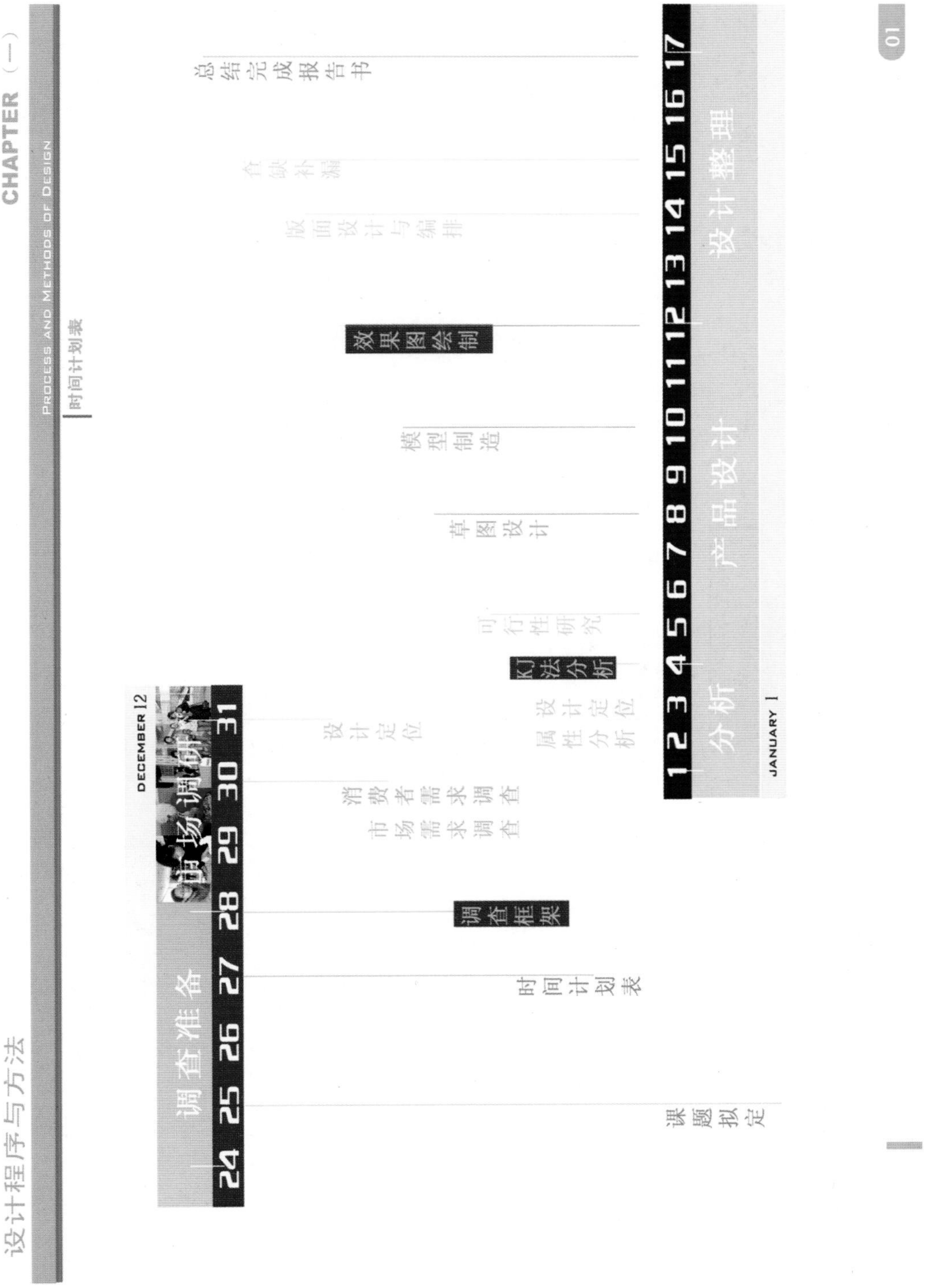

设计程序与方法

CHAPTER （一）

PROCESS AND METHODS OF DESIGN

时间计划表

DECEMBER 12

调查准备 市场调研

24 25 26 27 28 29 30 31

课题拟定

时间计划表

调查框架

市场需求调查

消费者需求调查

设计定位

属性分析

设计定位

KJ法分析

可行性研究

草图设计

模型制造

效果图绘制

版面设计与编排

查缺补漏

总结完成报告书

1 2 3 4 5 6 7 8 9 10 11 12 13 14 15 16 17

分析 产品设计 设计整理

JANUARY 1

01

图3-43

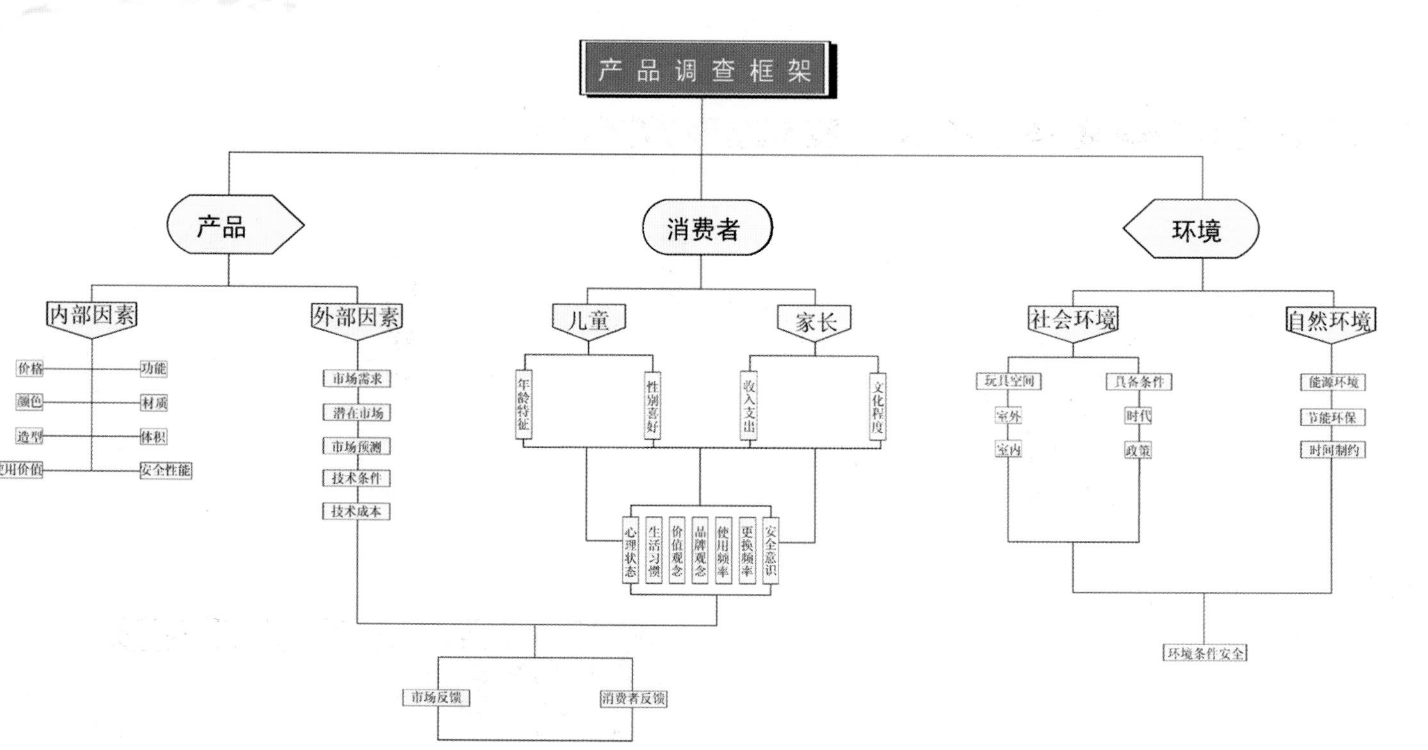
设计程序与方法
CHAPTER （一）
PROCESS AND METHODS OF DESIGN
调查框架
玩具调查框架
产品调查框架
产品
消费者
环境
内部因素
外部因素
儿童
家长
社会环境
自然环境
价格
功能
颜色
材质
造型
体积
使用价值
安全性能
市场需求
潜在市场
市场预测
技术条件
技术成本
年龄特征
性别喜好
收入支出
文化程度
心理状态
生活习惯
价值观念
品牌观念
使用频率
更换频率
安全意识
玩具空间
室外
室内
具备条件
时代
政策
能源环境
节能环保
时间制约
环境条件安全
市场反馈
消费者反馈
02

图3-44

发展史调查

玩具，我国传统玩具重要作用，在于它把促进人们身心健康发展、启迪智慧的功能贯穿于"寓教于玩"、"寓教于乐"之中，使中华文化以娱乐方式，渗透和传播到人们的日常生活中，传播到世界各地。

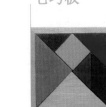

陀螺

宋朝的"千千"是陀螺玩具的开端
这是一种旋转平衡游戏，在唐朝时
传入日本又传入欧洲。明代
晚期的陀螺已跟今日的
鞭打陀螺无异

陀螺今日已在光学中得以应用，
如变形光学玩具盒，
还有磁控陀螺玩具，发音陀螺玩具

七巧板

在19世纪已流传世界，外国人称之为
"唐图"、"机巧的中国之谜"。
它的边长和内角的规律性是内涵数学
原理的体现。成为国内外不少人
从数学、几何的角度进行研究
的对象，近百年来，西方
各国都有研究书籍问世

七巧板的发展流程
宋朝的燕几图，明朝的蝶翅几
现在的就是在燕几图与
蝶翅几基础上发展

泥玩偶

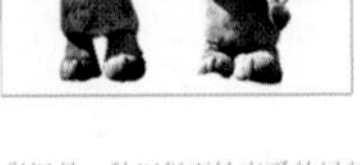

彩泥是一种深得百姓喜爱的民间艺术品
创始于清代道光年间，流传至今
已有180年历史，其中泥人张
的作品比较出名，他把传统
的捏泥人提高到艺术水平，
形成独特风格

被捏成各种各样人物或动物形象的陶
哨或泥哨显示着浓郁的民俗特色。
每种哨子的发音虽然单调，但他们
之间因为材料、结构原理不同，
所发出的声音高低错落、厚薄有致

国内玩具发展史

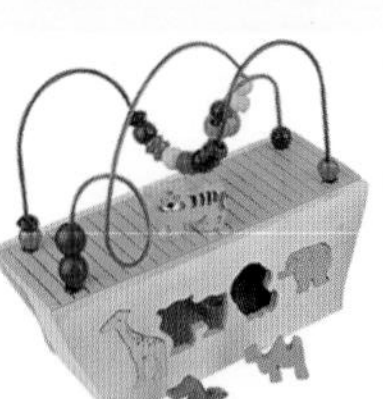

THE PHYLONGENY

product

03

图3-45

发展史调查

玩具，几乎与人类文明历史一样久远。无论在埃及、希腊，还是在中国或罗马，都出土了不少历代的玩具。考证所发现的史前遗物，证实了距今约6000～10000年就已出现了原始玩具，公元四世纪罗马人制作了布娃娃。

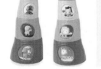

LEGO

1955年，经过了一段开发的过程，乐高公司推出了乐高系列“城市计划一号”，它的创意是用乐高颗粒搭建各种房屋、汽车，建立一个真实的城市生活场景，孩子们可以感受城市生活以及交通的规则。

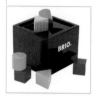

随着一段时间的发展，其销售获得了极大成功60年代之后，乐高公司开始只生产塑胶玩具，乐高颗粒变得丰富起来，出现了轮子等一些特殊配件。1963年，醋酸纤维素塑胶被更加耐用且色彩鲜艳的ABS塑胶代替。

SMOBY

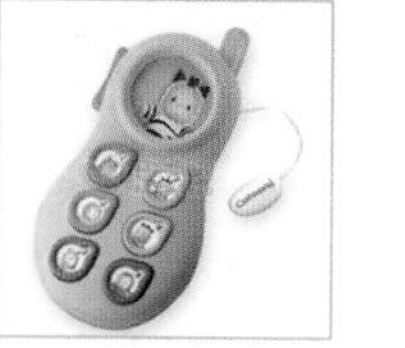

法国SMOBY创建于1924年，近百年历史的公司每一个单品、每一个部件都遵循、陪伴儿童成长并提高其智力开发，安全环保的理念，专业致力于自出生至10岁婴童玩具设计、开发、生产和销售。

智比（上海）玩具贸易有限公司成立于2004年4月，是SMOBY在中国的全资子公司遵循陪伴儿童成长并提高其智力开发安全环保的理念。让孩子们在玩玩具的过程中不仅享受游戏的乐趣，也学会给予和分享。

布里奥

它以其经典的木质火车玩具积木等而风靡世界。它是由一位木匠出身的伊瓦尔斯・木特松于1884年创建布里奥玩具公司所生产的，其木质轨道全部采用山毛榉材料制成。

如今，布里奥公司传统的火车系列赛车系列玩具都被赋予了新鲜的时尚元素，配备了先进的红外线遥控器和电子音响。其推出的聪明木质轨道能够在火车撞到障碍物之前发出警报并促使火车改变方向。

国际玩具发展史

图3–46

THE PHYLONGENY OF CHINA

在新型国际分工格局下，中国玩具从微不足道的小行业变成具有出口绝对优势的产业，目前中国已成为全球最大的玩具生产国，不少家长已经意识到品牌的重要性，下面就是对国内几个重要的玩具品牌介绍。

国内品牌

1. 蓝猫玩具（中国第一卡通品牌）
2. 好孩子玩具（中国驰名商标）
3. 华美
4. 小蝌蚪
5. 卡比龙
6. 妈妈之选
7. 摇摇马
8. 亲亲宝贝
9. 婴奇

江苏宏大

国家大型二档企业，主产品绒类织物内销全国各地，外销亚洲、欧洲、北美洲等30多个国家和地区

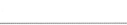

东莞智高

是国内集研发、生产销售于一体的专业性文具生产厂家，公司拥有国家外观及实用新型专利技术数十项，拥有自主版权的卡通造型几百款

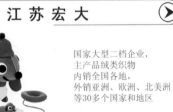

广东骅威

是一家集研发、生产、经营、贸易于一体的外向型高科技股份制企业，已形成了塑胶玩具、工艺礼品、动漫系列产品智能产品、模型、童车六大产品系列

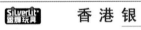

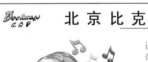

香港银辉

以生产电动塑料玩具为主。目前销售的产品约500余种，从10元的小玩具到2000余元的高科技智能狗，从初生婴儿适用的玩具到成年人适用的高科技精品玩具

福建美斯达

一流的工艺水平、高素质的员工队伍，创造出独具功能特色的“美斯达雄鹰”遥控车，已成为福建省名牌产品，并出口欧美、东南亚等地区

北京比克曼

该公司瞄准奇特搞笑玩具，站在行业前沿领导流行趋势，在第一时间展示流行“新、奇、特”的搞笑产品

图3–47

THE PHYLONGENY OF INTERNATIONAL

随着经济发展，品牌渐渐在人们心目中起重要作用，国际品牌也随之打入中国市场，玩具国外品牌很多，形形色色每个品牌都有其独特的一面以下是对几个特别的品牌做个介绍。

国外品牌

韩国太阳玩具
日本TOMY
瑞典维京
意大利启迪
美国芭比
德国多乐
还有奥迪玩具
美斯达
麦琪
比克曼
拉比

丹麦乐高

是丹麦著名拼砌
玩具制造商，
乐高积木走俏全世界。
在120个国家占有市场，
简单的基本颗粒可以变
成各种丰富的玩具，
是全球四大玩具公司之一。

美国拉玛泽

美国顶级婴幼儿
早期智力开发玩具
在拉玛泽品牌
成长过程中
获得了150个国际大奖。

德国Haba

现已成为德国
最大的玩具公司。
HABA的每一件产品
都代表着品质高、教育意义
和游戏者的无限趣味。
在欧美的教育界和玩具界
享有极高声誉，
产品都与孩子和家庭有关。

美国孩之宝

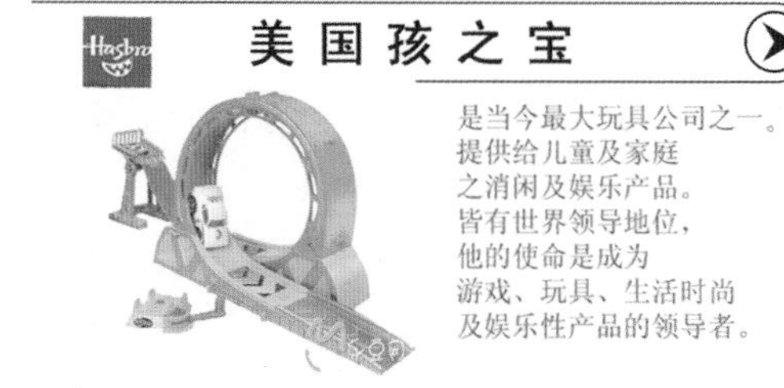

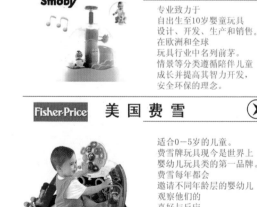

是当今最大玩具公司之一。
提供给儿童及家庭
之消闲及娱乐产品。
皆有世界领导地位，
他的使命是成为
游戏、玩具、生活时尚
及娱乐性产品的领导者。

法国智比

专业致力于
自出生至10岁婴童玩具
设计、开发、生产和销售。
在欧洲和全球
玩具行业中名列前茅。
情景等分类遵循陪伴儿童
成长并提高其智力开发，
安全环保的理念。

美国费雪

适合0—5岁的儿童。
费雪牌玩具现今是世界上
婴幼儿玩具类的第一品牌。
费雪每年都会
邀请不同年龄层的婴幼儿
观察他们的
喜好与反应，
再把玩具改良及开发。

图3-48

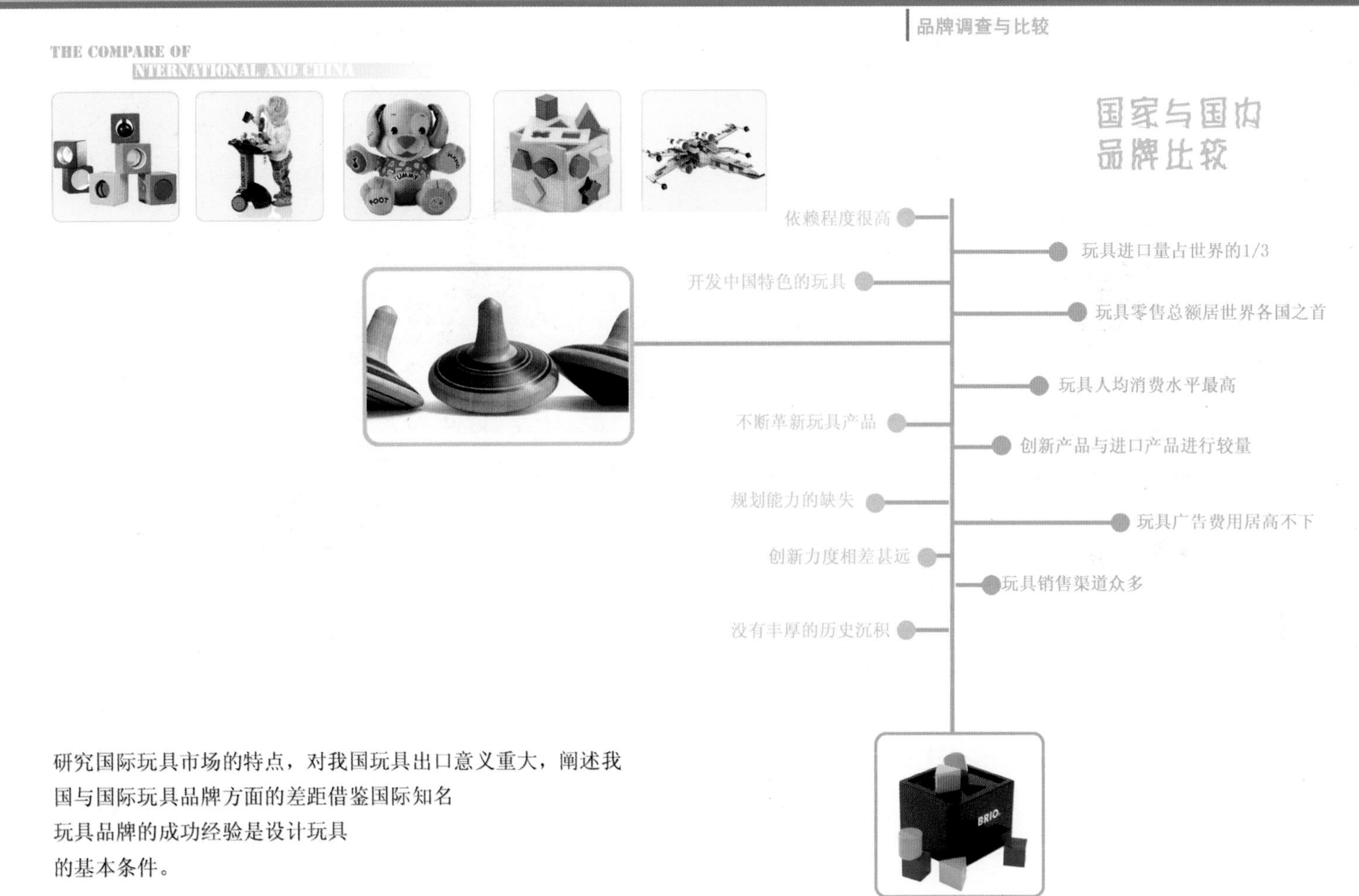
品牌调查与比较
THE COMPARE OF
INTERNATIONAL AND CHINA
国家与国内
品牌比较
依赖程度很高
玩具进口量占世界的1/3
开发中国特色的玩具
玩具零售总额居世界各国之首
玩具人均消费水平最高
不断革新玩具产品
创新产品与进口产品进行较量
规划能力的缺失
玩具广告费用居高不下
创新力度相差甚远
玩具销售渠道众多
没有丰厚的历史沉积
07

研究国际玩具市场的特点，对我国玩具出口意义重大，阐述我国与国际玩具品牌方面的差距借鉴国际知名玩具品牌的成功经验是设计玩具的基本条件。

图3–49

设计程序与方法
CHAPTER （一）
PROCESS AND METHODS OF DESIGN
相关产品调查

感官玩具相关产品

sensory toy

People

feeling触觉
hearing听觉
seeing视觉
taste味觉
smell嗅觉

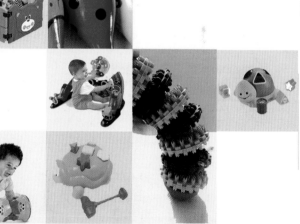

BLACK&DECKER

SENSORY

08

图3-50

设计程序与方法　　CHAPTER （一）

PROCESS AND METHODS OF DESIGN

新技术新材料新工艺

Animal Superpowers 动物超能力

来自Design Interactions的Chris Woebken和Kenichi Okada
同牛津大学赛德商学院的工商管理硕士们一起研制出一系列可以
增强感官功能的玩具，通过这些玩具，
孩子们可以亲身体验到那些“动物超能力”。每一个玩具都能带给孩子
一种观察事物的不同视角，同时也能提高他们对动物的理解。
蚂蚁－能让你感觉像蚂蚁一样。通过佩戴在手上的“显微镜触须”，
你眼前的世界将扩大50倍。
鸟－一种可获得对磁场的感知能力的装置。
长颈鹿－一种可以将儿童转变成大人的装置。通过改变儿童的声音和视角。
他们还在研究“大象靴”和一种装有特雷门琴的头盔。穿上这种“大象靴”你就能感应到其他人走路时产生震动。特雷门琴头盔可以让儿童有像电鳗一样的立体视觉

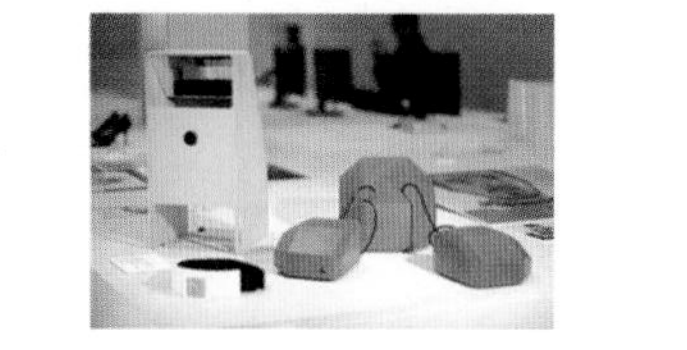
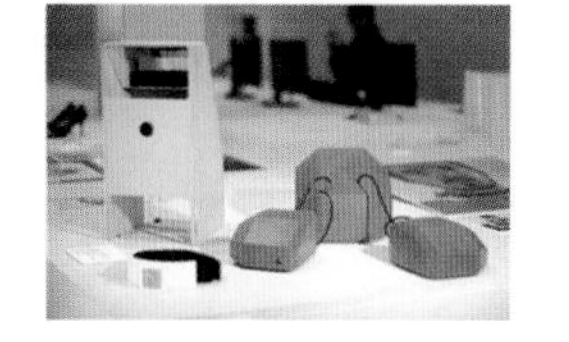
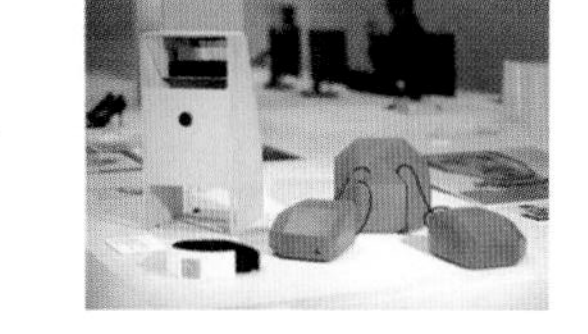

图一是鸟的体验
图二是长颈鹿的体验
图三是蚂蚁的体验

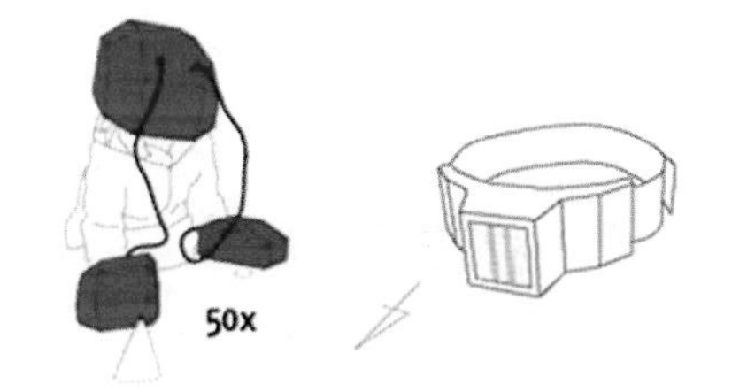

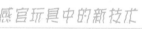

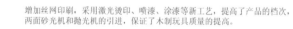

感官玩具中的新技术

新工艺的采用：

玩具发出哔哔声不应只是为了制造声响，而具有更深层次的目的，如与孩子互动，随着他们的行为而变化等。看来只是普通的毛毛公仔，其实内藏高科技功能。内置声光感应器，因此可以对周遭环境作出回应为孩子带来真实互动的体验却又不会显露出来。

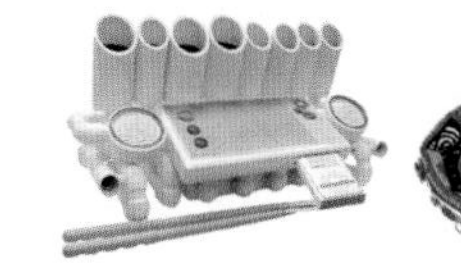
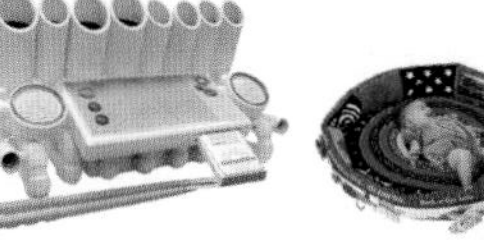
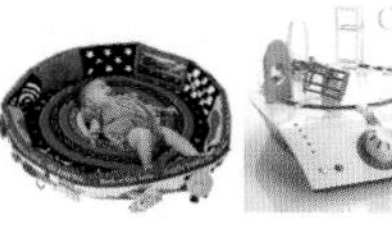

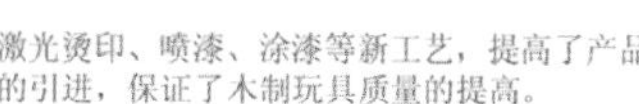

增加丝网印刷，采用激光烫印、喷漆、涂漆等新工艺，提高了产品的档次，两面砂光机和抛光机的引进，保证了木制玩具质量的提高。

新技术的总结：

产品设计是技术与艺术相结合的产物。缺少了技术支撑，产品华而不实，是一种空想；如果只是偏向技术，则又失去了工业设计的特色。优秀的工业设计是技术和艺术的完美结合
中国的工业设计要走自我创新的道路，不仅要再造型上有所创新，更要从技术上着手在前人研究的基础上有所突破。

09

图3-51

设计程序与方法　　CHAPTER（一）

PROCESS AND METHODS OF DESIGN

新技术新材料新工艺

The New Material Apply　感官玩具中的新材料

玩具的历史悠久，其制作的材料很多、如今由于经济与技术的高速发展，更多的新材料玩具大量涌出如PVC、PETG、生物复合材料等等，这些材料的发展趋势具有多功能、少污染、低消耗、低成本、寿命长、安全性好等特点。

由于可伸缩、可转换、可回收等新型材料的使用，加之安全因素的充分考虑，使得“新时代产物”对儿童更具亲近感与诱惑力。新材料不一定是指从未看到过、接触过的玩具材料，对于那些幼儿以前曾使用过，已经淡忘的玩具材料在适当的时候出现，仍作为新玩具。

PETG材料：

PETG有着优异的光泽度、透光率和成型性等性能将成为生产高品质产品的良好原料，有着非常广阔的应用前景。具有可回收再利用、不污染环境防伪造、耐摩擦、耐划痕、抗腐蚀、抗老化、抗静电等优点。

发光怪物
Playmobil公司产的发光玩具也含有新型的PETG材料，
它可以感应音乐发出灯光秀的玩具，可根据音乐感应出5种灯光：
灯光五种闪烁模式：心跳、彩虹、闪光、单色、光舞池.
传感方式：随音乐节奏感应

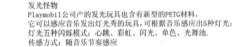

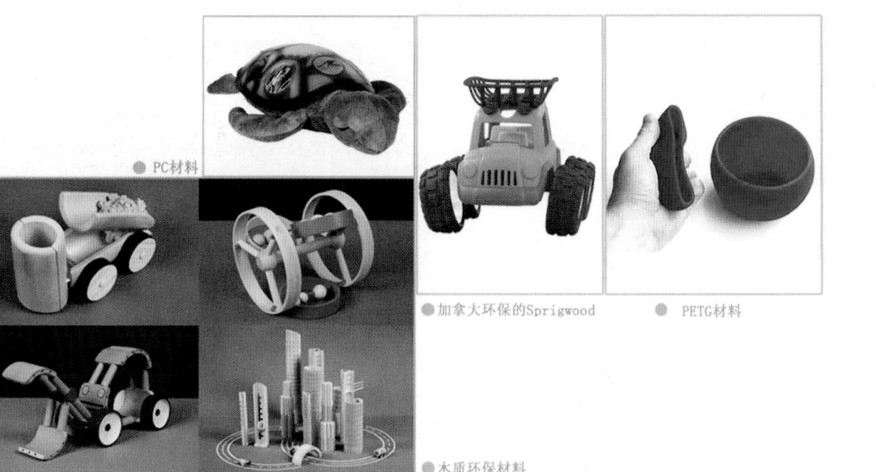

● PC材料

● 加拿大环保的Sprigwood

● PETG材料

● 木质环保材料

10

图3-52

感官玩具中的新工艺

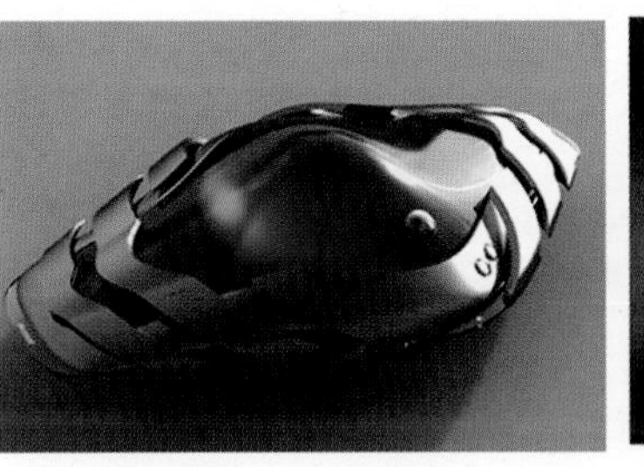

微软Xbox 720

兰博基尼Gallardo LP5

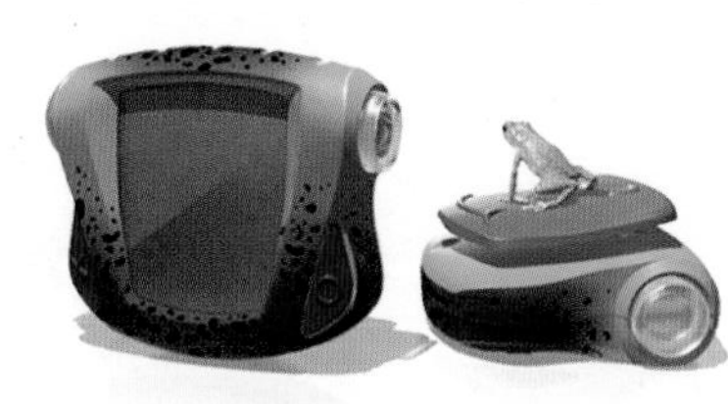

PedoChi

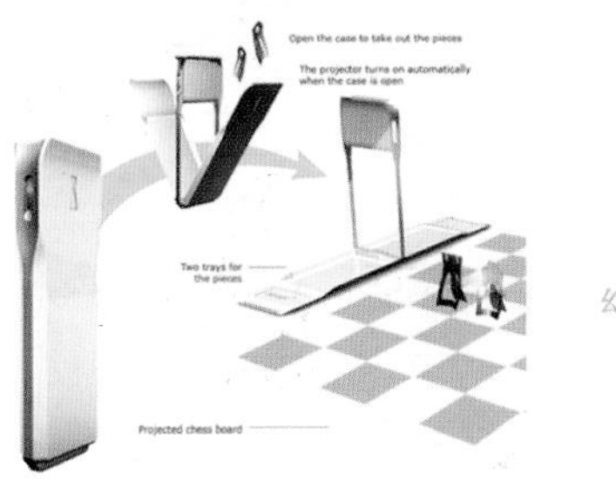

幻影便携式数字国际象棋

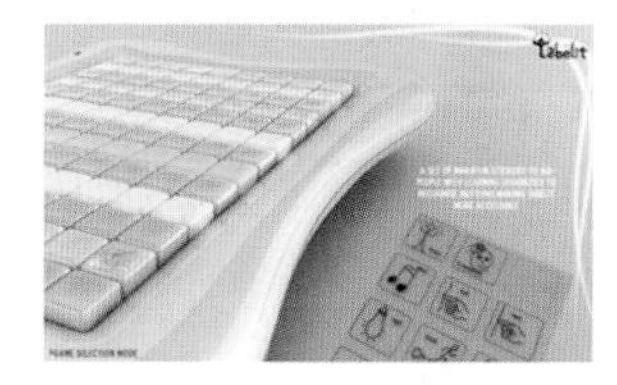

Tabelit

图3-53

玩具属性分析

形态

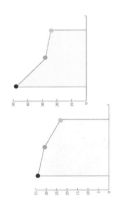

上图是2010年我国城市与农村消费者购买●前卫玩具●现代玩具●传统智能玩具比例图

分析： 由图可以反映出人们的消费观念正在改变而时代的发展促使玩具具备更多的形态与功能性。

图3-54

设计程序与方法　　CHAPTER（一）

PROCESS AND METHODS OF DESIGN

产品属性分析

玩具属性分析

材料

塑料制

木制

布制

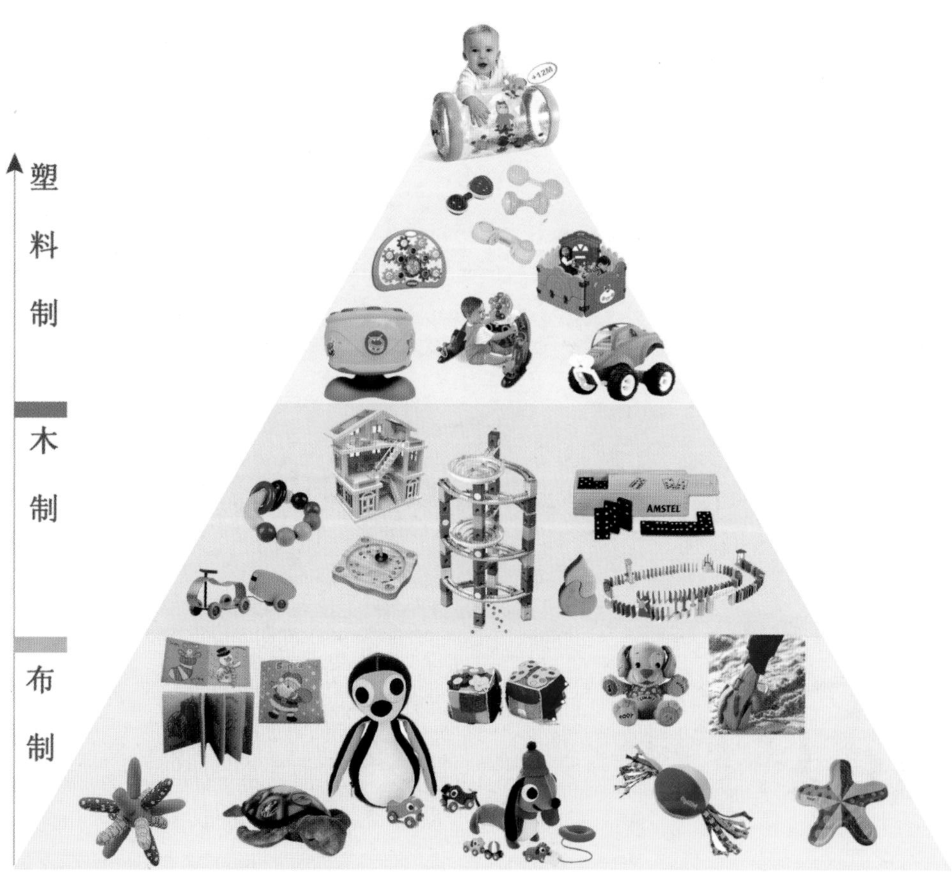

消费者需求

材料属性 → 表面材质 / 固有性能 / 感觉特征

安全感 / 视觉感 / 触觉感

材料赋予性能

分析：

塑料有致密、光滑、细腻、温润的理性材质特征。

木材有朴实无华温暖、轻盈的材质特征，让人感到自然的气息的感性材质特征。

布料柔软、手工、美丽的纹理使人有亲切感的感性材质特征。

13

图3–55

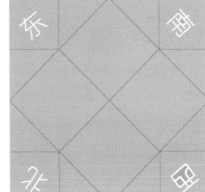

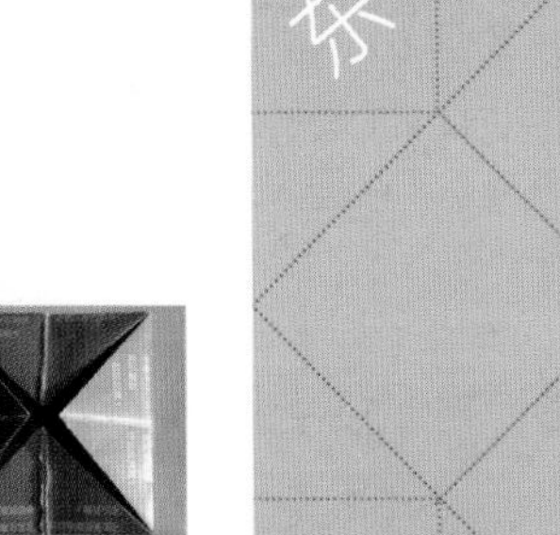

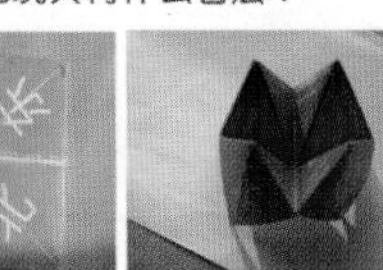

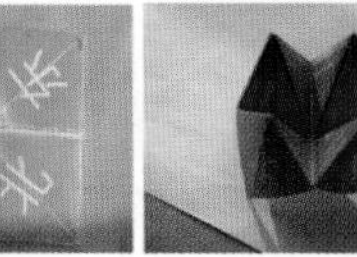

设计程序与方法
CHAPTER （一）
PROCESS AND METHODS OF DESIGN
调查问卷
家長調查表
玩具调查问卷
● 你的宝贝是？
□小帅哥 □小美女
● 你的宝贝多大了？
□1岁以下 □ 0-3岁 □ 3-5岁 □5-8岁
● 你觉得玩具什么样的价格你能接受？
□50元以下 □50-100元 □100-200元 □200元以上
● 你觉得孩子视 听 触 味 嗅 这五感得开发重要吗？
□ 很重要 □不是很重要 □ 从来没考虑过这个问题
● 如果有一款开发五感的玩具你更希望锻炼孩子的哪种感觉?
□ 视觉 □听觉 □味觉 □嗅觉 □触觉
● 你知道孩子喜欢什么样的颜色吗？
□当然 □ 不太清楚
● 你对开发孩子五感的玩具有兴趣吗？
□感兴趣 □价格合理的话可以试试 □ 不感兴趣
● 你在为宝宝选择玩具的时候哪方面因素对你的选择影响最大？
□ 外观 □质量 □功能 □价格
● 你会陪宝宝玩玩具吗？
□经常会 □有时会 □很少会
● 你会怎样处理孩子的旧玩具？
□扔掉 □收藏 □送给其他需要的人
对于开发五感的玩具有什么看法？
下面是一个叫“东南西北”的玩具，这是给小朋友准备的调查问卷，考虑到宝宝年龄还小，所以我们小组经过一起的讨论想此方案它既可以逗孩子开心又可以满足我们调查需求。
东
南
北
西
1. 宝宝最喜欢自己哪个玩具
2. 宝宝你喜欢爸爸妈妈陪你玩玩具
3. 宝宝你喜欢在家里玩还是外面玩
4. 宝宝经常一起和小朋友玩玩具
5. 宝宝你都有什么样式的玩具
6. 宝宝喜欢自己动手做玩具吗
7. 宝宝送你一块巧克力
寶寶調查表
14

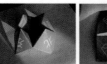

图3–56

购买因素分析

Questionnaire Analysis

质量安全　价格　孩子喜欢　功能性

小组调查：

通过小组人员努力，我们向幼儿园、幼儿场所发了大量调查表，因而对我们统计幼儿产品有了充分的数据。

小组分析：

经统计，发现影响消费者购买玩具的因素主要是：质量安全、价格、孩子喜欢、功能性这四个方面。

小组结论

因此我们决定从这四方面进行系统的分析。

问卷分析

Quality And Safety 质量安全

在这不断发展的时代，
当今的消费者亟需购买令人放心的商品。
他们的消费期望越来越与产品的安全、质量以及环境等方面的要求联系在一起，由于儿童自我保护能力较弱、易受伤害，所以安全性是家长在选择玩具时考虑最多的一个要素。

孩子受到玩具伤害调查

- 因为不慎造成的
- 玩具结构不合理
- 玩具材料不合格
- 其他

通过分析后得出的启发：

因而在玩具的安全性设计中要注意以下几个方面：首先，儿童玩具的材料要具有无毒性；其次是外型结构要圆滑无尖锐形态；第三结构要合理、牢固。

Functionality 功能性

现代家庭独生子女偏多，生活条件优越，
家长的期望值高，通过针对不同的年龄层的儿童需求，
在考虑满足父母愿望的基础上，
我们发现家长对孩子五感中的视觉、听觉、触觉重视度比较高，
而对味觉嗅觉的重视度偏低。

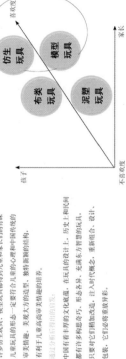

家长希望感官玩具能训练孩子哪方面	
视觉感训练	85%
听觉感训练	85%
触觉感训练	95%
味觉感训练	45%
嗅觉感训练	35%

通过分析后得出的启发：

当今市场上对味觉与嗅觉重视的玩具还是很少，玩具设计应朝着可以发展孩子多项感官功能发展，而不是单纯的具备一种功能。功能整合设计可以使玩具内容丰富，玩法多变，延长其使用寿命，并能多方位地培养儿童的智力

Shape and Frame 形态结构（孩子喜欢）

许多仿生玩具、模型玩具都得到儿童和家长们的青睐
儿童玩具的形态一定要符合儿童的心理和中国传统的审美情趣。美观大方的造型、独特新颖的结构，
有利于儿童高尚审美情趣的培养。

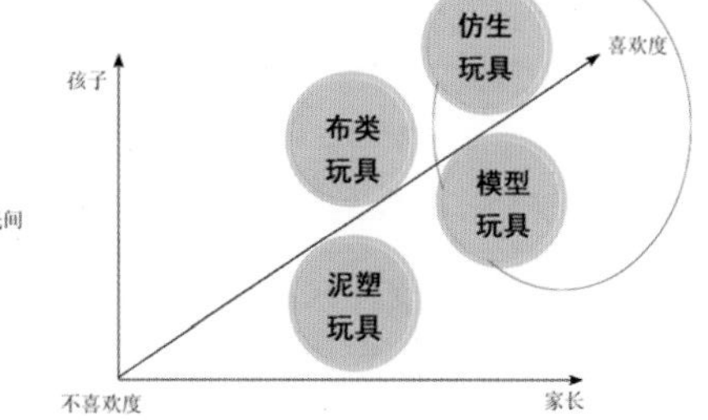

通过分析后得出的启发：

中国有着丰厚的文化底蕴，在玩具的设计上，历史上和民间都有许多构思奇巧、形态各异、充满东方智慧的玩具，
只要对它们稍加改造，注入时代概念，重新组合、设计、包装，它们必将重放异彩。

Price 价格性

随着中国经济发展，人们的生活水平也逐渐提高，
对于孩子玩具的消费也有很大提高，但是多数家长对玩具选择上，在50-150￥之间，超过200￥的消费者还是占少数。

15

图3-57

设计程序与方法　　CHAPTER（一）

PROCESS AND METHODS OF DESIGN

问卷分析

了解度与关注度调查

The Inquiry Of Attention And Realize Degree

家长对孩子的了解度

在问卷期间，我们详细询问每个家长对其宝宝的了解状况，大人们都很关注自己宝宝的成长，也为我们提供了大量有用的信息。其中在色彩方面普遍家长反映自己的宝宝对红色、黄色等鲜艳色系有高度兴趣（图一），这只是初步的笼统调查。通常鲜艳的纯色比较适合三岁以上的儿童，婴儿期的产品色彩一般采用高明度、低纯度的比较柔和的浅色调。色彩，同时色彩的运用还要考虑到年轻妈妈的喜好，此后随着儿童对色彩认识的增加及观察度的提高逐渐从明色调、浅色调、明朗的色调，进而关心朦胧色调与浓暗色调。图二，设计的玩具以生动的色彩传达一种愉悦的情感体验。

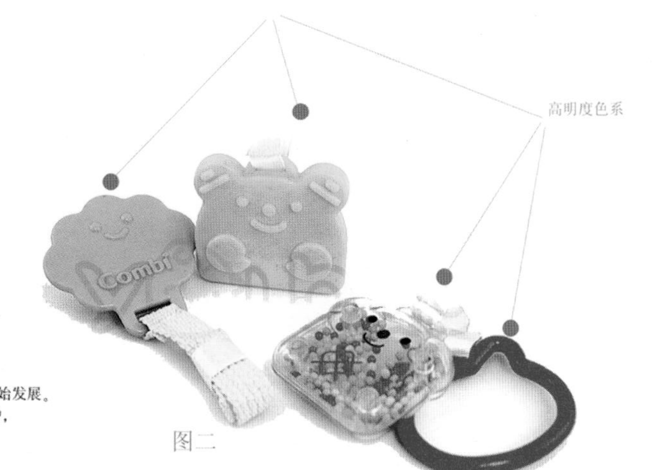

图二

家长对孩子感官发展及对感官玩具的关注度

在问卷期间，我们得到了一些家长宝宝成长信息。经过总结，我得出了图三，并对其原因进行分析，发现0～3个月宝宝在视觉上能够明白看见物体的距离仅有20公分，只能感觉其外型，而且移动中的事物比较能够吸引他们的注意，他们能感觉到物品在移动，并稍微看到外轮廓。在听觉上小宝宝的听觉在胎儿时期就已经几乎发展成熟了，孩子会对东西掉落的声音相当敏感。而在嗅觉、触觉、味觉（甜味）方面都在出生时已开始发展。在3～6个月其视觉能逐渐有立体感影像了，已经能够比较稳定、清楚地事物，而且孩子能逐渐盯着某一物看几秒钟，听觉上孩子会慢慢知道这个声音是某人发出来的，开始学很多语言或他常常听到的声音，触觉上通过皮肤开始向外发展触觉经验，抓东西喜欢往嘴里塞，能感觉出粗细、软硬、大小、冷热等。

通过调查统计我们发现80%的家长对感官玩具感性趣，大部分家长对感官玩具前景很看好，而且随着经济发展，玩具发展在家长观念中的关注度也大大增加。

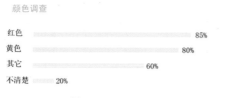

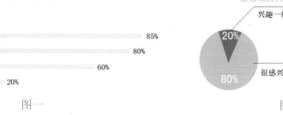

颜色调查

颜色	比例
红色	85%
黄色	80%
其它	60%
不清楚	20%

图一

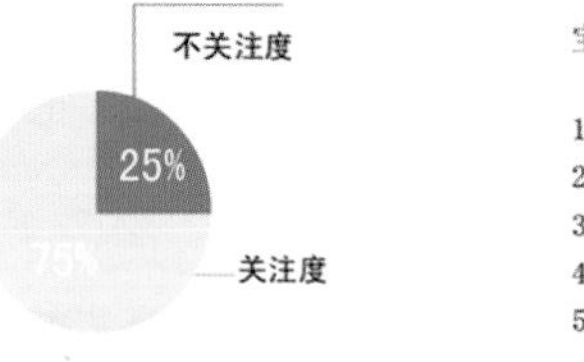
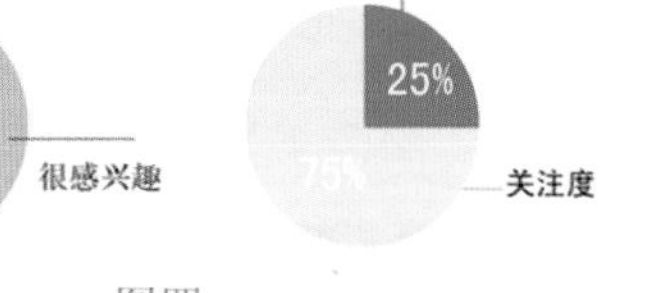
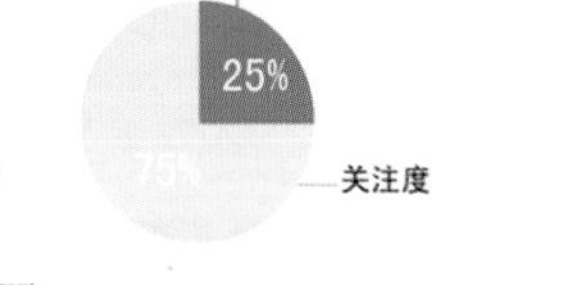

图四

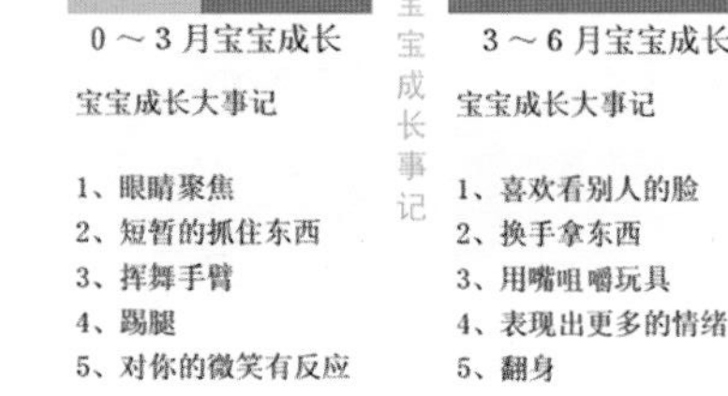
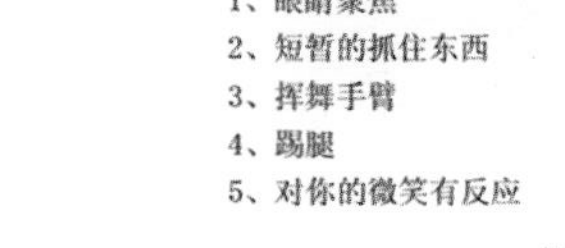

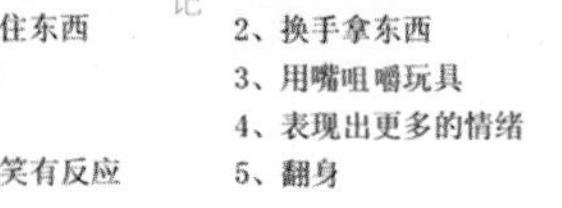

0～6岁宝宝成长事记

0～3月宝宝成长	3～6月宝宝成长
宝宝成长大事记	宝宝成长大事记
1、眼睛聚焦	1、喜欢看别人的脸
2、短暂的抓住东西	2、换手拿东西
3、挥舞手臂	3、用嘴咀嚼玩具
4、踢腿	4、表现出更多的情绪
5、对你的微笑有反应	5、翻身

图三

16

图3-58

设计程序与方法

CHAPTER（一）

PROCESS AND METHODS OF DESIGN

问卷分析

旧玩具调查
The Inquiry Of Old Toys

购买新玩具原因

随着生活水平的不断提高，幼儿的玩具档次也越来越高，花样也越来越多。
孩子拥有大量的玩具，但是一段时间后家长又买了一些新玩具，这是为什么呢？为了弄清这些购买新玩具的原因，我们做了调查(如图一)

经过数据分析我们发现玩具更换中“无法正常使用”的比例占量很少，所以新玩具很快变成旧玩具的主要原因并不是其坏掉了，而是其不能满足孩子玩耍的要求。
儿童随年龄的增长，兴趣会不断转移，功能单一的玩具会很快让孩子失去兴趣，虽然外形好看，但并没有多少可让孩子进行创造性摆弄、操作的空间。
孩子喜欢百玩不厌的玩具，而且在玩耍过程中，还要根据要求进行不断的创新改造。
“新时代产物”的明显特征是
“科技性+互动性+艺术性+趣味性”，
“新时代产物”的玩具会把多种优点与性能集于一身。

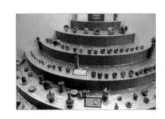

图一

孩子对市场上形形色色的玩具充满了好奇感，家里玩具的数量也逐渐增多，但新玩具在一段时间后很快就变成了旧玩具，其原因是功能单一和新时代产物速度增加。

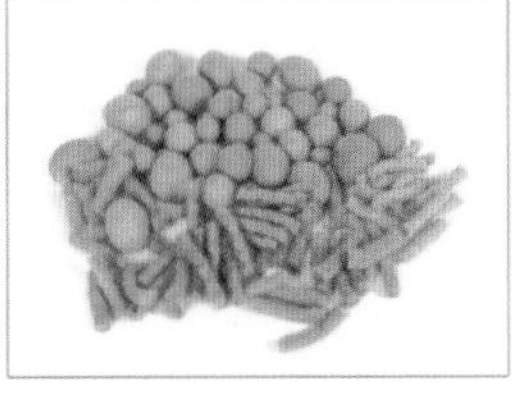

superblock的环保型玩具，主要成分是玉米淀粉，无害的粘合剂和一些色素成分。只要把他们放入流动的水中，就会看见它们像冰块一样地迅速消融。当然你也可以将其掩埋在土壤中任其自由分解。但无论哪种方式，积木最后都会变成无毒无害无残留的玉米淀粉成分回到自然界。

日本各式各样的陀螺展，是各年代陀螺玩具的收藏展。

旧玩具处理调查

随着新玩具的不断增多，旧玩具的处理成了我们调查的对象，经过一番调查我们得出了图二数据

我们发现旧玩具在处理上主要方式只有“扔掉、送人、收藏”这三种方式，其中收藏的趋势逐渐增加，扔掉的比例仍是稍微多。这使玩具向着可收藏、可回收的方向发展。

图二

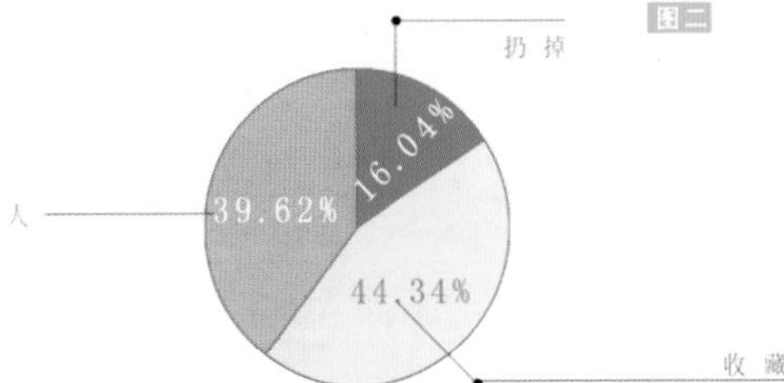

接近45%的人群选择收藏，说明人们观念的转变。
收藏是财富文明化、文化化的过程。
通过书籍我了解到在2003年，就出现了收藏市场。
美国三大玩具公司之一JakksPacific，
首次推出专门针对“收藏市场”的摔跤人物玩具：经典明星系列。此系列产品选择了从1960年到2000年这个时间段上著名的摔跤明星。
在此之前，很少有玩具生产商会为以“收藏”为目的来推出某款或某系列玩具。近年来其趋势也越来越好。

还有16%的人选择扔掉旧玩具，所以在玩具选用材料上尽可能采用可回收、可降解的材质。
环顾我们身边家庭，几乎每个家庭都会存有一些童年期过后的儿童产品垃圾，对于社会来说这是一种有形的物质浪费，玩具材料回收再利用处理，会为社会节省不必要的能源消耗，使产品真正地走上 “循环利用”之路。

17

图3-59

设计程序与方法 CHAPTER （一）

PROCESS AND METHODS OF DESIGN

政策法规调查

认识认证标签强制性产品认证——“3C”

所谓3C，就是China Compulsory Certification，

国家有关部门规定：对童车、电玩具、塑胶玩具、金属玩具、弹射玩具、娃娃玩具六类玩具产品实施强制性产品认证。

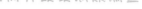

为进一步提高玩具产品质量安全，切实保护儿童身体健康，维护我国出口玩具产品的国际声誉，自2008年1月1日起，凡列入强制认证目录的玩具产品未获得强制性产品认证证书，未标注强制性产品认证标志的，不得继续销售。3C玩具标准主要是从玩具的使用原料、结构设计、电路设计等几方面对儿童在使用中的安全性进行保障。

CE标识这可能是我们最经常见到一个标识了，是一个28个欧洲国家强制性地要求产品必须携带的安全标志，CE标识是欧盟特有的一个强制性的产品标记。它是宣称产品符合欧盟相关安全、健康、环境保护法律法令的标记。据估计，目前流通于欧盟统一市场上的产品中，约有多于70%的产品已经被规定必须携带CE标识，否则不准进入市场流通之列。

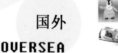

CHINA 中国

国外 OVERSEA

POLICY SIGN

政策标识

1. 质量安全标志
2. 中国玩具产品认证标志
3. 绿色环保标志
4. 三岁以上适用标志
5. 欧盟CE标志
6. 产品认证3C标志
7. 狮子标志

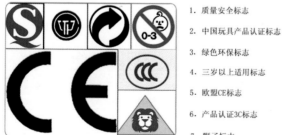

从左到右标示名称

THE NEW TOY STANDARD

新版政策法规

美国材料与试验协会发布最新版玩具标准。该标准在2007年版本的基础上加入了一些新的要求。它们分别是磁铁、弹性系绳球包装薄膜以及绳、带和橡皮筋。与现行的2007年玩具标准相比，2009年新版本的主要变化的两个典型方面：

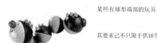

某些有球形端部的玩具

其要求已不只限于供18个月以下儿童使用的玩具和学前玩偶，也适用于供18到48个月儿童使用的重量小于1.11磅(0.5KG)的螺钉、螺丝和螺栓状玩具，以及包含附在轴或把手上的球形或半球形端部的玩具，这些玩具应被设计成端部不可通过或穿过辅助测试夹具孔的全部长度。

新的安全担忧

儿童下巴可能会陷入固定安装在18个月以下儿童出牙期可接触到的以下类别玩具上的把手和方向盘上，要求：把手和方向盘上的缺口如果能通过厚度大于0.5英寸，面积为0.75×0.75英寸的块状物则同样应该能够通过厚度大于0.5英寸、面积为1.5×2.5英寸的块状物。

18

图3-60

设计程序与方法　CHAPTER（一）
PROCESS AND METHODS OF DESIGN
发展趋势

玩具发展趋势
THE CURRENT OF TOYS

经过这段时间对幼儿玩具调查与了解，发现其市场目前发展很好而且是很有潜力的一个项目。高瞻远瞩地去了解和展望儿童玩具发展的趋势是研究玩具设计的重中之重。

品牌方向

经过调查，发现中国儿童喜欢的品牌，往往脱口而出的是一些“芭比娃娃”、“米奇”之类的国外品牌，我们中国有占总人口22.89%的2.9亿的少年儿童，面对如此庞大的儿童群体我们的品牌何在？稍许欣慰的是当我们调查家庭主妇的时候，我们才知道中国有“好孩子”等品牌。市面上所见的玩具几乎是“洋”品牌一统天下；国内企业长期停留在为国外品牌加工生产或热衷于翻版模仿阶段，所以接下来中国玩具会朝着创建自己品牌玩具的方向发展，并在国际市场占领一席之地。

绿色环保发展

看看隐藏在我们背后诸多的文化垃圾、经济垃圾、社会垃圾、工业垃圾等等，社会不会允许更多的产品垃圾出现。所以儿童产品开发会走可持续设计之路。可持续设计之路表现在三个方面：
一、选用材料上尽可能采用可回收、可降解的材质；
二、提高产品的使用周期；
三、建立相应的儿童产品保养及回收机构。

儿童玩具的开发设计与市场需求相吻合

儿童时期是个体消费的依赖期，他们的消费在很大程度上是由成人决定的。由于家长的期望、性格、受教育程度、经济状况、审美修养等不同，造成需求的多元化。分析、研究不同的消费群需求不断朝着调整产品结构，积极开发以满足不同层面的消费需求方向发展。

民族特色

吸取和学习发达国家的设计方法、管理模式、生产技术，并结合我国传统文化和审美情趣，创造有民族特色、符合时代潮流的儿童玩具是中国玩具的发展方向。
1. 主题玩具设计。
2. 功能整合设计。
3. 推陈出新设计，如：传统的孔明灯、九连环等，可以在材料、形态、色彩等方面进行革新设计，创造新的玩具。
4. 系列化设计。首先要考虑随儿童的成长而不断调整的配套设计；其次要能从室内到户外随环境变化的系列玩具；另外要能从“玩”到“用”的纵深系列设计。更可将三者整合，使玩具逐渐朝着其设计上具有整体性、系列性的方向发展。

立体雪花积木

19

图3-61

KJ法分析

产品设计KJ法

1. 功能问题
2. 市场问题
3. 形态问题
4. 材料问题
5. 技术问题
6. 人机问题

01 功能问题

目前棋类、拼拆类、智力类和游戏类这四项的共同特点是在没掌握技巧时是十分有吸引力的，但是一旦玩会人们就不愿意再动它了

孩子们对玩法单一的镶嵌玩具和只有一种功能的电动玩具也基本不予关注，另外对具有美劳功能的玩具例如橡皮泥、油画棒，孩子根本不予关注

02 市场问题

缺乏规模大的玩具生产商、缺乏品牌效应。

在中国市场，由于历史传统和现实国情等原因，中国家长更关注孩子的生理健康和大脑发育，因此在有限的预算下，家长更倾向于 购买营养品和保健品。

由于国家尚未出台有关益智玩具行业标准，导致市场出现了无序性，残障儿童玩具市场有待开发。

03 形态问题

玩具品种、形态较为单一。

与国际品牌相比，国内品牌形态

差距主要在设计和营销上，较多是模仿国外玩具色彩、款式，对现代流行的潮流，适应儿童成长和普遍接受的形态设计理念了解不多，时代感不强，很少投入经费开发研究，缺乏个性和民族色彩。

04 材料问题

某些质量差的玩具使用劣质的材料，含有高浓度的镉，大大地超出了医学上和环境保护的安全限量。

可伸缩、可转换、可回收等新型材料占市场的数量还是很少。

05 技术问题

玩具智能化成为玩具行业的发展新趋势，但是传统玩具的局限性仍然制约中国玩具发展。

我国电动玩具行业是从上世纪80年代后发展起来，70%以上还是来料加工和来样加工，自主开发和创新的能力不强。

06 人机问题

有尖状物的玩具对儿童的潜在危险

玩具由于不能承受超载负重而可能引起的意外危险

太空头盔类头部封闭式玩具，可能产生的窒息的危险

手指或脚指被含弹簧的玩具夹伤或压伤

折叠装置中手指、手和脚趾被压伤或划伤。

20

图3–62

设计程序与方法

CHAPTER（一）

PROCESS AND METHODS OF DESIGN

市场定位

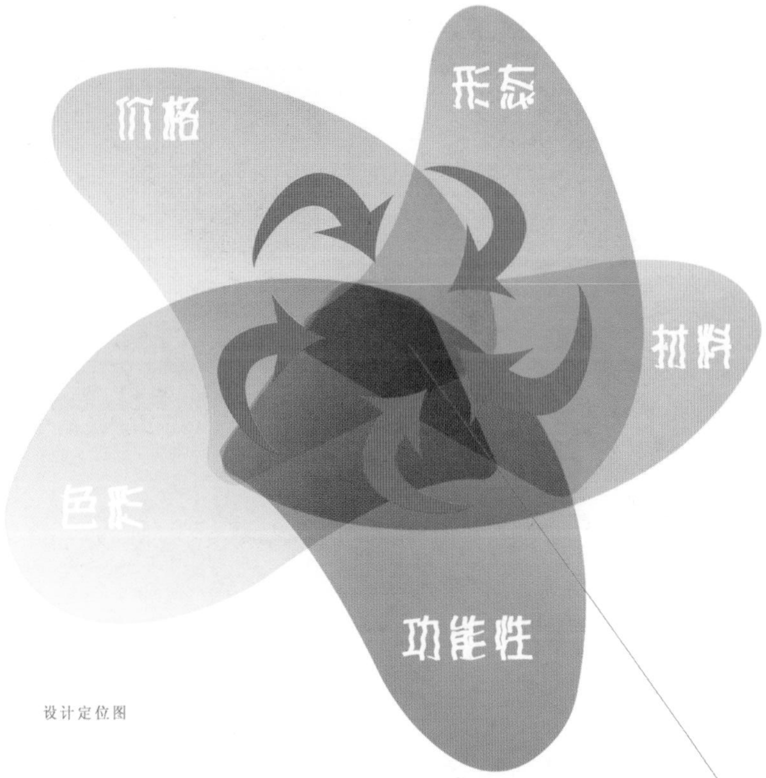

价格
形态
材料
色彩
功能性

设计定位图

市场定位
MARKET ORIENTATION

分析：

首先，有压抑感、头痛感、陌生感的设计不取。

儿童产品应最大限度满足孩子的好奇心，这样才会使孩子插上理想翅膀，给孩子创造更大的发挥空间。

其次，繁琐复杂的设计不取。

对于儿童来讲，由于其自身诸多因素影响，实践证明那种太富于理性化的产品并不会引起儿童的兴趣，相反会使其无从下手而产生厌烦心理。

最后，缺乏趣味性的设计不取。

大多数儿童产品都应以趣味性为前提，我们始终应抓住儿童好动且注意力易涣散的特点，将趣味性有机地融入产品之中。

结论：

所以，我的设计会定位在简单却功能整合，能从室内到室外随环境变化，把传统的民间玩具与现代设计理念相结合，能从“玩”到“用”的纵深系列设计的玩具。

21

图3-63

思维导图

thought ideation

产品构思

对于即将要设计的产品，决定把适用者的年龄定在6月～1.5岁的幼儿。此时的宝宝已经开始牙牙学语了，而且慢慢会爬会走了。

所以要设计的产品要色彩鲜艳，并且会唱会动并能帮助孩子语言发展，有助于爬行、走路的玩具。使孩子在触觉、视觉、听觉有所发展的感官玩具。

其次，还想在玩具功能上添加摄像和灯光影像功能。在玩具动能方面决定采用上弦和太阳能方式。在材料选择上决定采用环保柔软的硅树脂制成，不仅重量轻而且可以随意挤压，质量安全不会对孩子造成伤害而且不污染环境。

◆ + ★ = ✹ 产品思维导图

形态构思

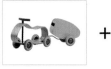

\+ = 形态可走动，有头、躯干和四肢，四肢可伸缩

方案一 会采用伸缩足部来调节其高矮

方案二 会采用折叠足部来调节其高矮

普通功能构思

\+ = 可以唱歌，拖拉类型

方案一 会采用像钹一样放音乐

方案二 会采用形体自身放音乐

新增功能构思

\+ = 可以摄像，可以制造特殊灯光场景

方案一 摄像头在形态外面

方案二 摄像头在形态里面

图3-64

构思草图之跑跑小蜗牛

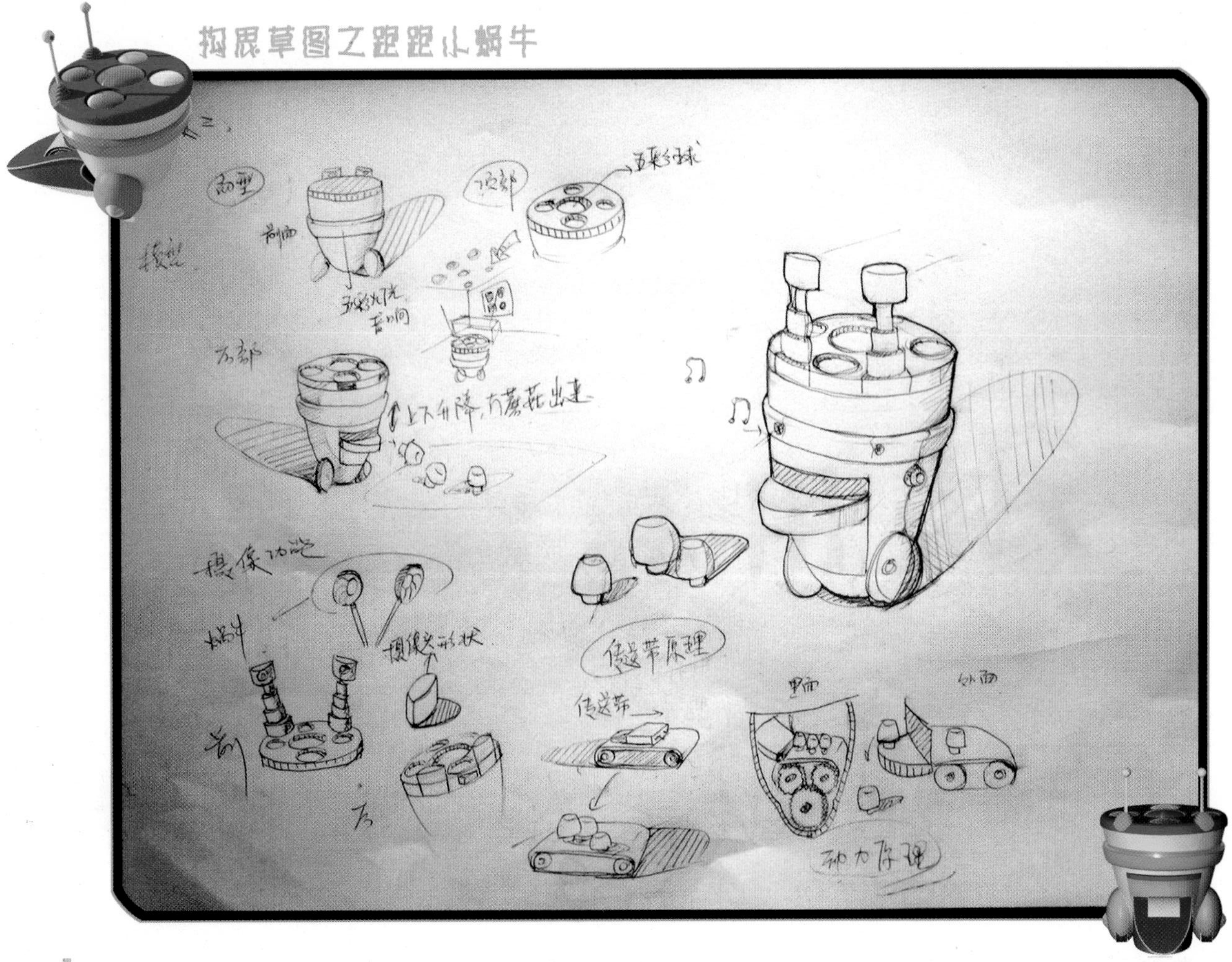

图3-65

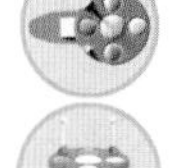

草图的设计灵感来源于蜗牛和鼓的结合体
功能基于对孩子五感开发训练并添加摄像功能

23

构思草图之跑跑小蜗牛

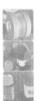

设计灵感来源于钹这个乐器，通过弦动力来让小孩手中的钹一张一合，并发出声音，能有效地锻炼孩子的五感练习，小蘑菇既可以随着季节变化来调节温度，也可以发声音教孩子说话

图3-66

设计程序与方法 CHAPTER（一）

PROCESS AND METHODS OF DESIGN

设计草图

设计草图

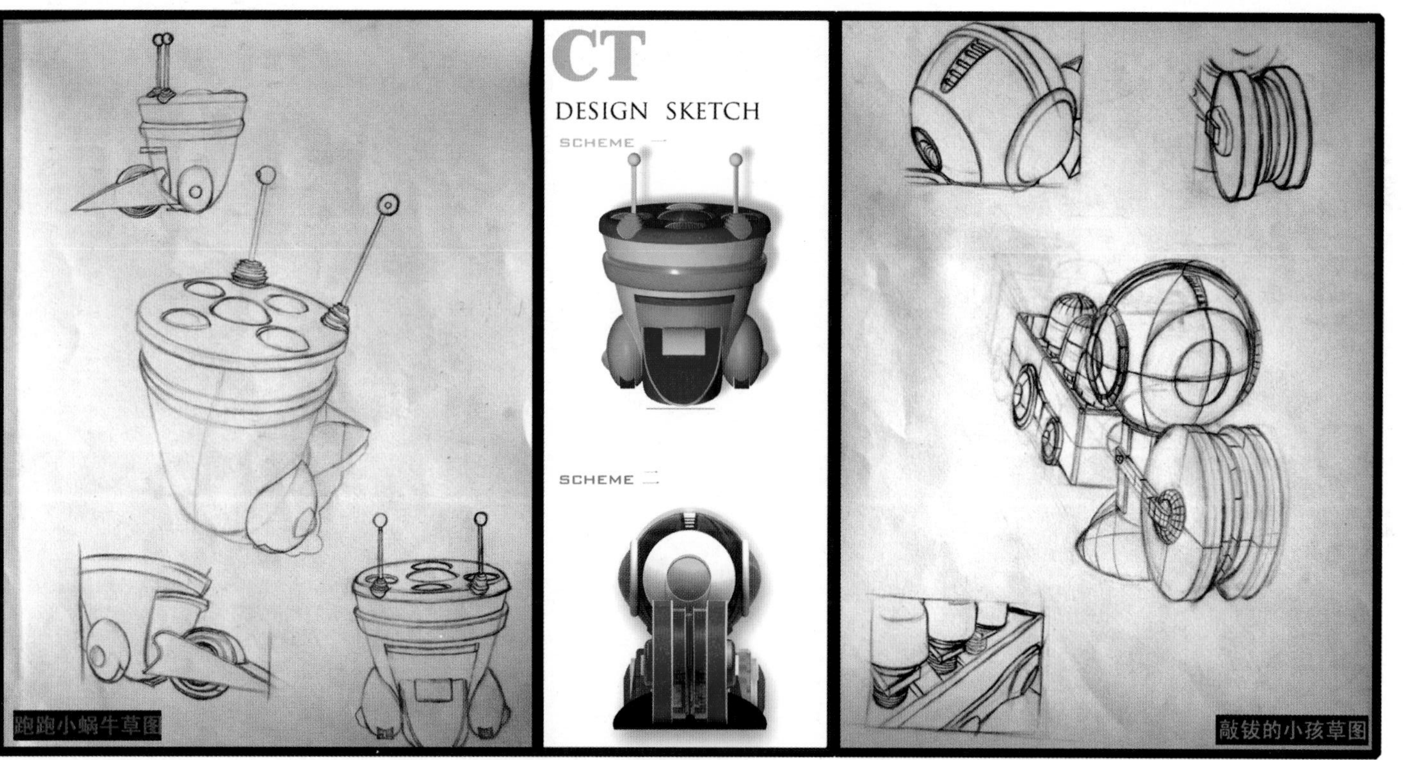

方案一：一切从游戏出发，一切以儿童为本，让孩子在拍打小蜗牛中找到乐趣，初衷以太阳能方式产生动力。方案二：设计中采用几何形体，简约中透出玩具的趣味。让宝宝在追逐充满动感的玩具中感到乐趣，并且还锻炼孩子五感的发展。

25

图3-67

设计程序与方法

CHAPTER（一）

PROCESS AND METHODS OF DESIGN

产品效果图

跑跑小蜗牛 效果图

会发光的跑跑小蜗牛

该设计灵感源于蜗牛，在材料选择上采用安全无毒的绿色材料。玩具上方的五个彩球在夜间会发出五彩光，让宝宝轻松入眠，在“蜗牛”的触须上安装了摄像头，可记录孩子美好时光。

‘小蜗牛”在白天会吸收太阳能来补充能量

“小蜗牛”在夜间会发光，并有系列感知玩具

26

图3-68

设计程序与方法

CHAPTER（一）

PROCESS AND METHODS OF DESIGN

产品效果图

采蘑菇的小钹孩

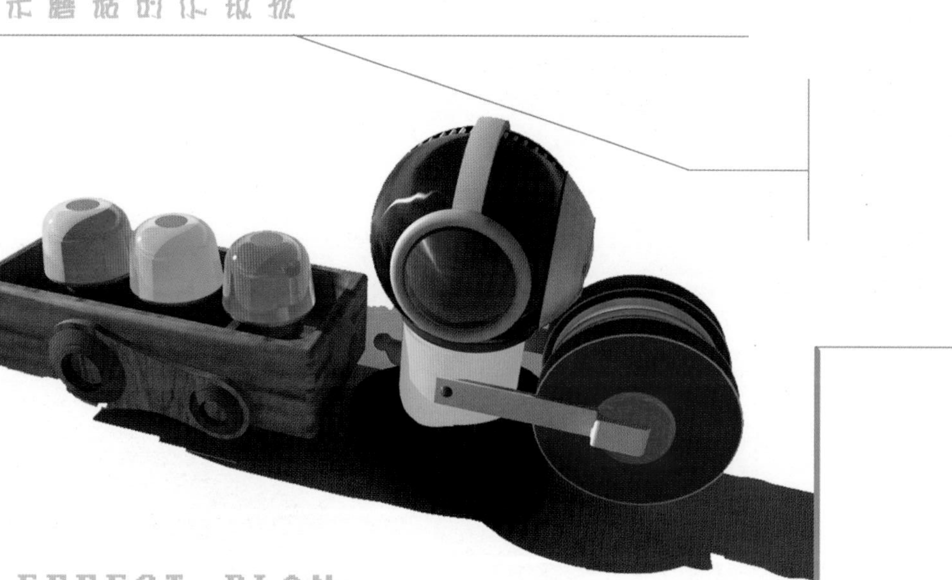

效果图

EFFECT PLAN

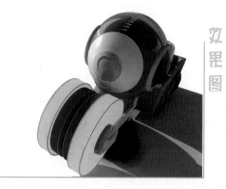

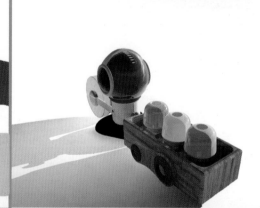

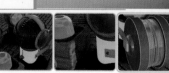

采蘑菇的小钹孩设计感来源于”钹“这个乐器，该玩具的小孩会随着音乐一张一合手中的钹并且会发光，后面的小蘑菇采用感知材料会随着季节变化而调节温度，并且按着它会发出声音来教孩子说话，小孩的脑袋也安装摄像头和夜晚发光功能。

T

DETAIL ANALYSE

27

图3-69

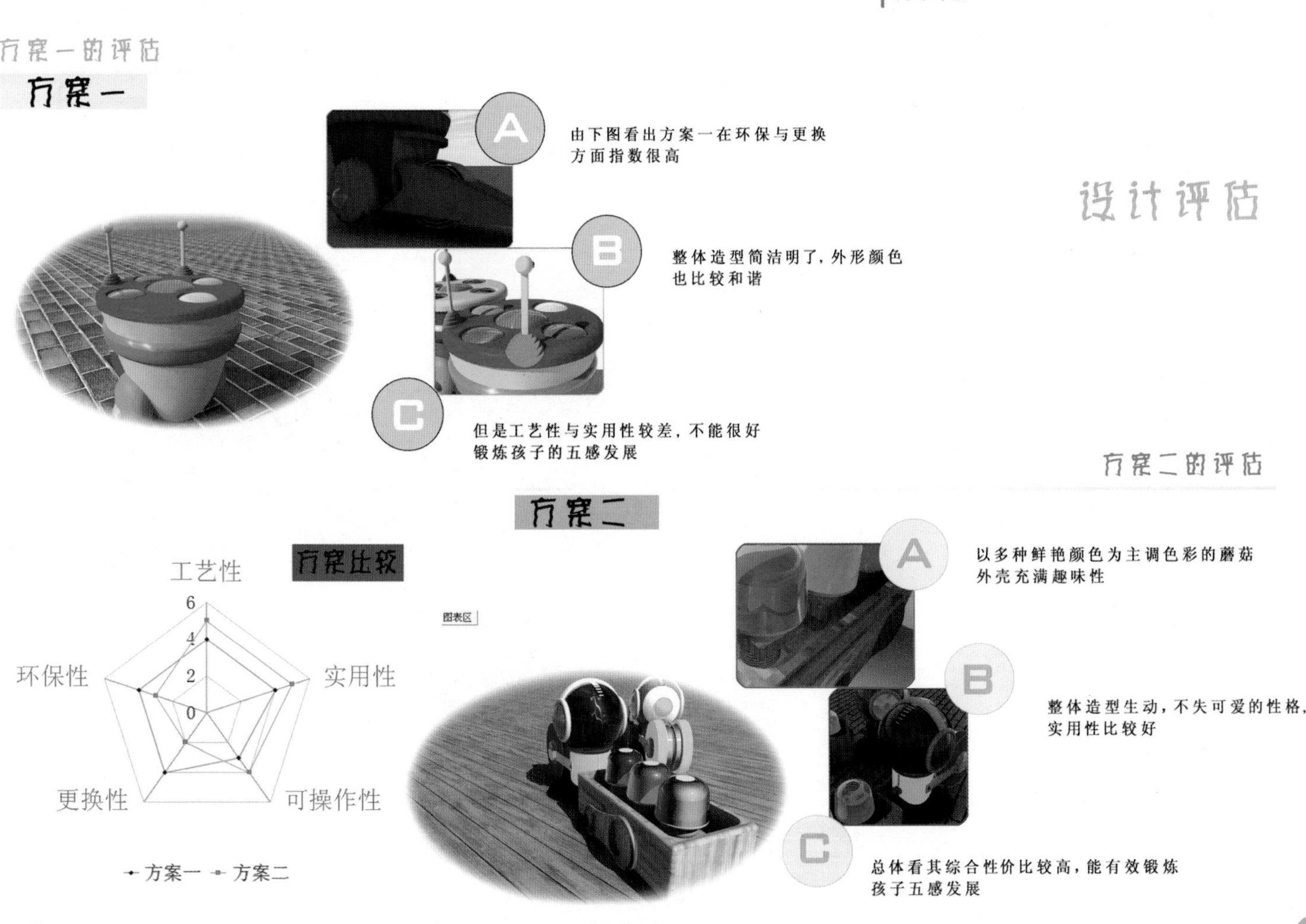
设计程序与方法
CHAPTER（一）
PROCESS AND METHODS OF DESIGN
设计评估
设计评估
方案一的评估
方案一
A
由下图看出方案一在环保与更换方面指数很高
B
整体造型简洁明了，外形颜色也比较和谐
C
但是工艺性与实用性较差，不能很好锻炼孩子的五感发展
方案二的评估
方案二
A
以多种鲜艳颜色为主调色彩的蘑菇外壳充满趣味性
B
整体造型生动，不失可爱的性格，实用性比较好
C
总体看其综合性价比较高，能有效锻炼孩子五感发展
方案比较
图表区
工艺性
实用性
可操作性
更换性
环保性
6
4
2
0
方案一
方案二
28

图3-70

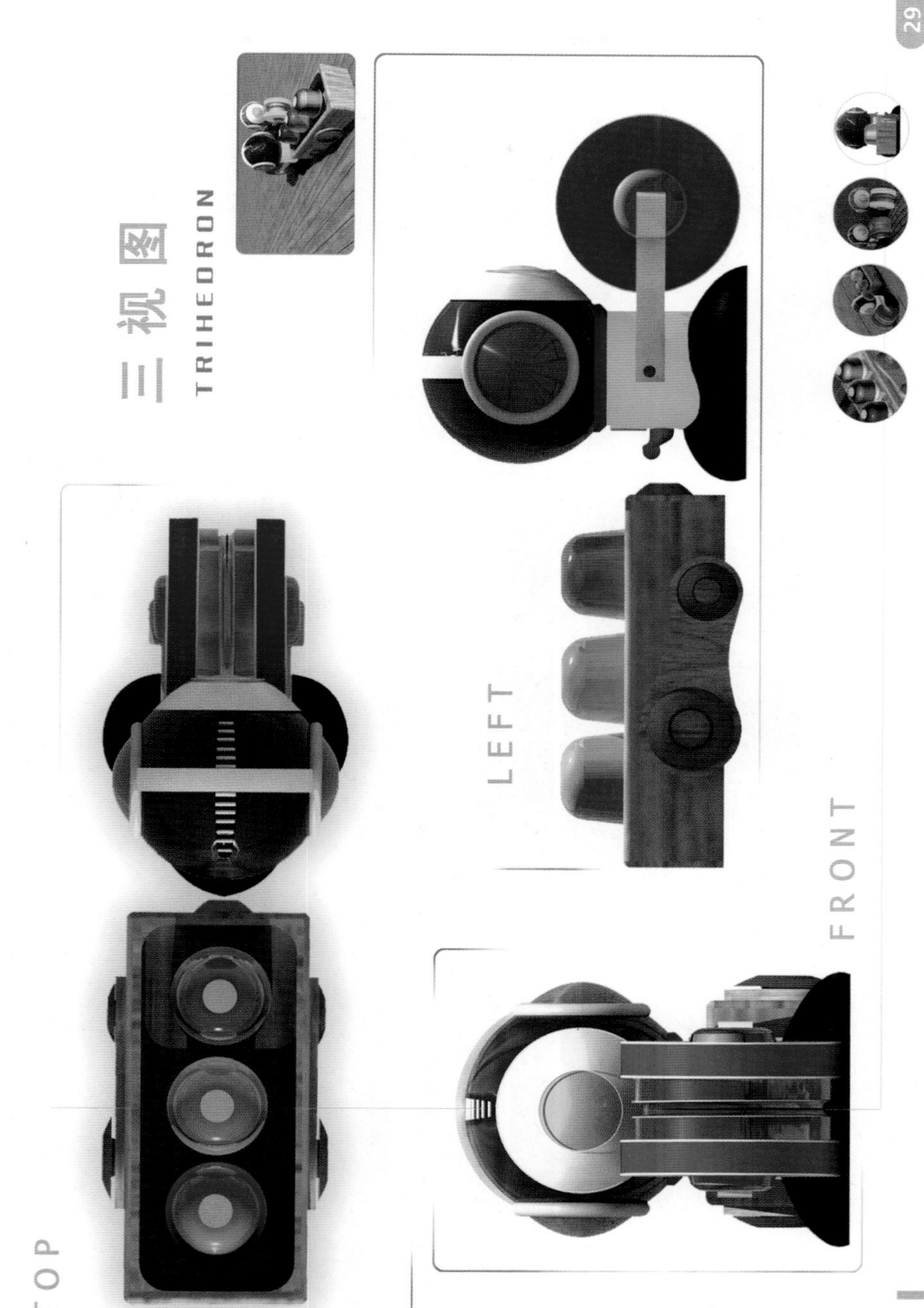

图3-71

设计总结
Design Summarize

成果的总结

“敲钹的小孩”设计经过了一番系统的设计程序而诞生。
从简简单单的一些问卷数据到一张张草图的绘画然后到电脑模型的制作最终形成。
它的设计出发点是为了让孩子很好地锻炼五感，玩具在幼儿的发育过程中占据很重的力量，所以这款玩具会很好地锻炼孩子在视觉、触觉、听觉方面的发展，但是在味觉与嗅觉方面还是考虑得不多。

感谢下面这些给予我帮助的外界力量，让我顺利地完成这个充满乐趣的课题

敬爱的老师

老师的帮助那当然是最主要的。
从前当我看到“设计程序与方法”这类词语时，可以说我当时的脑子是十分茫然的，不知道它是什么概念，也不知道它在工业设计中的份量。
不过经过老师的耐心与不辞辛苦的讲解，我的脑袋犹如久经干旱而淋了一场大雨一样明了透彻。原来这就是“设计程序与方法”，一个可以真正体会到工业设计的课题，那是多么有趣啊。

热心的顾客

当然还要感谢热心的顾客们。
他们可以为我们驻足一分钟，那就是莫大的感谢，更何况是给了我们很宝贵的资料，这些都体现了这个社会还是充满了爱。

合作的团体

团体的力量也是不能忽视的，若没有小组人们集体的努力，我也不会得到那么详细的数据。
这些数据不是简单的上网调查然后拷贝下来就能得到的，是我们本着一起做好课题的心在圣诞节冒着寒风向每个有孩子的顾客发放调查问卷，经过无数次的拒绝才得到的，
虽然会累但我们每个人都很开心，真正感觉到我们是做设计的。

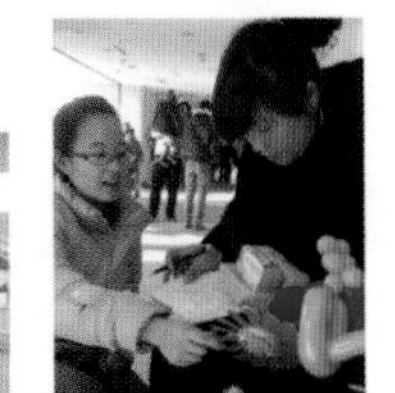

终于完成了所有的设计程序，这是个艰辛而有趣的课题，通过这次做课题，我明白在工业设计中每一环节都很重要。不论在技术还是理论方面都十分重要，丢下哪个都像少了轱辘的自行车，不能很好地前进，所以我要努力学好专业。

30

图3-72

3.4　练习题

1. 以手电筒设计为题，制订一个完善的设计计划。制订设计计划应该注意以下几个要点：

(1) 明确设计内容，掌握设计目的；

(2) 明确该项目进行所需的每个环节；

(3) 了解每个环节工作的目的及手段；

(4) 理解每个环节之间的相互关系及作用；

(5) 充分估计每一个环节工作所需的实际时间；

(6) 认识整个设计过程的要点和难点。

在完成设计计划后，将设计全过程的内容、时间、操作程序绘制成一张设计计划表。

2. 以手电筒为出发点制作思维导图：

(1) 导图的布局要有层次，清晰明了。

(2) 以主题为中心展开联想，表达手段可以是图形，也可以是关键词。

(3) 在可能的关键词上再深入展开研究，把线索归纳成几个方面。

(4) 归纳各要素间的联系，形成设计思维的方向。

3. 绘制手电筒的设计草图和效果图，直至设计完成。

第四章　概念设计流程

4.1　关于概念设计

概念设计是创造性思维的体现，概念产品则是概念设想中理想化的物质形式，由于人类的创作智慧是无穷的，因此在创造性思维的指引下，概念的构思意识丰富多彩，概念设计的类型也是多种多样的。

狭义的概念设计即是我们通常理解的对未来的设想，比如在科幻电影和动画片中那些具有超现实功能的道具，就可以被称为概念设计。例如《星球大战》中的激光剑，钢铁侠的超酷战衣，以及《第五元素》中那个神奇的化妆伴侣更是许多女性梦寐以求的宝贝。在现实生活中，这些道具虽然只是一种概念，在现有的技术条件下不可能实现，但它们仍然可以激发人们创造出未来的让人兴奋的产品，谁敢断言未来几年这个概念会不会变为现实呢？人类追求梦想的脚步从未停止过，从手臂黏着羽毛学鸟飞行到驾驶飞机在空中自由翱翔，人类将一个个看似不可能的梦想变成现实。概念设计在某些情况下可能不切实际，但作为一种想法把最新的概念展示给全世界，并看它如何演变和发展，这是一种积极乐观的生活态度。

广义的概念设计是指一种具有引导性作用的创新设计，通过新的理念和技术的应用改变人们对以往产品的既定印象。这种概念设计不一定直接应用于生产和销售，但是却能表现出对市场的预见性，是十分具有前瞻性的设计，是企业开拓市场赢得竞争的重要手段。许多大公司的概念产品设计都被视为同类产品未来的发展方向。例如许多汽车品牌的概念车设计，都是通过对社会、经济和技术未来发展状况的预测，提出新的概念，从而表明未来可能的发展方向。

图 4-1　宝马 GINA

这款 GINA（GINA Light Visionary Model）概念车是来自 BMW 最新的一个研究项目，将柔韧灵活（flexibility）融入汽车设计。初一看就是一辆 BMW 风格的汽车，紧绷的肌肉，雕塑感，Chris Bangle 的"Flame Surfacing"，事实上，GINA 的外表皮是一层布，蒙在可控制活动的框架上，这样不仅可以控制车的各个活动部位，比如车门、前大灯，同时也可以改变整个汽车的外形。这些活动框架靠电子液压来控制，表皮材料是聚亚氨酯涂层莱卡，并在相接处做到无缝，GINA 基于 Z8 底盘，概念成型于加州 Designworks USA，后来在慕尼黑由 Anders Warming 带领制作成全尺寸模型，人们可以在 BMW 博物馆看到它。

许多概念设计可能暂时还停留在实验室里，在市场上并不存在，但其中一部分很有可能在未来三到五年内成为真实的产品，在市场上被销售和使用，并引领产品设计发展的潮流。

通常我们在进行产品设计时要考虑的是，现有经济技术条件能否将设计转化为现实的产品，产品是否符合社会和市场的需求，被消费者所接受。而概念设计则需要跳脱现实的约束，进行全新的尝试，以设计引导消费市场，史蒂夫·乔布斯正是以他特有的想象力带领苹果产品征服了众多的消费者，一次次带给人们惊喜。

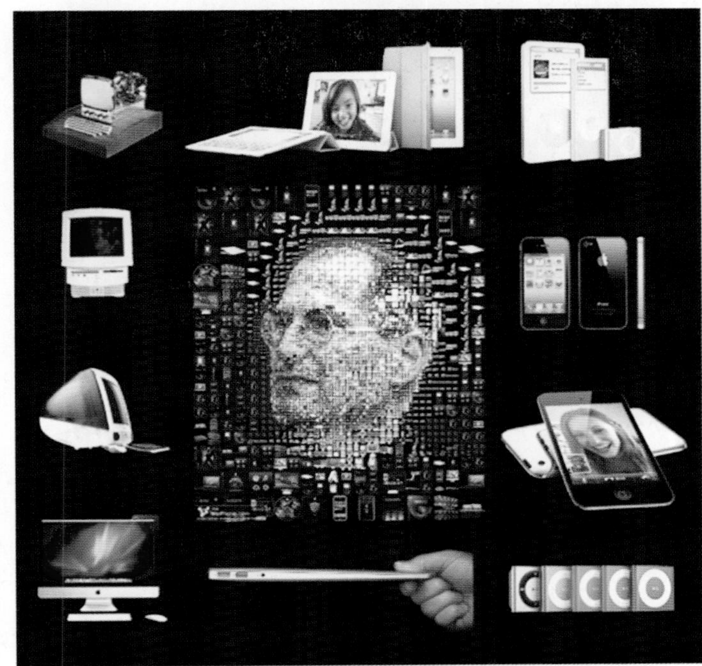

图 4-2　苹果系列产品

"概念设计"并不仅仅是前面提到的超前的和引领未来的设计，在很多时候，设计师从生活中汲取经验，借用某种理念、风格、意识、自然物或人造物的形态结构、行为方式等等作为概念设计主题，通过联想和象征的手法进行产品设计，使新产品富于强烈的生命力。设计师通过专业技能将这些设计概念的形式具体化为设计过程，也可以被称为概念设计。仿生设计就是一种典型的借用自然物的形态和功能，模仿自然物的行为方式等特征进行的一种概念设计形式。

概念设计主要具有以下特点：

(1) 独创性。概念设计更强调设计的独创性和原创性，从形式和内容上都排斥已经存在的东西。当然，历史上已经存在的形式符号和材料做法并不一定要完全抛弃，而是可以通过新的手法和视角再次加以运用。

(2) 抽象性。概念的产生是对纷繁复杂的生活现象的提炼、概括、抽象的结果。任何概念都有一定的抽象性，它来源于我们已经提炼出的某种理念或思想，我们想要倡导、传扬的某种主张以及我们要表达的某种意象。

(3) 探索性。概念设计可以不过多地涉及具体的功能问题，在功能方面，更多的是概念性、原理性或逻辑推论

图 4-3 概念产品设计(设计：色鑫)

性的。它更像是一个探索性的科学实验,与实际生活保持一定的距离,给思维留有足够的想象空间。

(4) 先进性。概念设计要求我们立足于时代最先进的技术和社会意识,有足够的勇气去尝试最新的东西(新技术、新材料、新工艺、新的生活观念),凝聚时代最先进的技术成果,使其处于时代的前端。

概念设计的关键在于创新,要抛开对现实世界的既定印象,创造出全新的理念或方式。概念设计阶段是设计中最富有创造性的阶段,是一个从无到有、从上到下、从模糊到清晰、从抽象到具体的过程。一件概念设计产品的诞生,与其说是一个设计的过程,不如说是一个创造的过程,其最为重要的部分在于前期概念的提出阶段。这一阶段为概念设计的视觉化提供了基础,是概念设计的第一步。接下来的过程,则是根据设计的步骤,将概念扩展并最终明确,从而通过形象化的方式表现出来。具体步骤如图 4-4 所示。

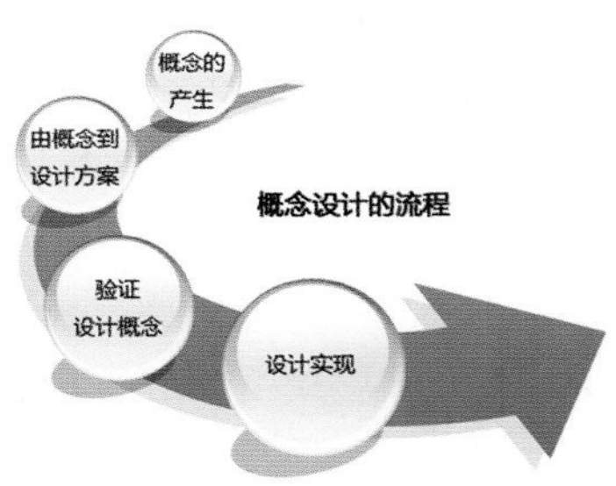

图 4-4　概念设计流程

4.2　概念的产生

4.2.1　概念设计的前期准备

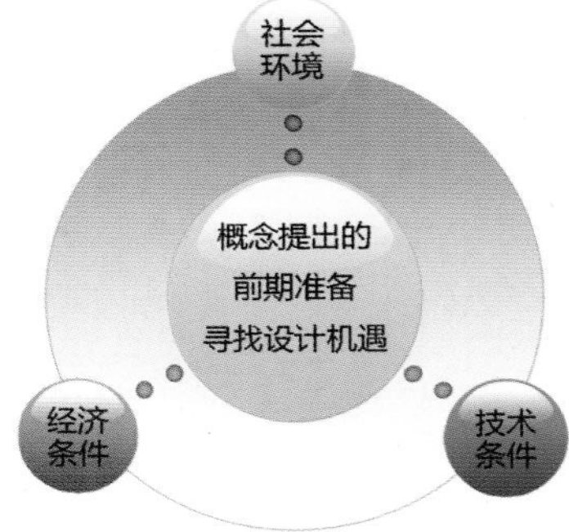

图 4-5　社会、经济、技术条件与设计概念的关系

概念设计是基于现有的经济技术条件对未来进行全面的预测,并大胆提出设想。在概念设计的前期准备阶段,设计师所要做的工作不仅是了解现实的发展状况,而更要对未来的趋势进行探索和预测。虽然概念设计超越现实的束缚,但却必须要有现实的立足点,而并非全凭天马行空般的想象。概念设计不注重现实的功能,但是却要满足人们对更好、更舒适的生活的追求,它所具备的功能是人们对未来的美好追求。概念设计对技术的要求往往是现实技术条件下不能够实现的,但这些技术并不是虚无缥缈的,而是设计师基于现有技术提出的,在未来具有实现的可能性。概念设计的出发点同样是为满足人的需要,这种需求是人们对现实生活中出现的问题提出的理想化的解决途径,因此概念的提出,首先是要在现实生活中发现问题。这就需要设计师对现实的社会、经济、技术状况进行了解和分析,从中发现问题,并提出解决的办法。

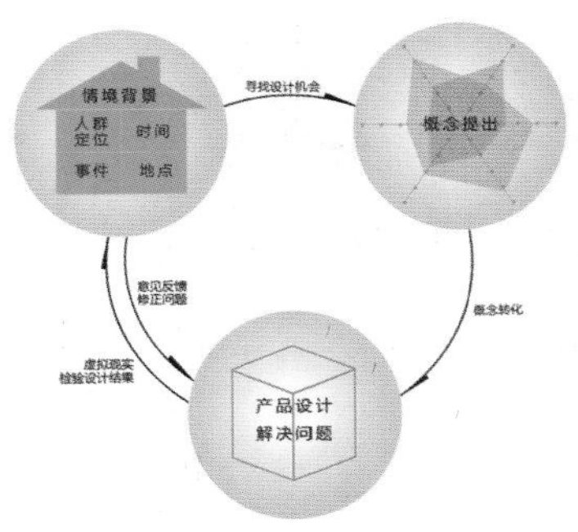

图 4-6　情境故事法

首先,设计师要对社会环境进行相应的调查。社会由人组成,所以在社会环境中充满了人与人之间的关系,每个家庭和工作关系都是社会的缩影,也是组成社会的细胞,因此在调查中可以通过对人的了解进而扩展到整个社

会。对人的了解包括家庭、工作以及其他方面的日常生活。家庭结构和工作模式是影响一个人生活方式的重要因素,也对人的需求产生了重要的影响。同时,人的兴趣爱好和文化背景也具有同样重要的作用,如电影、电视、音乐、书籍等文化娱乐产业,相关的体育运动、旅游环境以及对电脑和互联网的使用等等方面。这些因素共同构成了一个人的生活环境,也借由人与人之间的关系构筑了整个社会环境。

第二,设计师不仅要掌握当前的经济状况,更要清楚未来经济的发展能力,了解消费者的购买力水平和购买欲望,从而对消费趋向的发展和转变作出相应的判断。

第三,设计师还要全面了解科学技术在设计与生产中的应用情况。要及时更新科学技术方面的信息,及时了解时代最前沿的新技术,以及未来技术的发展方向。依据使用者的需求判断技术的潜在能力和价值,以最前沿的科技解决人们生活中的问题,甚至以未来科技创造新的生活方式。

4.2.2 基于情境故事法建立产品设计的概念

每个产品都不是孤立存在的,而必须依托于某个环境之中,概念设计也不例外。概念设计的产生,通常都是基于人们对未来生活的设想。那么,在进行概念设计之前,我们要通过情景故事法获得设计的概念。首先要对未来的使用情景进行设想,比如什么人在什么时间,处于怎样的环境和状态下需要这样的设计。设计师通过对使用者的了解,站在设计者的角度,透过一个想象的故事,包括使用背景、环境状况、物品面貌功能,去模拟未来产品的使用情境。通过这个虚拟的使用情境,设计师发现其中的问

图 4-7 飞利浦未来家庭生活之——沟通互动

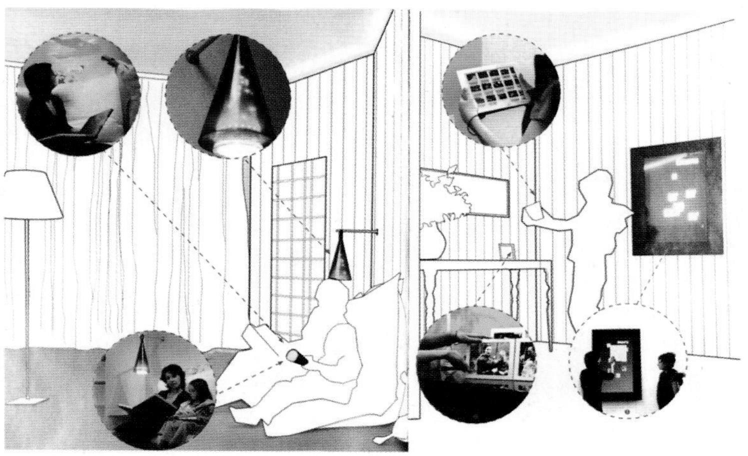

题，并提出解决问题的方案。因此，对于概念设计来说，设计师需要的不仅仅是经验和市场调查所得到的数据，更重要的是想象力和判断力。

例如，飞利浦公司的未来家庭生活系列概念设计。设计师以现代科技的发展为依据，研究人与人之间的沟通、人的行为方式等等，描绘出未来家庭的生活方式，设计出未来生活状态的情境。

通过对网络时代人们沟通方式的设想，设计出一系列帮助人们增强与家人和朋友沟通，分享生活乐趣的设计。

① 讲故事的人

带有声音效果和灯光效果的床头故事。当给孩子讲故事的时候，“讲故事的人”系统能够借助语音效果和灯光效果来帮助孩子们的想象力展翅飞翔。“讲故事的人”系统能够识别文字，从而转化成为“灯笼”里面的声音效果和“火炬”里面的灯光效果——孩子们的手中拿着“火炬”，将故事里的人物影像投影到墙壁上，从而看到故事里面真正的人物。

② 家庭相册

以互动作为设计概念，使人们能够和朋友、家庭共同分享他们的故事和相片，重温他们生活中的快乐瞬间和纪念。通过“互动相框”，与远在世界各地的家人和朋友之间共享。

Effect & Details

Based on the user experience, I designed the operation of my new fire-extinguisher. The safe lock is on the upper side, which may reduce the misoperation. At the bottom, there is a place for people to hold and lift. The handle of this product is divided into two parts. The users' fingers could cross the handle to avoid the misoperation.

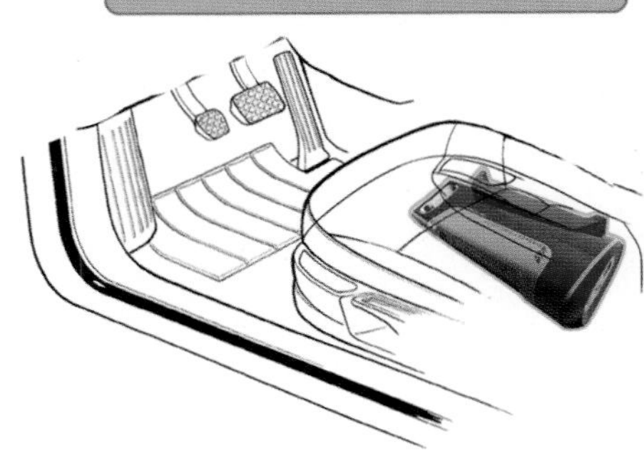

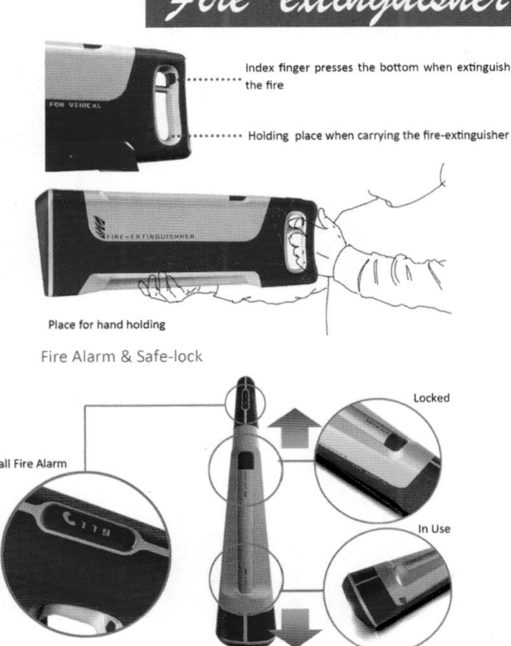

图 4-8　产品需要解决的问题
（学生：贾文卓；指导教师：王琳）

③ 保持联络

一个能够留言、发送和接受非正式信息的家庭留言板。

“保持联络”通常被挂在房间里面每个人每天都会经过的地方，它的目的是在家庭或朋友之间传递非紧急的短期信息。它的互动式触摸屏幕使人们可以发送和接收留言、图画或者影像文件，它的作用类似于一个互动式的贴在冰箱上面的留言条。

下面的这个灭火器设计，是为汽车发生自燃事件后驾驶员快速方便的灭火与求救而设计的。在设计时，设计者将产品带入故事情境，通过对使用者解决问题过程中可能发生的动作进行设定，并规划出一个最佳的过程方案。

首先，设计者列举出使用者在汽车自燃发生后所需要解决的几个问题，包括快速离开燃烧的汽车，获得灭火器后进行灭火以及拨打火警电话求助。接着，将这些动作进行合理化的安排，构成一个从事件发生到解决问题的情境故事，以此获得在最短时间内产品对使用者提供最大化帮助的设计方案。最后，将这些方案整合在一起，通过产品的功能和使用方式体现出来。

图 4－9　整合得出的产品功能与使用方式（学生：贾文卓；指导教师：王琳）

Fire-extinguisher
What will people do when the fire comes?
Drop the car and run away
Using the Fire-extinguisher to put off the fire
Call Fire Alarm
Problems
When fire comes to you, some drivers might not have fire-extinguisher in their cars. As a consequence, they will possibly run away. This causes the driver losing their cars. If the drivers use the usual fire-extinguisher, due to its more operation steps and drivers' increasing fear, it is difficult for drivers to put out a fire. When drivers call fire alarm, they cannot put out a fire by fire-extinguisher at the same time. This also might cause drivers losing their property.
19

4.3　由概念到设计方案

4.3.1　头脑风暴

头脑风暴是激发创造力的过程，也是激发设计灵感的有效方法。这种方法最初由美国 BBDO(Batten，Bcroton，Durstine and Osborn)广告公司的创始人亚历克斯·奥斯本(Alex F. Osborn)于 1938 年首创。

头脑风暴可以由一个人进行，根据设计的主题进行发散式的思考，也可以以小组为单位进行讨论互相激发灵感，参与者围在一起，畅所欲言，随意将头脑中和设计主题相关的见解提出并记录下来，在整个头脑风暴的过程中，对于所提出的意见和想法无论多么荒谬可笑，其他人都不得打断和批评，全部保留下来，使大家互相得到启发，迸发出更多的灵感火花。在这个过程结束后，再将这些想法进行分析和整理，挑选出具有可行性的关键点，进行深入和发展。

乔治·萧伯纳说："倘若你有一个苹果，我也有一个苹果，当我们彼此交换苹果时，你和我仍然各有一个苹果。但是，倘若你有一种思想，我也有一种思想，那么当我们彼此交换思想时，你和我将各有两种思想。"概念的诞生必须经过头脑风暴的过程。在这个过程中，参与者首先选择一个具有启发性的主题，然后围绕主题不断延伸和扩展，从而产生很多的想法。但是这样的过程通常需要依赖于头脑风暴参与者的各种经历，因为这些经历会直接或间接地触动灵感。概念的构思其实很早就开始了。在灵感没被激发之前，概念的构思可能是出于一种休眠的状态，当在头脑风暴中受到口头或者视觉催化剂的刺激和加速后就会一触即发。因此，毫无疑问，头脑风暴是追溯经历、启迪概念、引导未来的有效方法。

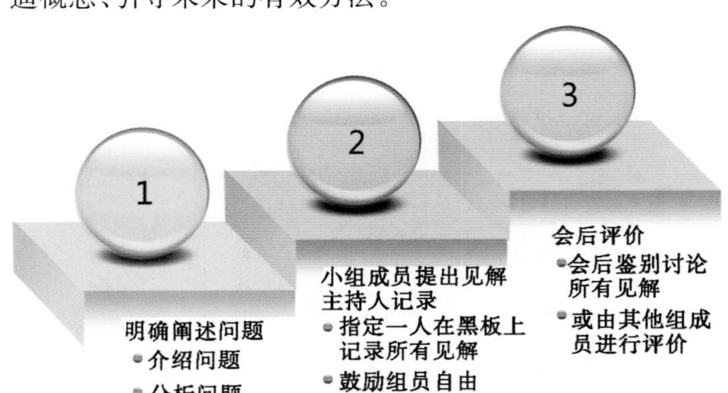
1
2
3
明确阐述问题
介绍问题
分析问题
小组成员提出见解
主持人记录
指定一人在黑板上记录所有见解
鼓励组员自由提出见解
会后评价
会后鉴别讨论所有见解
或由其他组成员进行评价

图 4－10　头脑风暴的过程

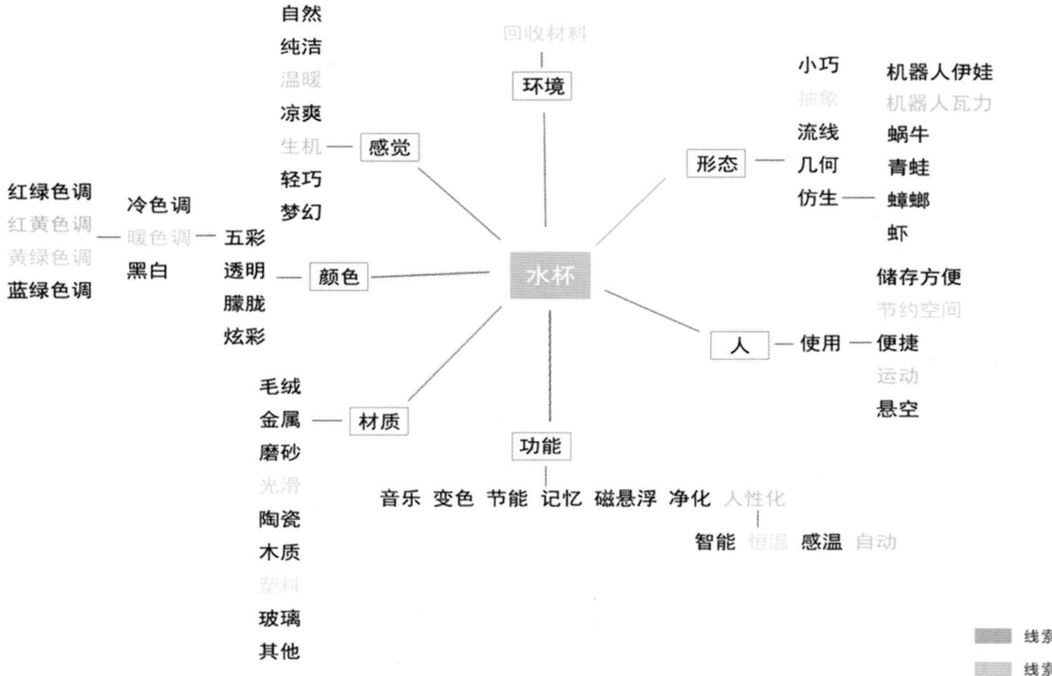

图 4－11 水杯设计的思维导图

在这个过程中，通常需要绘制思维导图，记录所能想到的所有与主题相关或由此联想到的关键词。通过思维导图，设计师能够清楚地认识到影响设计的层次关系，把握设计的方向。

（2）以主题为中心展开联想，表达手段可以是图形，也可以是关键词。

（3）在可能的关键词上深入展开研究，尽可能完善具体方案。

4.3.2 设计机会矩阵分析

在头脑风暴的阶段，设计师们以预先设定的概念为出发点，进行了发散式的联想，产生出许多相关的关键词。在获得这些关键词之后，要通过分析与比较，寻找设计的机会点。机会点的分析可以通过绘制数据表格或雷达图的方式来进行。如图 4－12，首先对产品需求的各个要素进行比较给出分数，以此为依据，对头脑风暴中得出的线索进行比较，最终得到两条线索明确的机会比例。最后根据表格中的数值选择出一条线索作为设计的概念出发点进行设计（图 4－13）。

标准	重要度	机会	
		线索一	线索二
市场	3	1	3
成本	2	3	2
功能	3	2	3
技术	2	1	3
材料	1	2	2
形态	2	3	1
总计		25	32

图 4－12 设计机会分析表格

设计机会分析表格的使用方法是：

1. 先按设计类型和团队特征设定相应评价标准，并评估此标准的重要度。由不重要、比较重要到重要，给出 1—3 分。

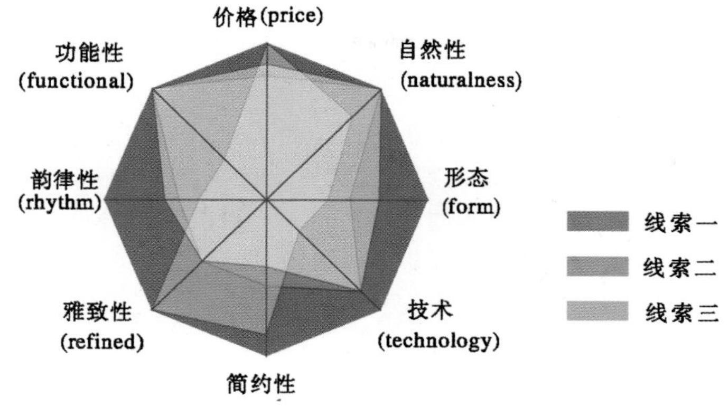

图 4-13　雷达图分析设计机会

2. 评估或预测线索 1、2、…在各标准中的表现。由不好、比较好到好，给出 1—3 分。

3. 计算方法为先将线索分值与标准重要度分值相乘得出分项分值，再将各分项分值相加得出总分值。优选总分值高的，为评估结果。例如图 4-12 中线索 1 分值计算方法为：(3×1)+(2×3)+(3×2)+(2×1)+(1×2)+(2×3)=28；线索 2 分值计算方法为：(3×3)+(2×2)+(3×3)+(2×3)+(1×2)+(2×1)=32。分值高的线索 2 作为设计概念出发点。

4.3.3　设计方案的形成过程

(1) 构思草图

通过机会分析，我们能够得到准确的设计定位的线索。设计师运用产品语意学的知识，将设计定位通过形态语意表现出来，就形成了概念设计初步的方案构思草图。

通过构思草图分析概念的合理性和可行性，将概念的优势和不足更加明确地表达出来。设计师通过构思草图快速地将灵感表达出来，形成许多不同的方案，以便于在形态和细节上进行比较。

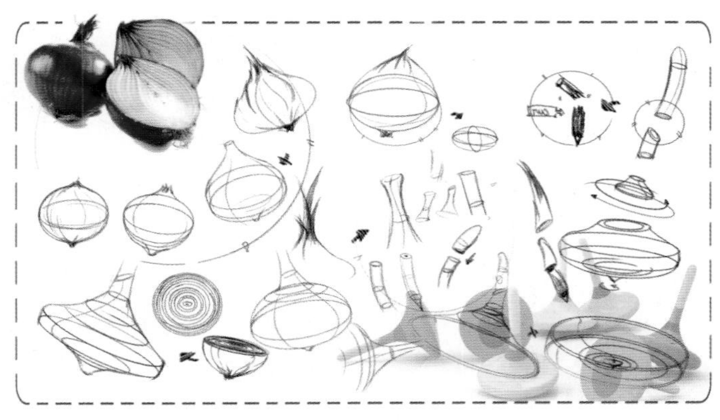

图 4-14　概念转笔刀设计构思草图
(学生：廉歆彤；指导教师：田野)

图 4-14 是以洋葱作为形态概念所做的转笔刀设计，草图表现了从洋葱的形态到转笔刀外观形成的构思过程。

(2) 方案草图

在比较后，选出最佳的方案进行更进一步的深入。在接下来的阶段中，设计师需要对产品的功能、结构和使用方式等进行设计，并通过对产品的形态及细节的处理表达出来，在此基础上，绘制设计草图，表现产品最终的形态、质感。设计草图还需要表现产品的形态细节、功能细节以及使用方式和环境等。

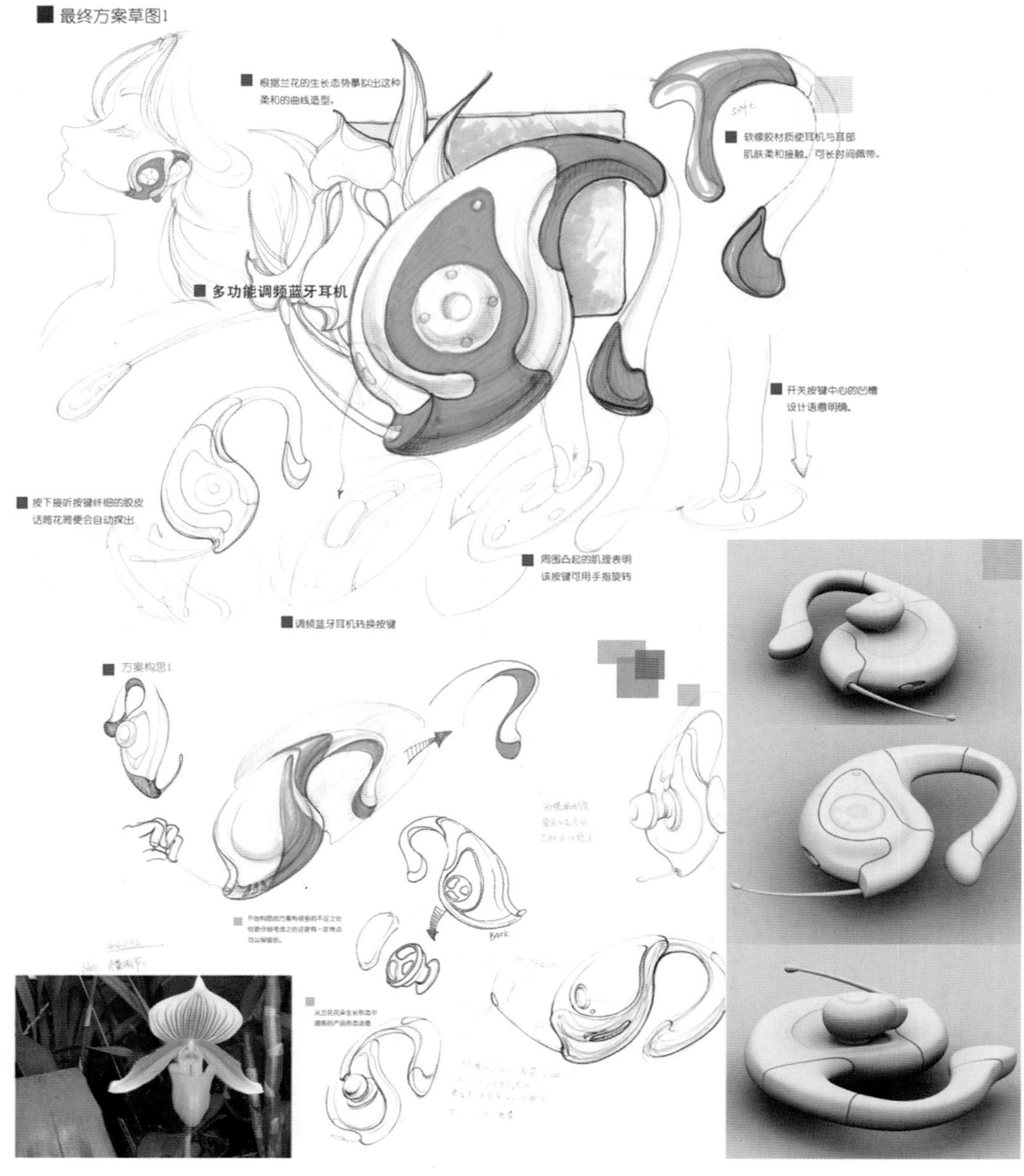

图 4-15 概念蓝牙耳机设计(学生：都人华;指导教师：李雪松)

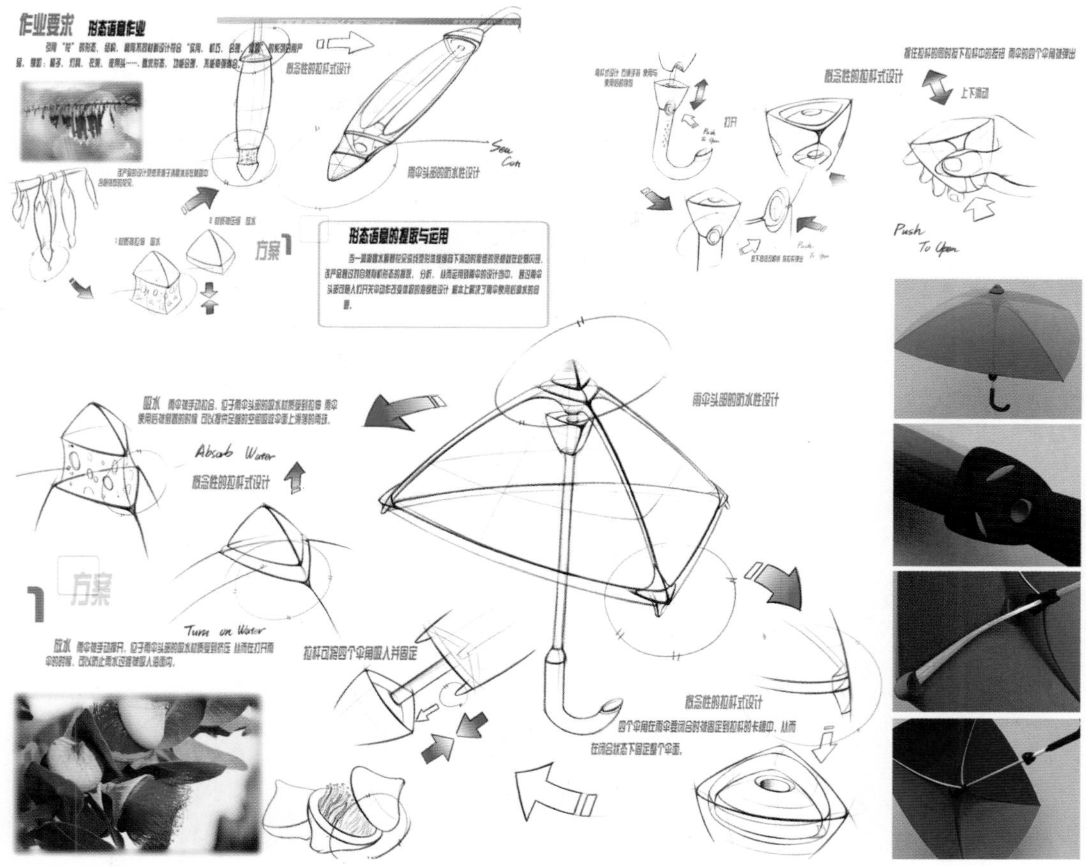

图 4－16　概念雨伞设计(学生：孙健；指导教师：李雪松)

在方案确定后，设计者明确产品的形态及细节，通过草图解释产品的功能、结构、使用方式及使用环境。

图 4－16 以含苞待放的花朵为形态概念，提出了防止雨水往下滴的雨伞设计的新概念。通过设计草图，对产品的功能和使用方式进行分析，思路清晰明了。

(3) 产品预想图

产品预想图是设计师表现创意构思的方法，它能够充分体现产品设计的立体形象和最终要体现出的视觉效果。依据表现手段的不同，效果图通常分为手绘效果图和电脑效果图。

在下面这个设计案例中(图 4－17、图 4－18)，我们可以清晰地看出一个完整的设计方案形成的过程。首先，设计者利用市场分析与思维导图分析出在设计中需要解决的问题。然后，对问题进行分析，从仿生学的角度提取出形态语义，通过草图的演变，找到形态与功能的契合点，最终得到一个最佳方案。草图方案确定后，利用电脑建模，通过三维形式的观察，调整产品的空间形态，并在渲染过

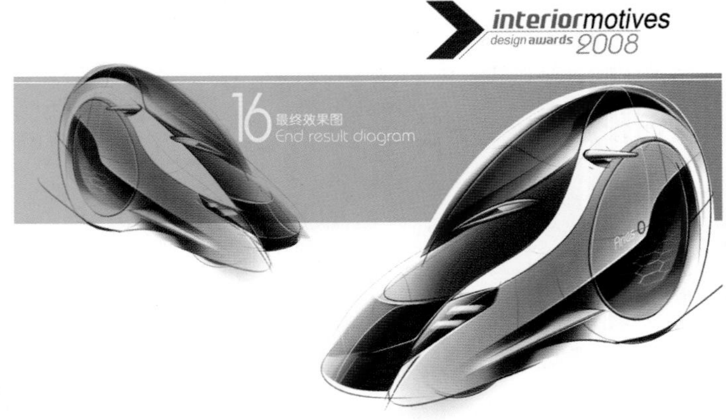

图 4-17 概念交通机具设计(学生：孙健；指导教师：杜海滨，李雪松)

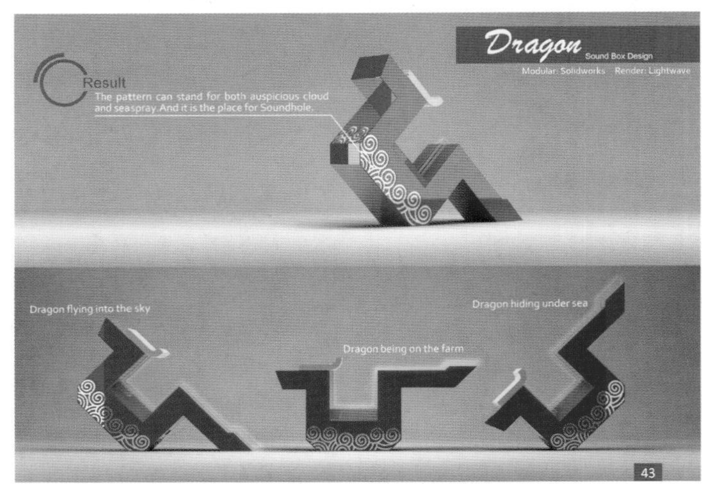

图 4-18 龙年音响设计(设计：贾文卓)

程中，赋予适当的材质。最终得到的预想效果图中，我们就可以明确地看到产品最终的形态与质感的效果。

4.4 引入概念场景设计验证设计概念

在设计的概念和方案确定后，我们要做的是对其可行性进行验证。由于概念设计并不能在现实中生产出来，因此需要建立一个虚拟的现实环境，通过人机的交互，体验产品与人和环境的关系。

随着计算机虚拟现实技术的发展，设计者能够应用这些技术通过模拟的现实空间，体验与产品的互动，更清晰地了解概念产品的形态、功能和质感等要素在实际环境中的表现。

常用的虚拟现实的技术包括电脑三维建模与渲染，模拟产品的空间状态以及在环境中表现出来的视觉感受。设计师应用计算机技术，虚拟出概念设计的情景和场景，将产品置于场景中，表现其形态和光影效果。首先要通过计算机三维建模软件建立概念产品的立体模型，然后利用渲染软件营造出虚拟的光影效果，并将材质赋予模型，模拟出在真实环境下产品的视觉效果。例如，以 3Ds Max 建模，配合 V－Ray 渲染，或者通过 Showcase、Patchwork 3D 等软件，表现产品的外观形态与质感，从而对产品的外

发现问题——思维导图
市面上计算器
卡通型计算器
太阳能卡片计算器
密码计算器
笔记本触摸屏计算器
多功能计算器
计算器
问题
功能问题：市面上现有的计算器均以计算为主，没有储藏数据的功能，有汇率功能的计算器数据不能每天更新。
形态问题：计算器形态单一，一般为长方体形态（除卡通）。
使用问题：计算器不便携带、保存易丢失，不防水不便弯曲、折叠、悬挂、盲人使用不便、容易粘灰不便清洁按键、倒角处容易磨损。
储藏型便携计算器，方便携带，每天能汇率更新，以时间为依据储藏当天计算数据。
分析问题——语意研究（元素来源.元素分解.元素利用）
瓢虫
计算器的外形根据瓢虫形态变化而来
将瓢虫的外形精简
将瓢虫的翅膀变形
提取瓢虫点的元素，作为底座支撑面（电池外壳）
声孔提取瓢虫上点的元素
计算器一般计算时的显示
2010.6.3 19:00
38.50+50+5
￥93.5
1、当点击美元符号时，计算上会显示当天美元的兑换汇率。
￥6.8306
2、当点击欧元时，计算器上会显示当天欧元的兑换汇率。
￥8.1699
3、点击所示按键，计算器会显示在这段工作时间段的收入，以一天为一个断点过后自动清零。
8:00-19:00
￥435
当工作场景在外时，计算器配上皮套，既美观又方便携带和工作，当工作场景在室内时，可以方便卸下皮套。
解决问题——草图方案、产品预想图、三视图
三视图
产品效果图

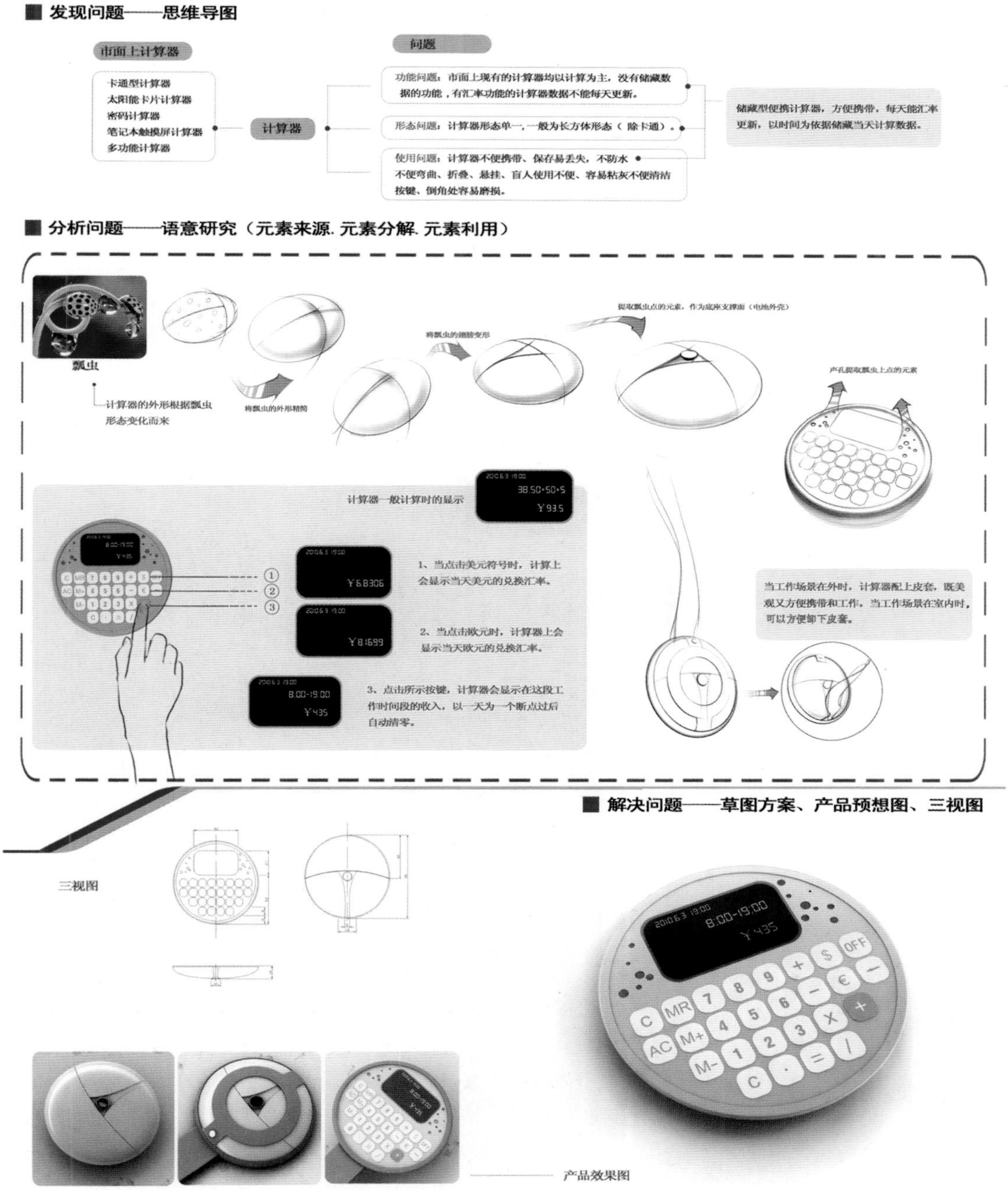

图 4－19　（学生：丁凤祥；指导教师：李雪松）

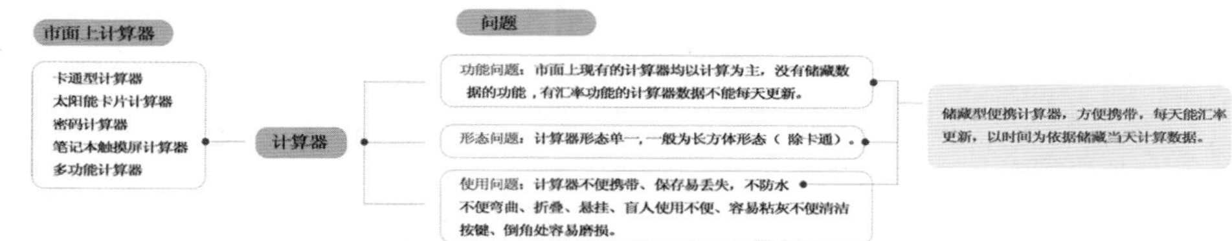

形比例进行检验。例如法国 LUMISCAPHE 公司的 Patchwork3D 这款软件，通过独特的快捷实时渲染方式，可以轻松地改变产品模型的材质和纹理，获得逼真的视觉体验。帮助设计师通过 3D 交互式的图像来验证产品的外观、结构和比例。

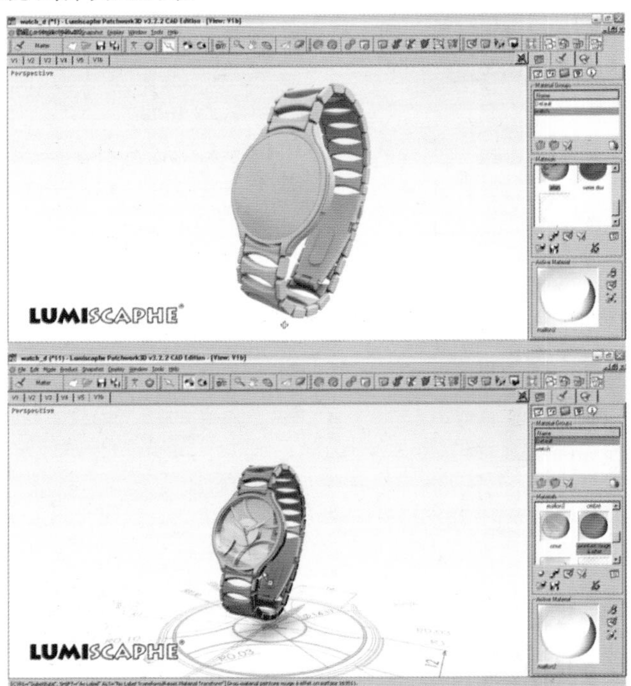

图 4-20 Patchwork3D

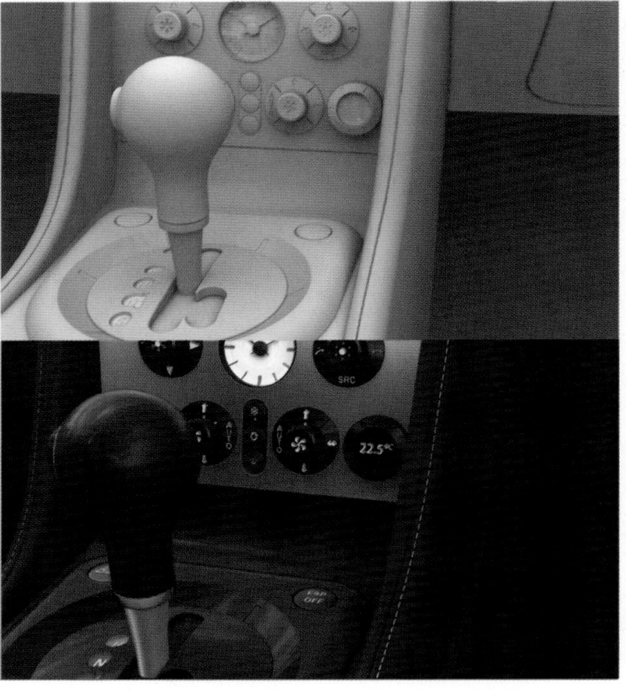

图 4-21 Patchwork3D

为了检验产品的功能和使用方式上的合理性，可以利用虚拟的人机交互来实现。虚拟现实（Virtual Reality），简称 VR，又被称为灵境技术，它是计算机人机界面迅速发展的计算机交互技术，通过综合计算机图形技术、仿真技术、多媒体技术、人工智能技术、计算机网络技术，实现多传感，以模拟人在虚拟环境中使用该设计的视觉、听觉、触觉等感受。创建多维信息空间，让使用者能身临其境般感受产品的未来设计，突破传统的空间、时间的限制。这项技术通过模拟人眼，头戴跟踪器设备和交互式传感数据手套，以及三维鼠标等输入设备获取信息，达到使用人群体验虚拟产品实体的真实感受，用以测试产品的实际设计效果，检验产品的生产工艺及未来的销售前景。

将产品的环境投影于现实的空间中，制造出虚拟的产品使用情境。沉浸式虚拟现实将在真实的立体空间内，通过投影的方式虚拟出产品的使用环境，利用触控感应等操作方式实现更直接的人机互动，获得身临其境的产品使用体验。

另外，通过电脑动画，也可以模拟产品的功能和使用方式。但是虚拟现实是一个看得见却摸不着的过程，因此

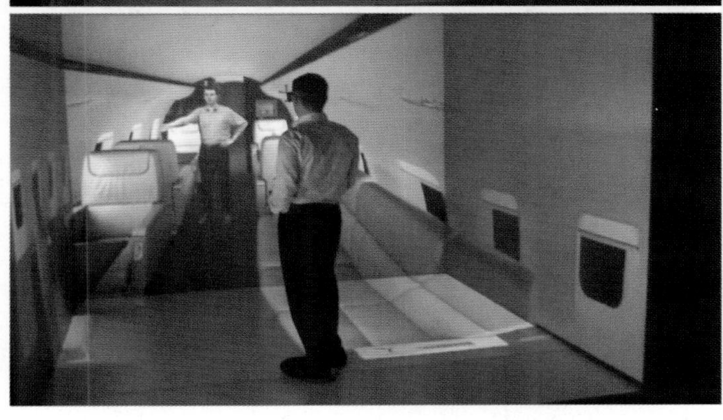

图 4－22　沉浸式虚拟现实

在虚拟现实中检验产品，需要设计师凭借经验来分析设计的合理性与不足，并进行相应的调整。

4.5 由概念到设计实现

将无形的、意识的设计概念转化为有形的、视觉的产品，需要通过技术性的工作，即我们常说的设计表现，包括三维建模、效果图渲染表现以及样机模型的制作。

4.5.1 数字化建模

概念设计最终的实现，需要通过设计师与工程师的共同合作。在设计方案确定后，经过参数化的建模，表达产品的结构和细节，实现设计师与工程师之间的沟通，最终制作出产品的模型。三维建模不仅仅是制作的过程，同时也要通过建模对产品的形态和细节进行进一步的推敲和修改，使产品在视觉上更加趋于完美。

图 4-23

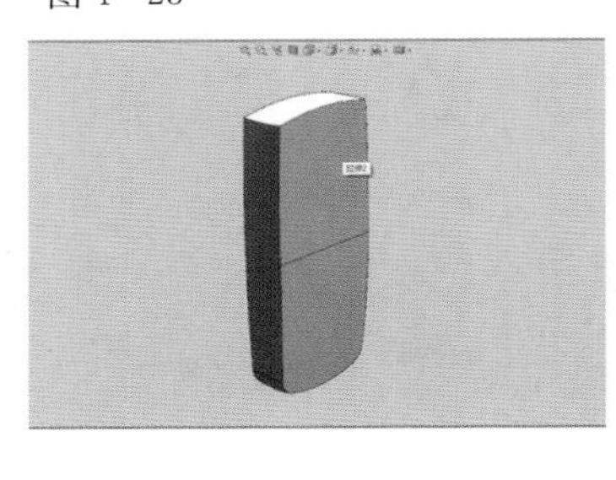
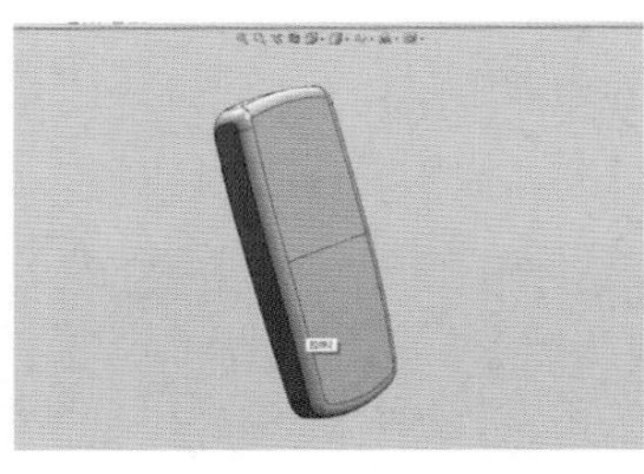
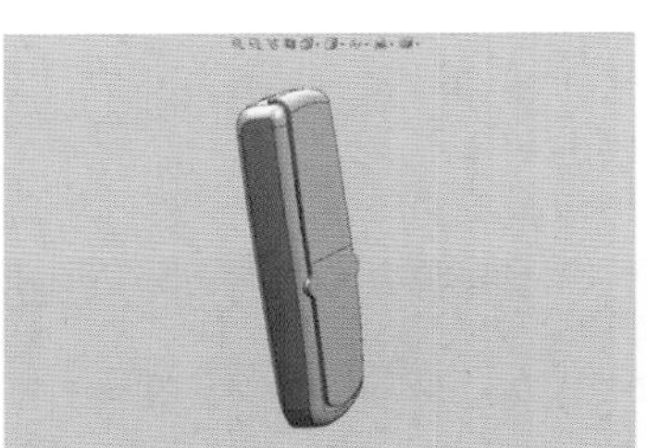
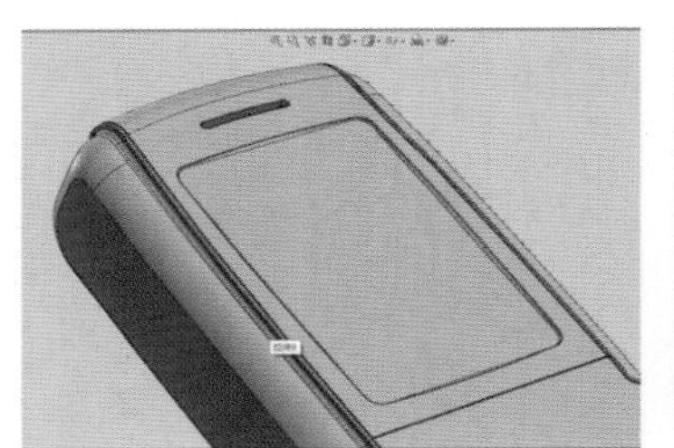
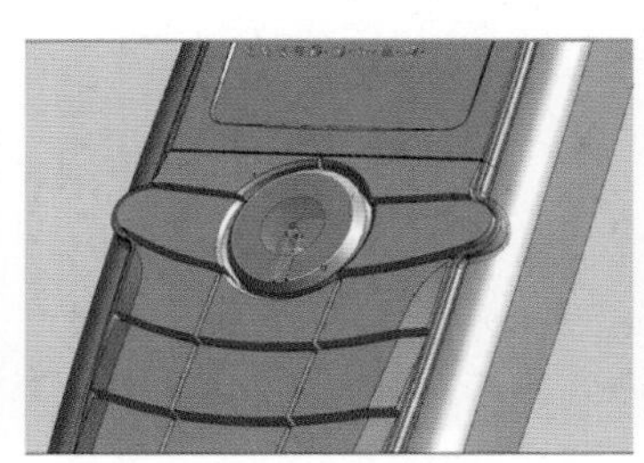
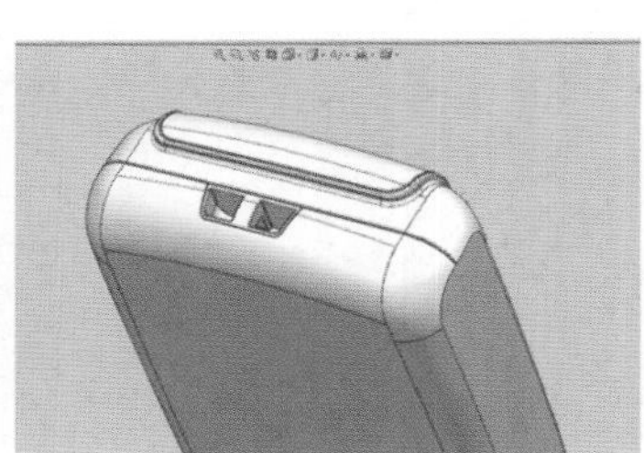
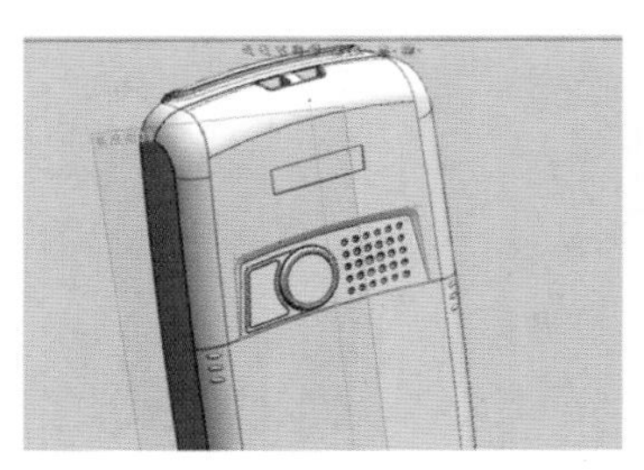
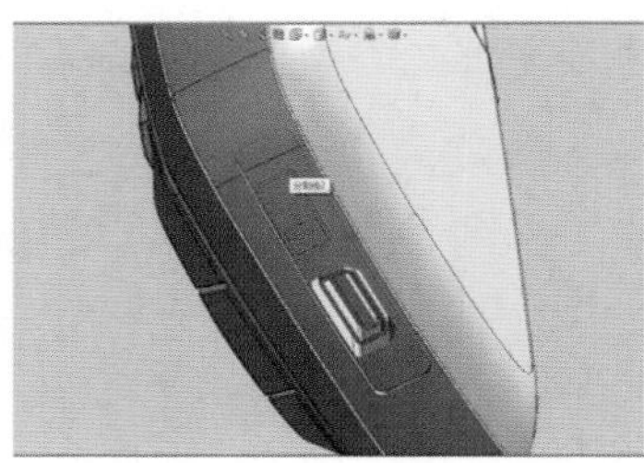
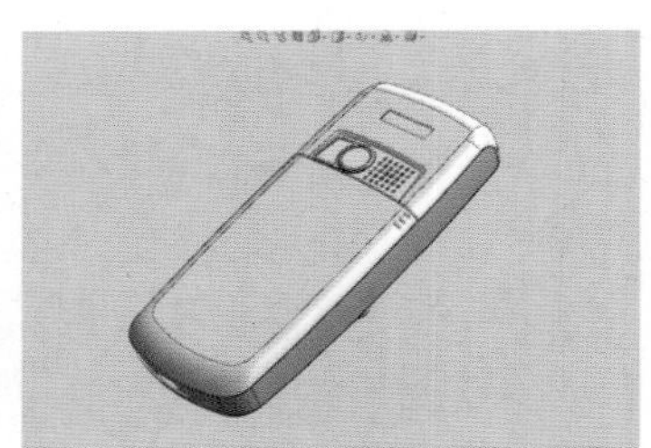

4.5.2　样机模型制作

由于概念设计往往并不用于生产，因此，样机模型的制作通常就是设计的最后一个环节。样机的制作使概念设计以真实的姿态出现在人们面前，使概念更具说服力。样机的制作是对产品设计最具体化的表达，是对前面所有过程的验证，通过制作样机模型，可以对产品的外观形态、功能结构、色彩材质以及具体的细节进行推敲和检验，便于发现和解决设计中出现的问题。

图 4－25　CNC 手板

样机模型制作的主要方法有：手工制作、激光快速成型(RP 手板)、数控加工中心加工(CNC 手板)。

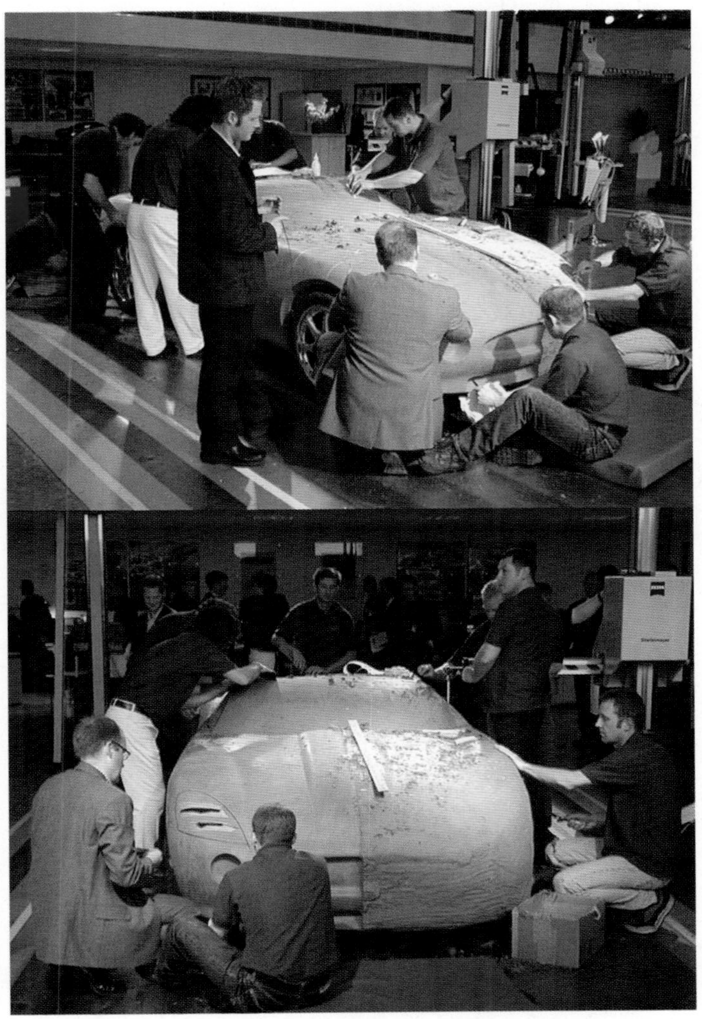

图 4－24　油泥模型

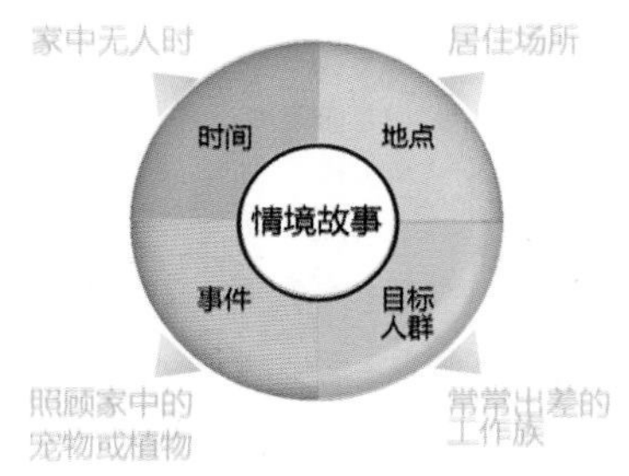

图 4-26

4.6 概念产品开发实例

下面通过几组实际的案例，来进一步了解概念设计流程在实际设计中的应用。

案例一：智能花盆设计(学生：苏阳；指导教师：李雪松)

(情境故事)在提出设计概念前，虚拟出一个情境故事。这个情境故事首先以家居环境为背景，在这个环境中，设定一些人们日常要做的家务。将环境中的人群划分为经常在家和不常在家两类。进而细化其中的事件，从中发现问题，提出设计概念。

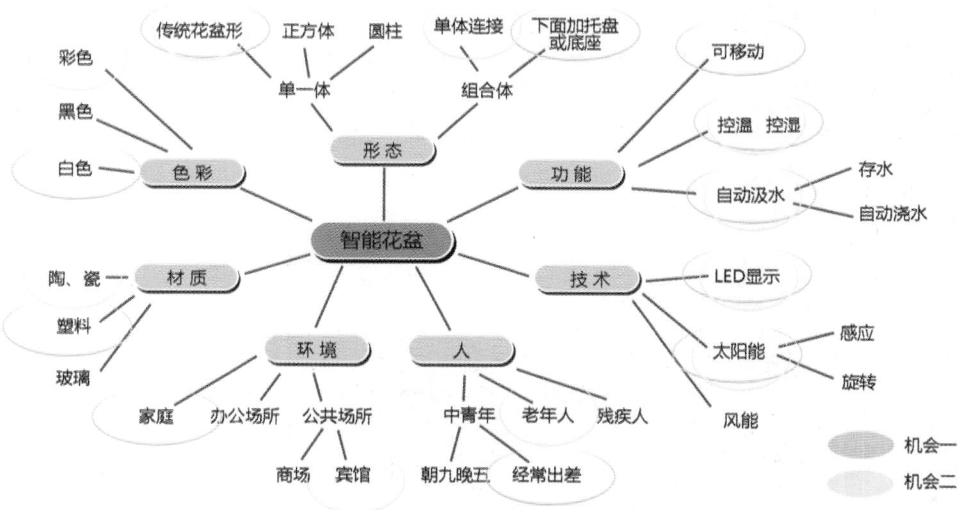

图 4-27 思维导图

设计者虚拟出一个经常出差的人士的家。从中发现家中植物无人照料的问题，从而得出设计一个能够代替人来照顾植物的智能花盆的设计概念。

	标准	机会一	机会二
形态	4	4	3
功能	5	5	5
技术	5	5	5
材质	3	4	3
色彩	2	3	2
环境	4	4	4
人	4	5	3
合计	27	30	25

图 4-28 机会分析

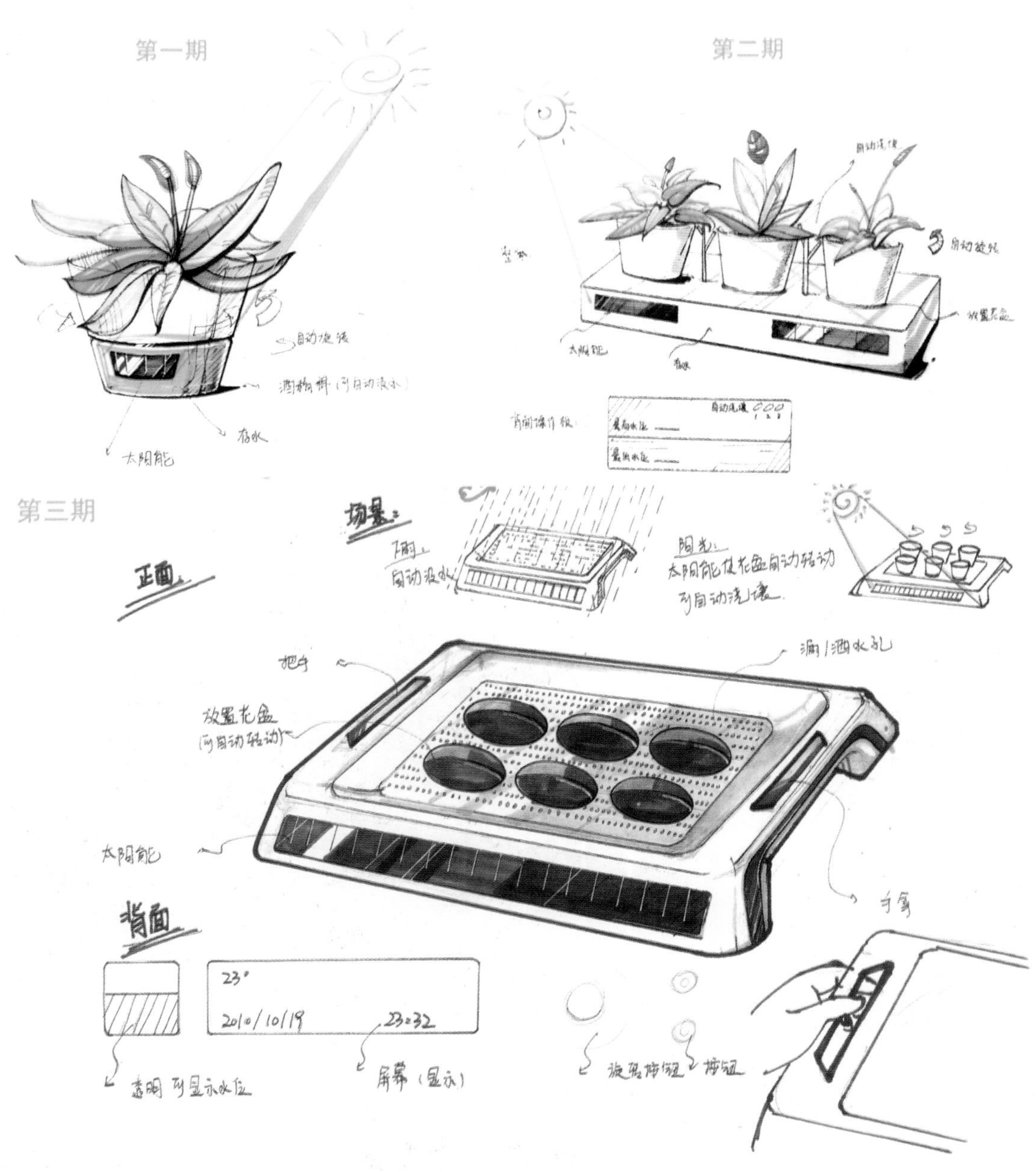

图 4 - 29　构思草图

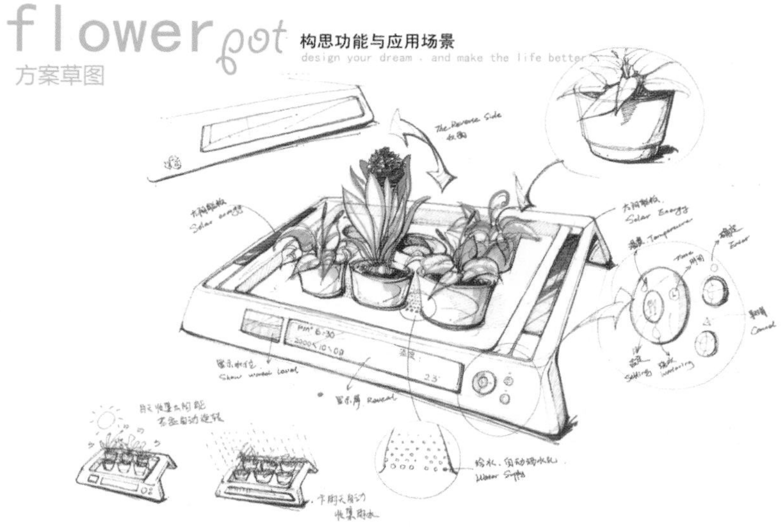

图 4 - 30　方案草图

图 4 - 31　预想图

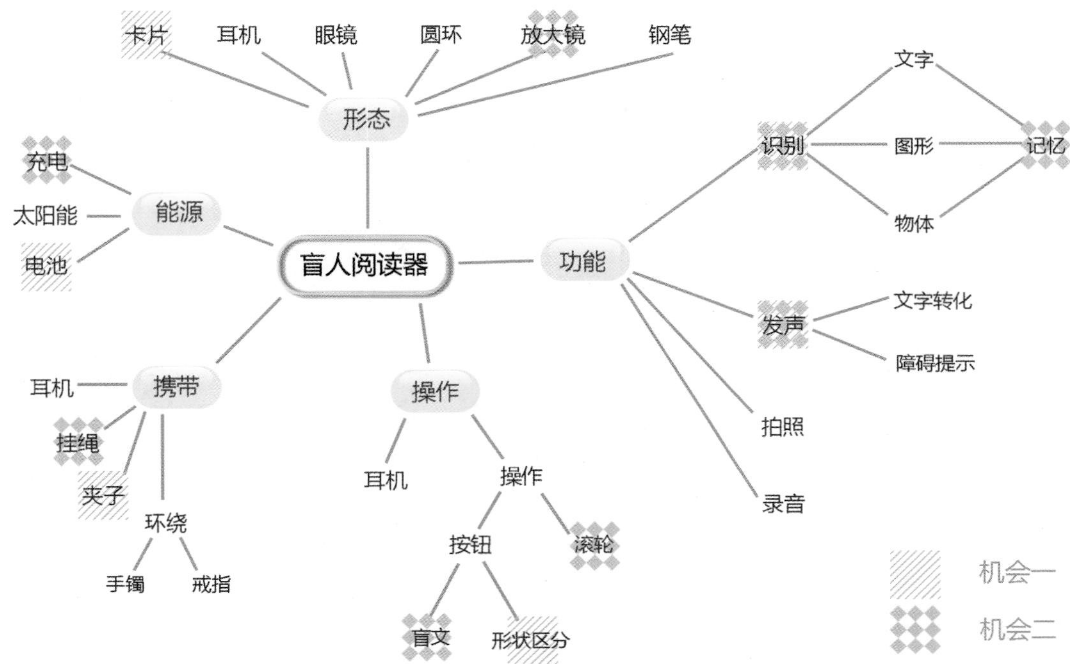

图 4-32 思维导图

通过三个阶段的构思草图,形成设计方案。

通过方案草图,解释设计的细节。包括使用方式、显示方式、按键的位置等。

通过电脑预想图表现产品最终要达到的预期效果。

这个智能花盆设计,一改传统花盆色彩单一、形状单一、功能较少,特别是需要养花人时时看管的局限。应用太阳能技术,节能环保。考虑到植物趋光的特性,在设计中加入了自动旋转的功能,避免室内花草向阳长歪;凹槽的设计可以收集雨水或储存水,在需要时喷洒浇灌。

案例二:盲人阅读器(学生:许兆亮;指导教师:李雪松)

这个设计方案是在残奥会进行期间提出的,当无数感动瞬间出现在眼前时,设计者想到,能为这些残疾人做些什么?如何让他们的生活更接近正常人。同时,两条新闻也引起了作者的注意:一是,盲人按摩院一天收到 500 元的假币;二是,盲人高考答卷困难,问题很多,于是作者将设计的目标人群确定为盲人。

进而针对盲人的特点,设计者提出了如下的问题:

① 盲人由于眼睛看不见,所以有很多东西无法像正常人一样识别。

② 盲人走路很难记住方向,也很难确认前方是否有障碍。

	标准	机会一	机会二
形态	2	2	3
功能	3	3	3
操作	3	2	3
携带	2	3	2
能源	2	1	2
合计		27	32

图 4-33 机会分析

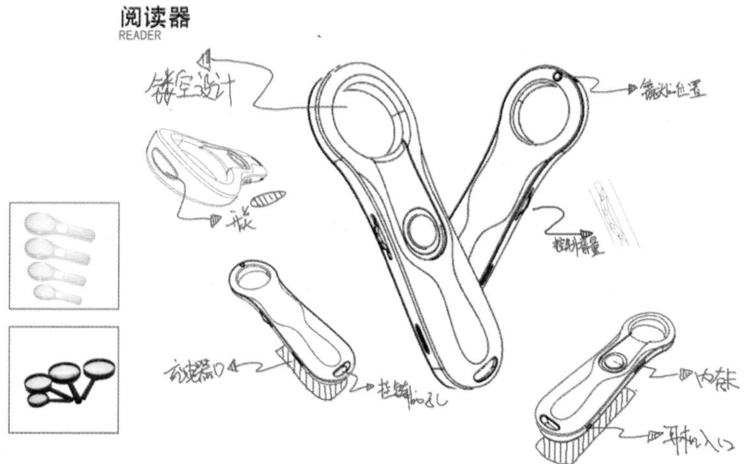

图 4-34 方案草图

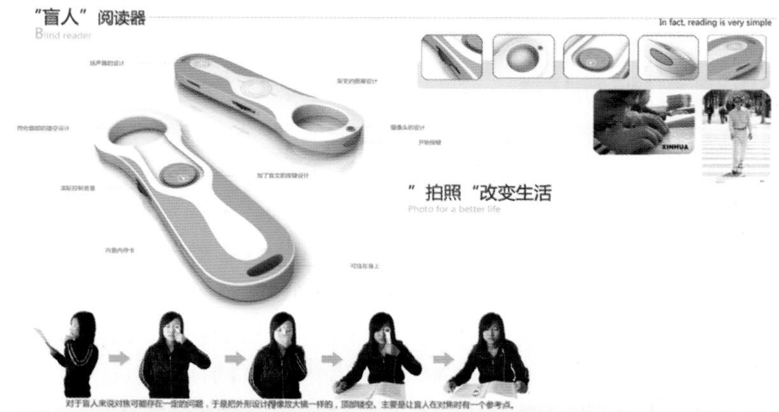

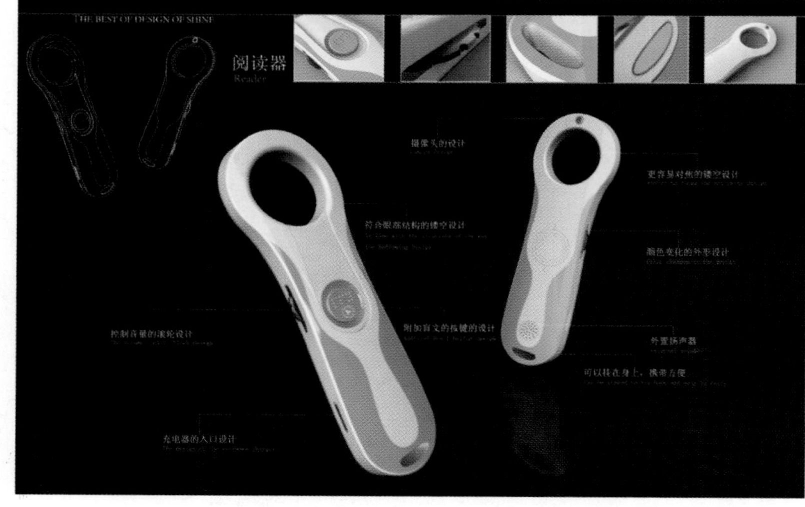

图 4-35 预想图

③ 盲人读书必须使用盲文，但盲文书籍有限，并且造价比较高。

④ 盲人的书写比较困难，特别是无法检查自己写的内容是否正确。

基于上述的情境背景，设计者提出了“盲人阅读器”的设计概念。希望可以通过某种方式使印在纸上的文字被盲人所感知。无论盲人走到哪里，只要有文字的地方，都可以使用这种方式来阅读。在得到设计概念之后，通过思维导图寻找设计的机会。

根据确定的机会，将关键词转化成形象，绘制方案草图。

案例三：概念工程车设计（设计：岳广鹏，杜海滨）

仿生多功能工程车主要针对特殊的工作环境，从仿生学角度作为切入点。该车的工作特点与地表昆虫生活习

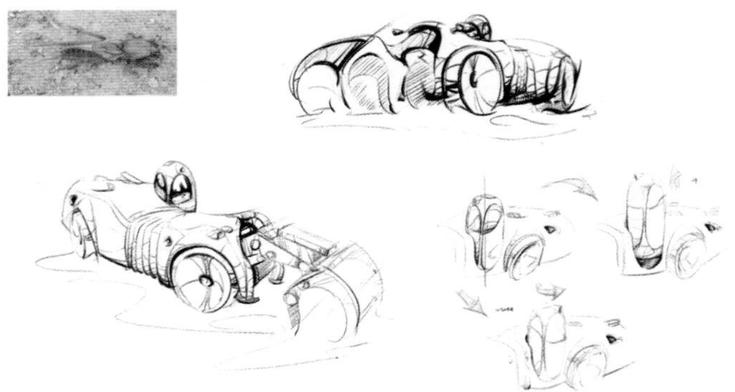

图 4－36

性十分相近，所以车身的曲面形态，酷似“蝼蛄”。它结合多功能整合模块的方式，提出全新的设计方案。可更换的功能套件，可使它在特定的环境中完成复杂的工作，更换功能模块，结构简单易行。车身连接处类似“手风琴”的可伸缩结构，可有效缩小该车的转弯半径。驾驶室可进行中心 360 度旋转及垂直升降，以便在狭长隧道里轻松完成前后行进、转弯、作业等操作。独特的天窗设计可提供给操作者最大限度的可视范围，这些都是人性化设计的突出体现。流线化的车身、仿生的进气格栅，打破了以往工程车呆板笨拙的形态，使工程车不再有拒人千里之外的机械感，同时使整车空间得到了大幅度的提升。

4.7 练习题

1. 概念设计在狭义和广义上的分别是什么？

2. 运用情境故事法，以“上学路上”为题，虚拟使用情景，发现设计机会。

3. 将练习 2 中得出的设计机会转化为概念设计方案。

第五章　常用设计数据及资料

5.1　常用人体尺寸数据

5.1.1　人体测量数据术语

1. 人体测量学：通过测量人体各部位尺寸来确定个体之间和群体之间在人体尺寸上的差别，用以研究人的形态特征，为各种工业设计和工程设计提供人体尺寸测量数据。

2. 适应域：统计学的置信区间，一个设计只能取一定的人体尺寸范围(适应范围)，即只考虑整个分布的一部分“面积”，称为适应域。

3. 人体测量尺寸

静态尺寸：是被测者身体在确定的静止状态下，固定(静止)位置时测量得到的尺寸，即人体构造上的尺寸。它包括骨骼尺寸(关节中心点之间，如肘和手腕之间)，或者轮廓尺寸(皮肤表面尺寸，如头围)。静态尺寸强调人与物间的物理距离，用以设计工作区间大小，确定佩带类产品尺寸。

动态尺寸：这些尺寸是被测者身体在进行某种物理活动时，对运动着的人体进行测量得到的，即人在工作姿势下或在某种操作活动状态下测量的尺寸。在多数物理活动中(无论是操纵一个方向盘，还是伸过桌子去拿盐)，身体的各个部分相互协调。动态尺寸强调身体各部位间的动作关系，用以确定工作位置的活动空间。

4. 满足度：是指所设计的产品在尺寸上能满足合适地使用它的用户与目标用户总体的比，通常以百分率表示。一个合适的满足度的确定主要根据设计该种产品所依据的目标用户总体的人体尺寸的变异性，生产该种产品时技术上的可能性以及经济上的合理性来综合考虑的。

5. 百分位：是指分布的横坐标用百分比来表示所得到的位置。用百分位可表示“适应域”。一个设计只能取一定的人体尺寸范围，这部分人只占整个分布的一部分“域”，称为适应域。如百分位 5%～95%之间的范围则表示适应域是 90%。百分位由百分比表示，称为“第几百分位”，如 50%称为第 50 百分位。

6. 百分位数：是指百分位对应的数值，在人体尺寸中就是测量值，即百分位数是某百分比 K 的测量参数所对应的数值，以符号 PK 表示。P1，P5，P10 为小百分位数；P90，P95，P99 为大百分位数；P50 为中百分位数。百分位数将群体或样本的全部测量值分成两部分，有 K%的测量值等于和小于它，有(100－K)%的测量值大于它。例如男性身高分布的第 5 百分位数为 1 583 mm(即 K＝5)，表明有 5% 的男性身高等于或低于这个高度。有(100—5)%，即 95%的男性的身高大于这个高度。

5.1.2 人体测量数据的应用原则

人体测量数据应用于具体的设计问题时一般有 3 个原则，每一个原则都适用于不同类型的情况。

1. 极限尺寸设计原则

极限尺寸设计原则是指根据设计目的，选择最大或最小人体尺度，以某种人体尺寸极限作为设计参数的设计原则。

(1) 最大尺寸设计原则

在设计时，具体的尺寸或者特性是一个限制因素，这个限制因素规定了对象总体变量或者特性的最大或者最小值。它会影响一些人对设施的使用。因此，应该尽量去容纳所有(或者几乎所有)涉及的群体。通常，我们有足够的理由去容纳大多数，但并非 100%的对象总体。比较实际的是用第 95 百分位的相关群体的分布作为最大设计参数。当第 95 百分位界限外的人使用会危及安全健康，增加事故危险，应扩大到第 99 百分位，如紧急出口。即在应用最大尺寸原则时，考虑设计的最小尺寸参考选择人体尺寸的高百分位数，以满足更多人群的使用。

(2) 最小尺寸设计原则

在设计时，设计给定的低值尺寸应该容纳所有(或者几乎所有)的群体，那么恰当的策略是根据最小对象总体值进行设计。例如，控制键到操作员的距离、安防用栏杆，以及操纵控制器所需要的力。以第 5 百分位的相关群体的分布作为设计参数。当此界限外的人使用会危及安全健康，增加事故危险，应扩大到第1百分位，如人与紧急制动杆的距离。即在应用最小尺寸原则时，考虑设计的最大尺寸参考选择人体尺寸的低百分位数，以满足更多人群的使用。

2. 可调范围尺寸设计原则

设备和设施的某些特性可以因使用它的个体而进行调整。这种情况下，设计优先采用可调式结构，即选用的尺寸一般应在从第5百分位到第95百分位之间可调。

例如，汽车坐椅、办公椅、桌面高度等，在设计这些产品的时候，常用的办法是提供可调整的范围，为了最大限度地满足更多的人群使用，将涵盖第5百分位女性到第95百分位男性的相关对象总体的特性。如果在尽量容纳极限情况(即100%的对象总体)时有技术问题，那么使用这样的一个范围是很恰当的。通常，容纳极值所遇到的技术问题与所得益处并不成比例。注意，使用第5百分位女性到第95百分位男性这样一个范围，将容纳超过90%的适用人群。总的来说，设计一个使第5百分位到第95百分位间的所有人都可适用的产品，采用可调范围尺寸设计原则是优先考虑的设计方法。

3. 平均尺寸设计原则

指在设计中采用平均尺寸计算，即用平均值进行设计。当我们应用这个原则的时候，应该知道，首先，没有"平均"的个体。一个人也许在一个或者两个身体尺寸上处于平均值，但是实际上几乎不可能找到拥有全部平均尺寸的人。这并非说人们就不应该根据平均值进行设计。恰恰相反，对情况的全面分析可以证明，在非关键工作时平均值是可以接受的。

平均值设计仅仅应该在认真考虑情况后才应用，并非权宜之计。例如，门铃、插座、开关、收银台等的高度就是以第50百分位人体尺寸为设计依据的。

5.1.3 人体测量数据在产品设计中的应用步骤

5.1.3.1 确定预期的用户人群

设计只能取一定的人体尺寸范围(适应范围)，即适应域。开发计划阶段，定位设计用户，了解有关用户特征的信息——被调查的用户和预期用户群体之间的相似性。适应域的范围是能否合适取得人体测量数据的重要保证。特别是为短期内测量数据变化巨大的儿童设计产品时还必须细心掌握用户的年龄，有时甚至以天为单位。

5.1.3.2 识别与产品设计相关的人体尺寸

通常如果设计师明确产品的使用方式，要识别与产品设计相关的人体尺寸并不困难。表 5－1 列举了几类产品的人体测量学相关尺寸。

表 5－1 几类产品的人体测量学相关尺寸

产品	相关尺寸
汽车	坐高(挺直)、坐姿眼高、肩宽、胸高、前臂长、臂宽以及手和脚的各部位动态尺寸；极限功能尺寸(臂和脚)、最佳视角等
自行车	手宽、脚宽、前臂宽、臂宽、胯宽以及相关的动态尺寸：臂的功能极限尺寸、脚的机能极限尺寸等
计算机终端	坐姿眼高、指宽动态：最佳视角、手指的功能极限尺寸(键盘输入)、臂的功能极限尺寸(触摸屏)等
潜水罩	脸部宽度、两眼的宽度、头围等
手持式计算器	手掌宽、手掌长、手长等
割草机	肘高和指尖高(立姿)、前臀宽等
办公桌椅	体重、肘的高度、膝高、臀宽(坐姿)、股骨长度、膝盖的高度等
立体声听筒	耳长、耳宽、耳郭凸出程度等

5.1.3.3 确定所设计产品的类型

1. Ⅰ型产品尺寸设计(又称“双限值设计”)

对应于可调范围尺寸设计原则，这类产品的尺寸在进行设计时，需要一个大百分位数的人体尺寸和一个小百分位数的人体尺寸分别作为产品尺寸设计的上下限值的依据，则属于Ⅰ型产品尺寸设计。

2. Ⅱ型产品尺寸设计(又称“单限值设计”)

对应于极限尺寸设计原则，这类产品的尺寸在进行设计时，只需要一个人体尺寸百分位数作为产品尺寸设计极限值的依据，则属于Ⅱ型产品尺寸设计。

(1) ⅡA 型产品尺寸设计

对应于最大尺寸设计原则，若这类产品的尺寸只要能适合身材高大者需要，就肯定也能适合身材矮小者需要的，就属于ⅡA 型产品尺寸设计，因此只需要一个大百分位数的人体尺寸，作为产品尺寸设计上限值的依据就行了。

（2）ⅡB 型产品尺寸设计

对应于最小尺寸设计原则，若这类产品的尺寸只要能适合身材矮小者需要，就肯定也能适合身材高大者需要的，就属于ⅡB 型产品尺寸设计，因此只需要一个小百分位数的人体尺寸，作为产品尺寸设计下限值的依据就行了。

3. Ⅲ型产品尺寸设计（又称“平均值设计”）

对应于平均尺寸设计原则，当产品尺寸与使用者的身材大小关系不大，或虽有一些关系，但要分别予以适应却有其他种种方面的不适宜，则用 50 百分位数的人体尺寸作为产品尺寸设计的依据，这类产品则属于Ⅲ型产品尺寸设计。

5.1.3.4 选择合适的预期目标及用户的满足度

对于每一项设计总希望能够完美地适应所有人员，但在实际上这是不可能的。出于经济的考虑，常常确保其 90％的满足度。如果可能的话，设计师应尽量取到 95％～98％。在选择人体尺寸百分位数时可按产品的重要程度来确定，包括涉及人的健康、安全的产品和一般工业产品两个等级。在不涉及使用者健康和安全时，选用适当偏离极端百分位的第 5 百分位和第 95 百分位作为界限值较为合适，以便简化加工制造、降低成本。而当身体尺寸在界限以外的人使用，会危害其健康或增加事故危险时，其尺寸界限则应扩大到第 1 百分位和第 99 百分位，从而保证几乎所有人使用方便、安全。具体见表 5－2。

表 5－2 预期目标及用户的满足度

产品类型	产品等级	百分位数选择	满意度(％)
Ⅰ型	涉及健康安全	P90、P1 作上、下限	98
	一般工业产品	P95、P5 作上、下限	90
ⅠA 型	涉及健康安全	P90、P95 作上限	99 或 95
	一般工业产品	P90 作上限	90
ⅡB 型	涉及健康安全	P1、P5 作下限	99 或 95
	一般工业产品	P10 作下限	90
Ⅲ型	一般工业产品	P50	通用
成年男女通用	一般工业产品	男 P90、P 95 或 P90 上限	通用

5.1.3.5 获取正确的人体测量数据表并找出需要的基本数据

设计细节中关键人体测量数据的选择依据需要因时因地的(针对具体情况)分析。如适应域宽的人体测量数据往往不适合用作特种产品、安全产品的尺寸设计依据。因为这类数据通常不包括一般人群的极端情况(如特别高或特别矮的个子)。

表5-3 设计细节中的关键人体测量数据的选择依据

项目	选取针对适应群的人体尺寸	注释
通道入口	应取允许95%的男性通过的高度	其余5%的高个可低下头通过
应急出口舱门	其宽度应允许99%的男性使用	应考虑通行者的穿着,这里的宽度如取平均值,会使50%的人无法通行
控制板(非紧要的)	各旋钮间隔应允许90%的男性使用	如戴手套操作,各旋钮间距应留得更大
仅允许旋凿进入的孔眼	其孔径应取最小,只有1%的男性手指可通过	设计应确保不让人的手指插入这样的孔眼

5.1.3.6 确定各种影响因素,对基本数据予以修正。

确定各种影响因素,并对得到的基本数据予以修正。主要包括穿着修正量、姿势修正量、操作修正量以及心理修正量。

1) 着装修正:大部分人体测量数据常取自衣着单薄的对象。但在具体设计中,还必须考虑操作者的实际衣着和他们所佩戴或携带的其他设备。因此必须给这部分着装以及附加物留有余量。另外在某些场合还应该考虑紧急情况下的条件。如在应急时动用的疏散通道,就必须考虑在必要时允许穿戴防护头盔、特种服装或携带氧气瓶、太平斧的救援人员通过。

2) 姿势修正量:应考虑由于姿势不同而引起的变化量,因为人体测量数据是在标准的立姿和坐姿下获得的,但实际上人们正常工作生活时,全身是采取自然放松的姿势,所以应考虑这种情况下引起的人体尺寸变化,如对姿势修正量的常用数据是:立姿时的身高、眼高-10 mm,坐姿时的坐高,眼高-44 mm。

3）操作修正量：应考虑实现产品不同操作功能所需的修正量，即操作修正量。如考虑操作功能修正量时，应以上肢前展长为依据，而上肢前展长是后背至中指尖点的距离，因而对操作不同功能的控制器应作不同的修正，如对按按钮开关可－12 mm；对推滑板推钮、搬动搬钮开关则－25 mm；在取卡片、票证时－20 mm 等。

4）心理修正量：有时还要考虑心理修正量，是为了克服人们心理上产生的“空间压抑感”、“高度恐惧感”等心理感受，或者为了满足人们“求美”、“求奇”等心理需求，在产品最小功能尺寸上附加一项增量，称为心理修正量。

表 5－4 提供了在采用基本的人体测量学数据后，由于着装因素所必须考虑的一般调整量。

表 5－4

身体部位	轻装夏装	冬装外套	轻便劳动服靴子和头盔
身高	25—40	15—40	70
坐眼高	3	10	3
大腿厚	13	25	8
脚长	30—40	40	40
脚宽	13—20	13—25	25
后跟高	15—40	25—40	35
头长	—	—	100
头宽	—	—	105
肩宽	13	50—75	8
臀宽	12	50—75	8

注：表中数据为穿着衣服后男性身体各部分增加的尺寸(mm)

5.1.4　常用人体测量尺寸数据

本小节人体测量尺寸数据引用标准 GB 10000—88。

5.1.4.1　人体主要尺寸

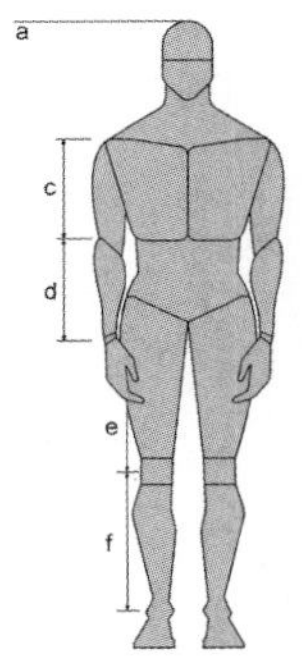

图 5－1　人体主要尺寸测量项目

表 5-5 人体主要尺寸(男)mm

测量项目 \ 年龄分组 / 百分位数	18—60 岁				18—25 岁				26—35 岁				36—60 岁			
	1	50	90	99	1	50	90	99	1	50	90	99	1	50	90	99
a. 身高	1543	1678	1754	1814	1554	1686	1764	1830	1545	1683	1755	1815	1533	1667	1739	1798
b. 体重 kg	44	59	71	83	43	57	66	78	45	59	70	80	45	61	74	85
c. 上臂长	279	313	333	349	279	313	333	350	280	314	333	349	278	313	331	348
d. 前臂长	206	237	253	268	207	237	254	269	205	237	253	268	206	235	252	267
e. 大腿长	413	465	495	523	415	469	500	532	414	466	495	521	411	462	492	518
f. 小腿长	324	369	396	419	327	372	399	421	324	370	397	420	322	367	393	416

表 5-6 人体主要尺寸(女)mm

测量项目 \ 年龄分组 / 百分位数	18—55 岁				18—25 岁				26—35 岁				36—55 岁			
	1	50	90	99	1	50	90	99	1	50	90	99	1	50	90	99
a. 身高	1449	1570	1640	1697	1457	1580	1647	1709	1449	1572	1642	1698	1445	1560	1627	1683
b. 体重 kg	39	52	63	74	38	49	57	66	39	51	62	72	40	55	66	76
c. 上臂长	252	284	303	319	253	286	304	319	253	285	304	320	251	282	301	317
d. 前臂长	185	213	229	242	187	214	229	243	184	214	229	243	185	213	229	241
e. 大腿长	387	438	467	494	391	441	470	496	385	438	467	493	384	434	463	489
f. 小腿长	300	344	370	390	301	346	371	395	299	344	370	389	300	341	367	388

5.1.4.2 立姿人体尺寸

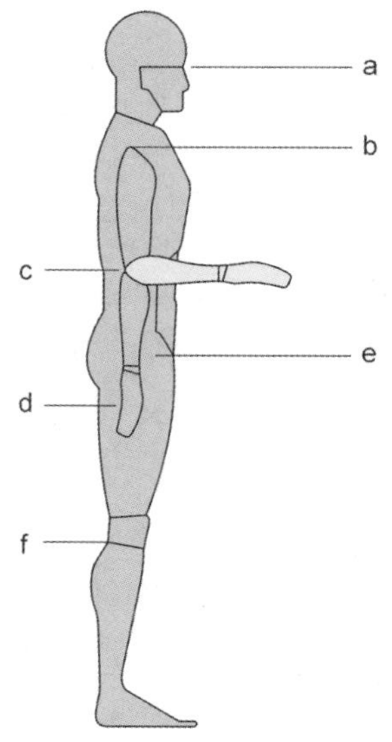

图 5-2 人体立姿尺寸测量项目

表 5-7　立姿人体尺寸(男)mm

测量项目 \ 百分位数 \ 年龄分组	18—60 岁				18—25 岁				26—35 岁				36—60 岁			
	1	50	90	99	1	50	90	99	1	50	90	99	1	50	90	99
a. 眼高	1463	1568	1643	1705	1444	1576	1653	1714	1437	1572	1645	1705	1429	1558	1629	1689
b. 肩高	1244	1367	1435	1494	1245	1372	1442	1507	1244	1369	1438	1496	1241	1360	1426	1482
c. 肘高	925	1024	1079	1128	929	1028	1088	1140	925	1026	1081	1128	921	1019	1072	1119
d. 手功能高	656	741	787	828	659	745	792	831	658	742	789	828	651	736	782	818
e. 会阴高	701	790	840	887	707	796	848	895	703	792	841	886	700	784	832	875
f. 胫骨点高	394	444	472	498	397	446	475	500	394	444	473	498	392	441	469	493

表 5-8　立姿人体尺寸(女)mm

测量项目 \ 百分位数 \ 年龄分组	18—55 岁				18—25 岁				26—35 岁				36—55 岁			
	1	50	90	99	1	50	90	99	1	50	90	99	1	50	90	99
a. 眼高	1337	1454	1522	1579	1341	1463	1529	1588	1335	1455	1524	1581	1333	1443	1510	1561
b. 肩高	1166	1271	1333	1385	1172	1276	1336	1393	1166	1273	1335	1385	1163	1265	1325	1376
c. 肘高	873	960	1009	1050	877	965	1013	1060	873	961	1010	1048	871	956	1004	1042
d. 手功能高	630	704	746	778	633	707	749	784	628	704	746	778	628	700	742	775
e. 会阴高	648	732	779	819	653	783	782	827	647	732	780	819	646	726	771	810
f. 胫骨点高	363	410	437	459	366	412	439	463	362	410	438	460	363	407	433	456

5.1.4.3　坐姿人体尺寸

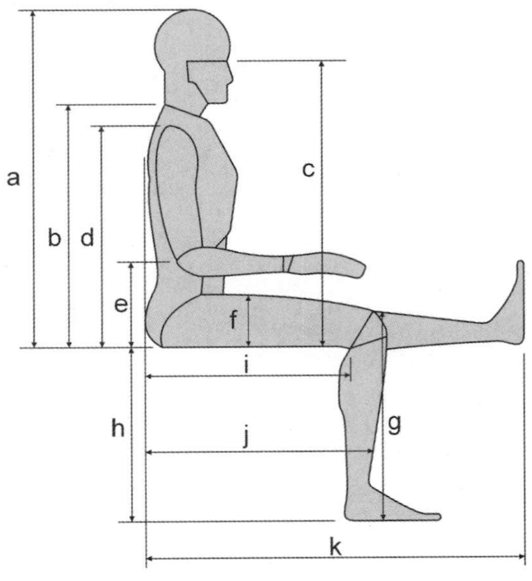

图 5-3　人体坐姿尺寸测量项目

表 5-9 坐姿人体尺寸(男)mm

年龄分组 / 百分位数 / 测量项目	18—60 岁				18—25 岁				26—35 岁				36—60 岁			
	1	50	90	99	1	50	90	99	1	50	90	99	1	50	90	99
a. 坐高	836	908	947	979	840	910	951	984	839	911	948	983	832	904	940	973
b. 坐姿颈椎点高	599	657	691	719	596	655	691	718	600	659	692	722	599	658	691	719
c. 坐姿眼高	729	798	836	868	732	801	540	868	733	801	837	873	724	795	832	864
d. 坐姿肩高	539	598	631	659	538	597	631	658	539	600	633	660	538	597	630	657
e. 坐姿肘高	214	263	291	312	215	261	289	311	217	264	291	313	210	263	292	313
f. 坐姿大腿厚	103	130	146	160	106	130	144	156	102	130	147	160	102	131	148	163
g. 坐姿膝高	441	493	523	549	443	497	527	554	441	494	523	553	439	490	518	543
h. 小腿加足高	372	413	439	463	375	417	444	468	373	415	441	462	370	409	435	458
i. 坐深	407	457	486	510	407	457	486	511	405	458	486	510	407	457	486	511
j. 臂膝距	499	554	585	613	500	554	585	615	497	554	586	611	500	554	585	613
k. 坐姿下肢长	892	992	1046	1096	893	992	1050	1100	889	991	1045	1095	892	992	1045	1095

表 5-10 坐姿人体尺寸(女)mm

年龄分组 / 百分位数 / 测量项目	18—55 岁				18—25 岁				26—35 岁				36—55 岁			
	1	50	90	99	1	50	90	99	1	50	90	99	1	50	90	99
a. 坐高	789	855	891	920	793	858	894	924	792	857	893	921	786	851	886	915
b. 坐姿颈椎点高	563	617	648	675	565	618	649	677	563	618	650	677	561	616	647	672
c. 坐姿眼高	678	739	773	803	680	741	774	806	679	740	775	806	674	735	769	796
d. 坐姿肩高	504	556	585	609	503	555	584	608	506	556	587	610	504	555	584	608
e. 坐姿肘高	201	251	277	299	200	249	275	299	204	251	277	298	201	251	279	300
f. 坐姿大腿厚	107	130	146	160	107	129	143	156	107	130	145	160	108	133	149	164
g. 坐姿膝高	410	458	485	507	412	461	487	512	409	458	486	508	409	455	483	503
h. 小腿加足高	331	382	399	417	336	384	402	420	334	383	399	417	327	379	396	412
i. 坐深	388	433	461	485	389	433	460	485	390	434	463	485	386	432	461	487
j. 臂膝距	481	529	561	587	480	529	560	586	481	529	561	590	482	529	562	588
k. 坐姿下肢长	826	912	960	1005	825	914	963	1008	826	912	960	1004	826	909	957	996

5.1.4.4 人体水平尺寸

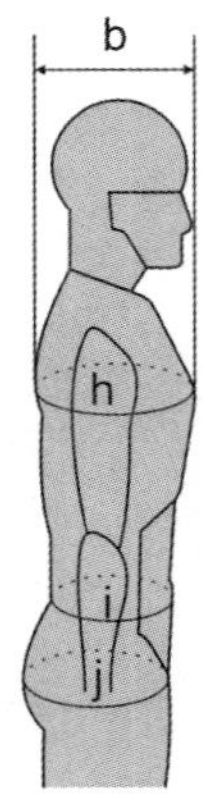

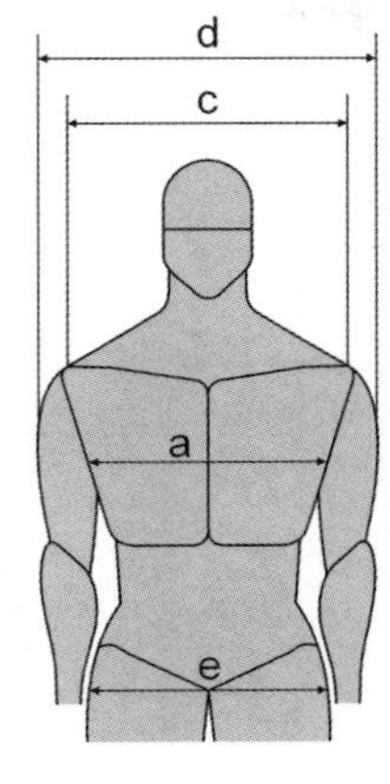

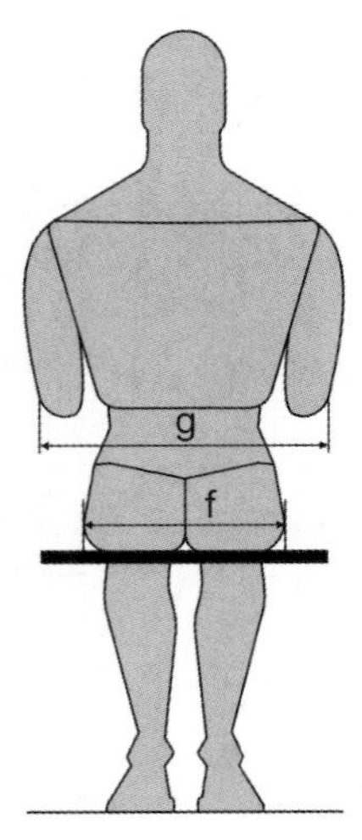

图 5-4 人体水平尺寸测量项目

表 5-11 人体水平尺寸(男)mm

测量项目＼百分位数＼年龄分组	18—60 岁				18—25 岁				26—35 岁				36—60 岁			
	1	50	90	99	1	50	90	99	1	50	90	99	1	50	90	99
a. 胸宽	242	280	307	331	239	275	298	320	244	281	305	327	243	285	313	336
b. 胸厚	176	212	237	261	170	204	223	241	177	212	233	254	181	219	245	266
c. 肩宽	330	375	397	415	331	375	398	417	331	376	398	415	328	373	395	415
d. 最大肩宽	383	431	460	486	380	427	454	482	386	432	469	486	383	433	464	489
e. 臀宽	273	306	327	346	271	302	322	339	272	305	326	344	275	311	332	349
f. 坐姿臀宽	284	321	347	369	281	316	338	360	283	320	344	365	289	327	354	375
g. 坐姿两肘间宽	353	422	473	518	348	410	454	495	353	421	479	513	359	435	485	527
h. 胸围	762	867	944	1018	746	845	908	970	772	869	939	1008	775	885	967	1035
i. 腰围	620	735	859	960	610	702	771	857	625	734	832	921	640	782	900	986
j. 臀围	780	875	948	1009	770	860	915	974	780	874	941	1000	785	895	966	1023

表 5-12 人体水平尺寸(女)mm

年龄分组 百分位数 测量项目	18—55 岁				18—25 岁				26—35 岁				36—55 岁			
	1	50	90	99	1	50	90	99	1	50	90	99	1	50	90	99
a. 胸宽	219	260	289	319	214	253	274	296	221	260	287	313	225	269	301	327
b. 胸厚	159	199	230	260	155	191	215	237	160	198	227	253	166	208	240	268
c. 肩宽	304	351	371	387	302	351	370	386	304	350	372	387	305	350	372	390
d. 最大肩宽	347	397	428	458	342	391	415	439	347	396	426	455	356	405	439	468
e. 臂宽	275	317	340	360	270	311	331	349	277	317	339	358	282	323	345	366
f. 坐姿臂宽	295	344	374	400	289	336	360	382	295	345	372	398	302	353	382	411
g. 坐姿两肘间宽	326	404	460	509	320	384	426	465	331	404	453	500	344	427	481	526
h. 胸围	717	825	919	1005	710	802	865	930	718	823	907	988	724	859	955	1036
i. 腰围	622	772	904	1025	608	724	803	892	636	775	882	993	661	836	962	1060
j. 臂围	795	900	975	1044	790	881	940	994	792	900	970	1030	812	926	1001	1064

5.1.4.5 人体头部尺寸

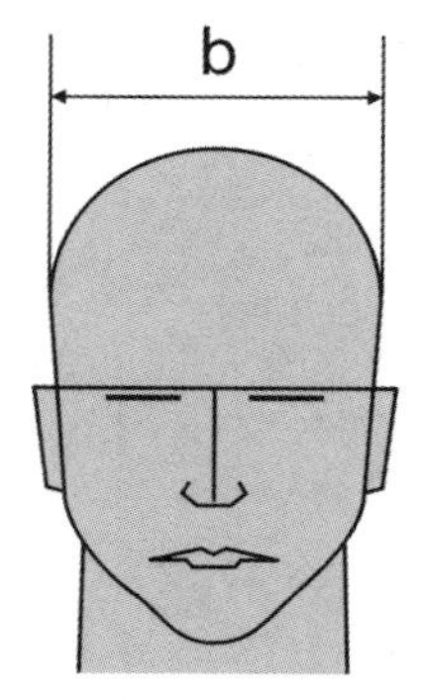

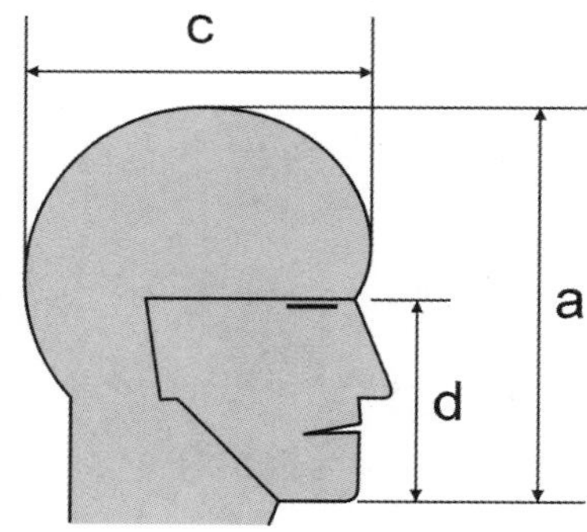

图 5-5 人体头部尺寸测量项目

表 5-13 人体头部尺寸(男)mm

年龄分组 百分位数 测量项目	18—60 岁				18—25 岁				26—35 岁				36—60 岁			
	1	50	90	99	1	50	90	99	1	50	90	99	1	50	90	99
a. 头全高	199	223	237	249	199	224	237	248	198	223	236	249	199	223	237	250
b. 头最大宽	141	154	162	168	142	155	163	169	142	154	162	168	140	153	161	167
c. 头最大长	168	184	192	200	167	182	191	198	168	184	192	199	171	185	194	201
d. 形态面长	104	119	128	135	104	118	127	133	105	119	127	135	105	120	129	136

表 5－14　人体头部尺寸(女)mm

年龄分组 百分位数 测量项目	18—55 岁				18—25 岁				26—35 岁				36—55 岁			
	1	50	90	99	1	50	90	99	1	50	90	99	1	50	90	99
a. 头全高	193	216	228	239	194	216	229	240	194	216	228	239	192	215	227	238
b. 头最大宽	137	149	156	162	138	150	157	163	137	149	156	162	137	149	156	161
c. 头最大长	161	176	184	191	159	174	183	189	161	176	184	190	163	178	186	193
d. 形态面长	97	109	117	123	96	108	115	122	97	109	117	123	98	110	118	124

5.1.4.6　人体手部尺寸

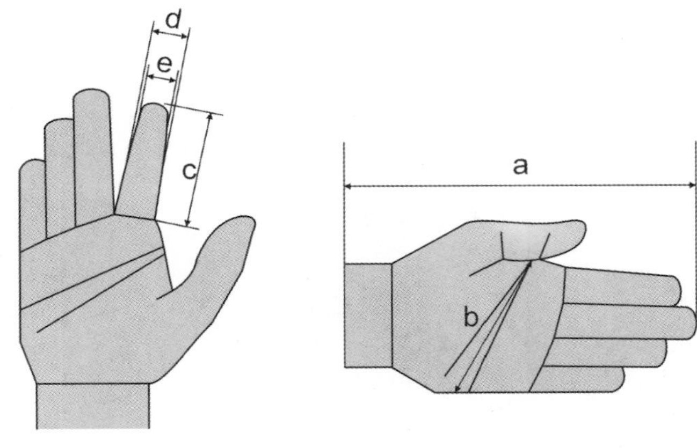

图 5－6　人体手部尺寸测量项目

表 5－15　手部尺寸(男)mm

年龄分组 百分位数 测量项目	18—60 岁				18—25 岁				26—35 岁				36—60 岁			
	1	50	90	99	1	50	90	99	1	50	90	99	1	50	90	99
a. 手长	164	183	193	202	163	182	193	202	165	183	193	202	164	182	193	202
b. 手宽	73	82	87	91	73	82	87	91	74	82	87	92	73	82	87	91
c. 食指长	60	69	74	79	60	69	74	79	61	70	75	73	60	63	74	79
d. 食指近位指关节宽	17	19	20	21	17	19	20	21	17	19	20	21	17	19	20	21
e. 食指远位指关节宽	14	16	17	19	14	16	17	18	14	16	17	19	14	16	18	19

表 5-16 手部尺寸(女)mm

年龄分组 / 百分位数 / 测量项目	18—55岁				18—25岁				26—35岁				36—55岁			
	1	50	90	99	1	50	90	99	1	50	90	99	1	50	90	99
a. 手长	154	171	180	189	154	171	180	188	154	171	181	189	154	171	180	189
b. 手宽	67	76	80	84	67	75	80	83	68	76	81	85	68	76	81	85
c. 食指长	57	66	71	76	57	66	71	75	57	66	71	76	57	66	71	76
d. 食指近位指关节宽	15	17	18	20	15	17	18	19	15	17	18	20	16	17	19	20
e. 食指远位指关节宽	13	15	16	17	13	15	16	17	13	15	16	17	13	15	16	17

5.1.4.7 人体足部尺寸

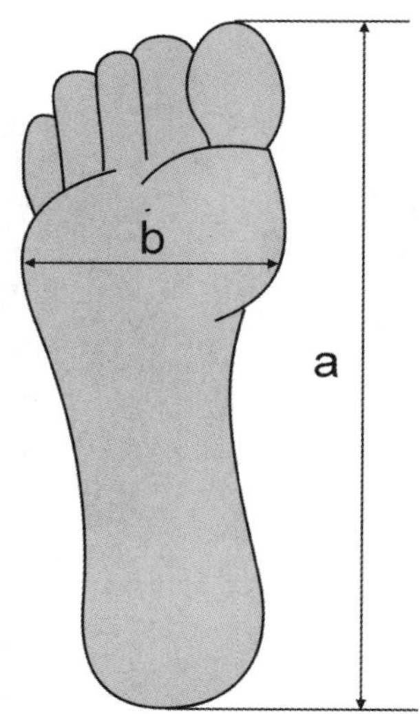

图 5-7 人体足部尺寸测量项目

表 5-17 足部尺寸(男)mm

年龄分组 / 百分位数 / 测量项目	18—60岁				18—25岁				26—35岁				36—60岁			
	1	50	90	99	1	50	90	99	1	50	90	99	1	50	90	99
a. 足长	223	247	260	272	224	247	260	273	223	247	261	271	223	246	259	271
b. 足宽	86	96	102	107	85	95	101	106	86	96	101	106	86	96	102	107

表 5-18 足部尺寸(女)mm

测量项目 \ 百分位数 \ 年龄分组	18—55 岁				18—25 岁				26—35 岁				36—55 岁			
	1	50	90	99	1	50	90	99	1	50	90	99	1	50	90	99
a. 足长	208	229	241	251	208	228	241	251	209	229	241	252	207	228	240	250
b. 足宽	78	88	93	98	78	87	92	97	79	88	93	98	79	88	94	99

5.1.4.8 视野范围

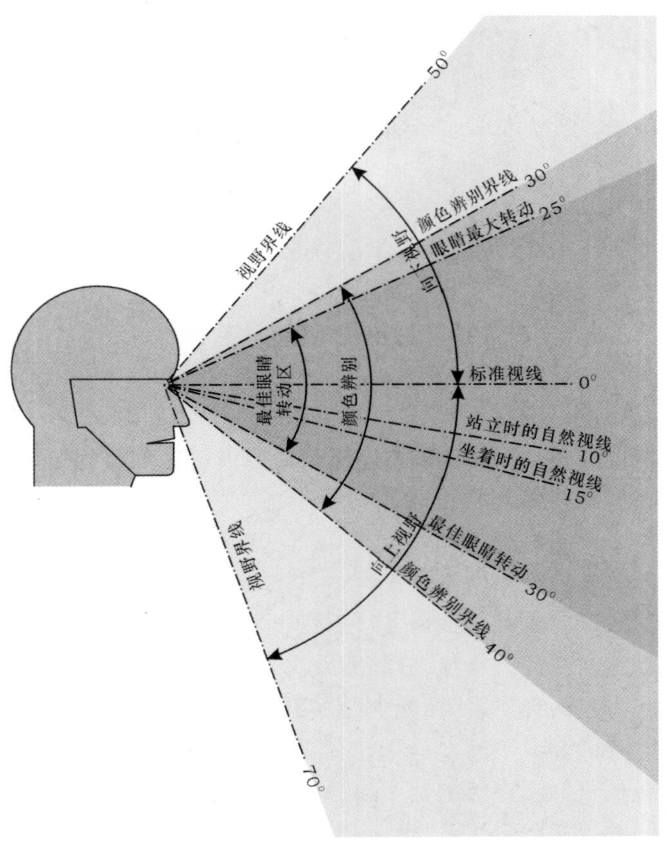

图 5-8 垂直视野

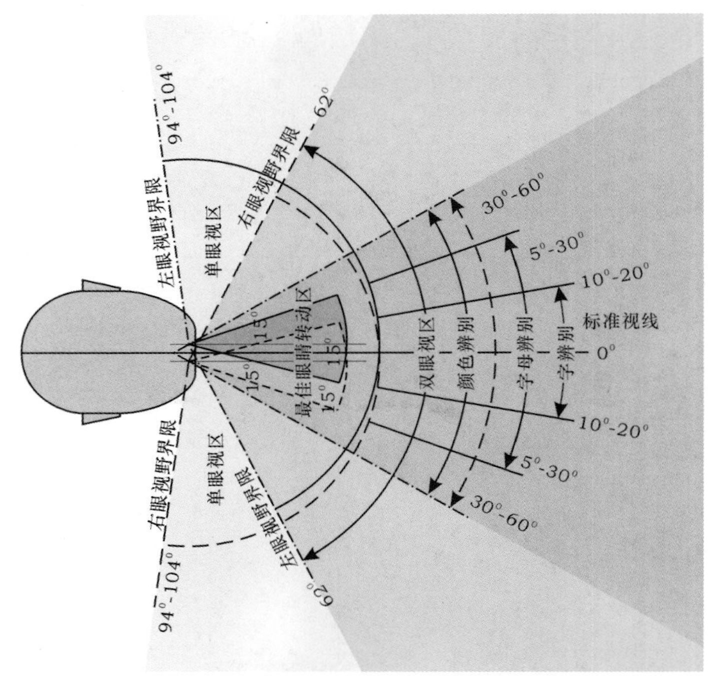

图 5-9 水平视野

5.2 产品造型材料及工艺

产品的材料既是力学构造的承担者，同时又是内在功能的传达者，而所有这些都需要通过一定的材料来表达，不同的材料具备不同的材质美感。工业产品造型设计实际上是各种施加了不同加工方法的材料的组合。材料在过往的产品中所扮演的角色主要是提供力学的支持以及组成产品的结构成分，以使得这个结构产生人们所预设的功能。然而近十年来，技术发展与设计探索使材料不再只是力量的提供者，而能够扮演更多不同的角色。从设计史上我们知道不同设计风格的演变往往与新材料的发展和应用是同步进行的。不同的材料对同一加工方法呈现着不同的视觉特征。或者说，相同的材料也存在着不同的加工方法。各种材料都有其自身的美感要素，产品的美感要素往往来源于对这些材料加工方法的合理使用。因此，作为设计师理解材料，熟知加工方法是整个产品造型活动的基础。

5.2.1 常用的材料

数十年前的产品造型，材料主要以木材和石材为主，后来逐渐开始使用塑料。如今，产品造型在材料应用上有了很大的转变，对于金属、玻璃、人造石材、混合材料等材料的使用越来越广泛，这使得我们只有不断地学习与研究材料及其加工工艺才能做好产品造型的设计工作。在现今产品造型设计中，较常用的材料及其加工工艺如下：

5.2.1.1　木材

木材作为一种天然材料，分布极其广泛，使用最为普遍。由于木材是有机体，是无数大小不同的细胞组成的多孔性物质，其种类及生长环境不同，在生长过程中生成了自然美丽而各不相同的纹理和色泽。木材给人以自然、朴素的亲切感，被认为是最有人性特征的材料。自古以来，木材作为一种优良的造型材料，被广泛应用于家具、建筑、器皿、艺术品等诸多领域。

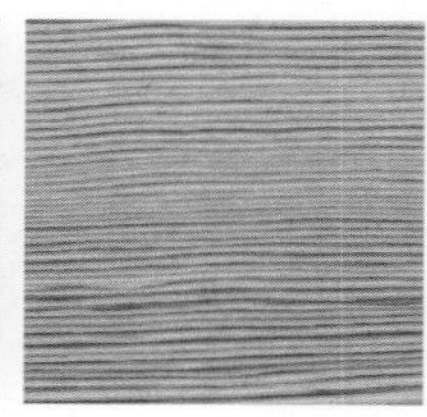
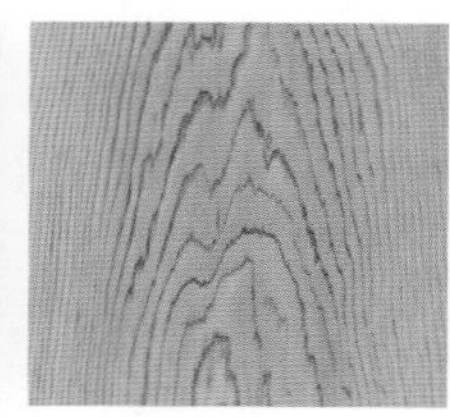

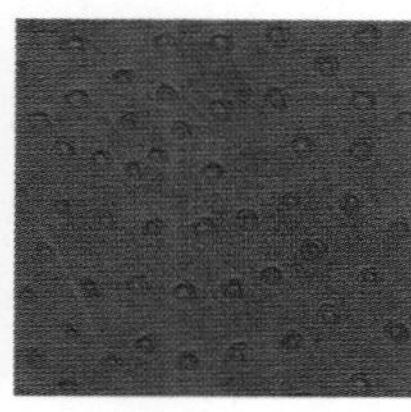

图 5－10　常见木花纹　由左至右分别为交错花纹、带状花纹、波浪花纹、皱纹花纹、鸟眼花纹

1. 木材的性能

(1) 木材质轻坚韧而富有弹性，具有天然的纹理和色泽。

(2) 在一定环境下，木材能够吸收或放出湿气，因此对环境的湿度有调节作用。

(3) 木材的结构疏松多孔，能够很好地吸音隔声。

(4) 可塑性很强，易于加工成型。

(5) 导热、导电性差，是良好的绝缘体，但是容易燃烧。

(6) 由于木材的干湿变化，容易造成扭曲、开裂等变形。

2. 木材基本的加工方法

(1) 手工加工是使用手工工具或半手工工具对木材进行如雕刻、锯割、刨削、凿削等传统加工方法。

(2) 机械加工是借助现代机械批量加工木材的方法，如仿形铣、车削、CNC 加工等。

(3) 加压热弯法是通过特殊设备将木材用 100℃的蒸汽在适当时间内予以加压、加热弯曲。适当时间是以木材的断面厚薄为标准，如厚 25 mm 木板最低限需时 45 分钟，32 mm 厚木板则需一小时以上。

图 5-12　木工专用胶

表 5-19　部分实木热弯最低限曲率半径(mm)

木材名称	用金属带支承的	不用压带的
红木	305	711
柚木	406	711
榆木	10	241
云杉	762	—
桦木	76	432
山毛榉	38	330
槐木	63	305

3. 木材常用的结合方式有：榫结合、胶结合、螺钉与圆钉结合、板材拼接、连接件结合等。

(1) 榫结合：榫结合是应用最广泛的传统结合方式，优点是结构简单外露，便于检查。

图 5-11　镶榫拼接 1、2

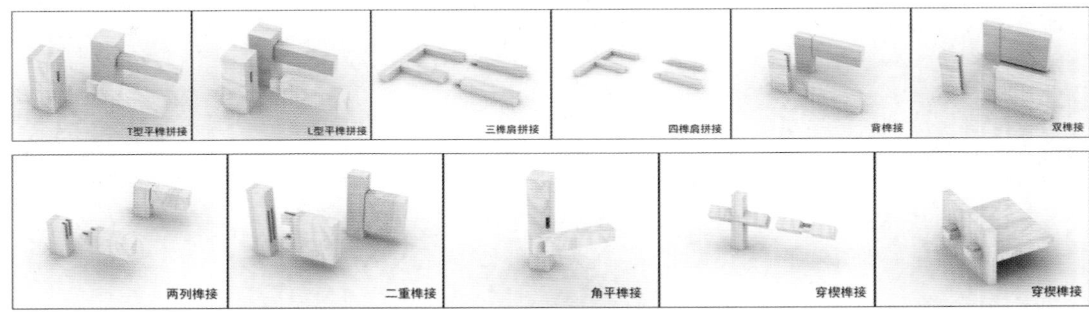

(2) 胶结合：是一种常用的结合方式，主要用于实木板的拼接及榫头和榫孔的接合；优点是不影响产品的外观、制作简便、结构牢固。

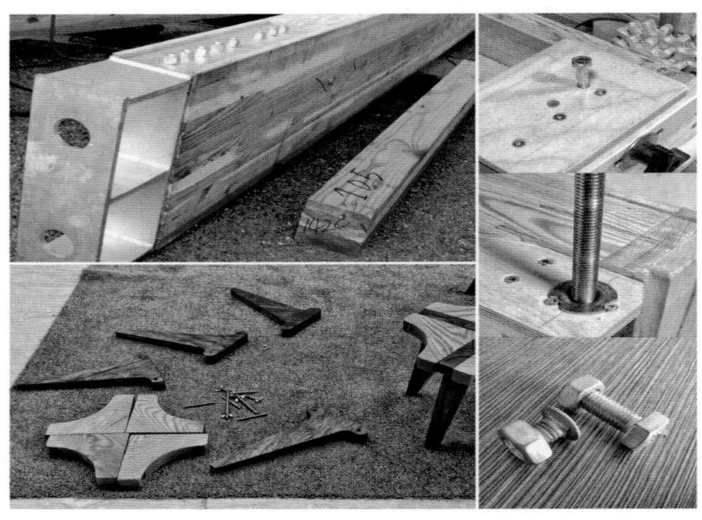

图 5-13　螺钉与圆钉结合

(3) 螺钉与圆钉结合 ：结合强度取决于木材的硬度和钉的长度，与木材的纹理也有关。木材越硬，钉直径越大，长度越长，沿横纹结合，强度越大；反之强度越小。

(4) 板材拼接：普通的板材的宽度有限，为了制成宽面板材，需要将两块或几块的木板接起来。

图 5-14 板材拼接

(5) 连接件结合：是一种常用的结合方式，使用连接件完成木材的组合、拼接。

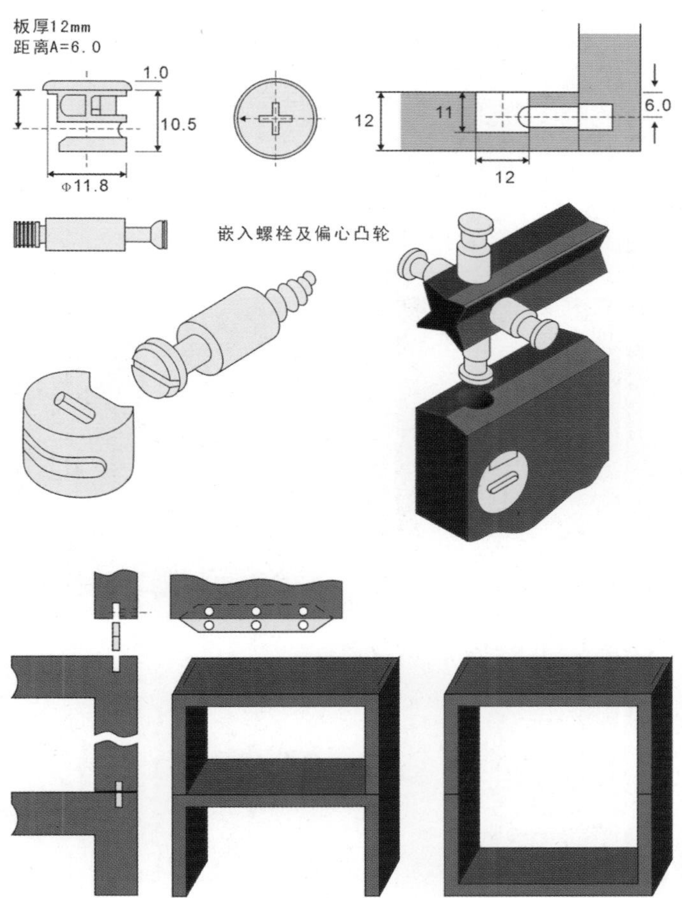

图 5-15 凸轮式木结合连接件(三合一连接件)

图 5-16 企口式木结合连接件

4. 木材的分类

(1) 原木

原木是指树干经过去枝去皮锯断处理后形成的一定长度规格的木材。其经常用作电柱、桩木、建筑所用的木材等。

图 5-17-1 红松

图 5-17-2 杉木

图 5-17-3 柏木

图 5-17-4 核桃

图 5-17-5 白桦

图 5-17-6 西南桦

图 5-17-7 黄檀

图 5-17-8 红檀

图 5-17-9 紫檀

图 5-17-10 泡桐

图 5-17-11 榉木

图 5-17-12 红榉

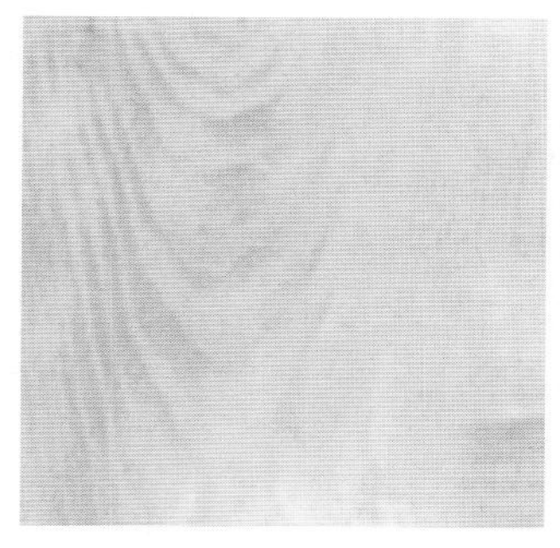

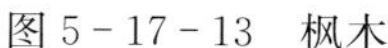

图 5－17－13　枫木

图 5－17－14　克隆木

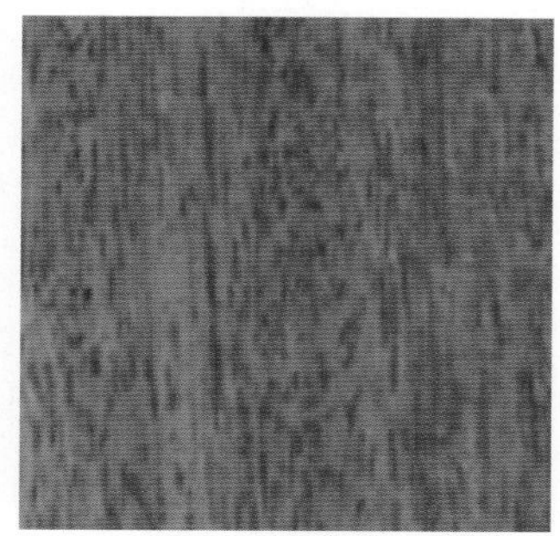

图 5－17－15　花梨

（2）合成板材

合成板材是利用原木、刨花、木屑、废材及其他植物纤维为原料制作而成。它们质地均匀、平整光滑、易于加工、不易变形。常见的人造板材有胶合板、刨花板、纤维板、细木工板及各种轻质板等，广泛应用于家具、建筑等方面。

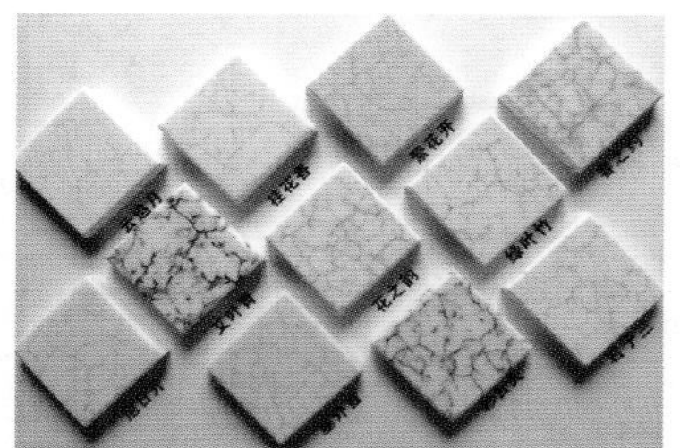

图 5－18　树脂型人造石材

5.2.1.2　人造石材

人造石材是以天然石材为基本原料，经一定的加工程序制成的，是天然石材的再利用。人造石材兼备大理石的天然质感、坚固质地，木材的易加工性，是新一代的高科技产品，现今在产品造型设计中被广泛使用。

1. 人造石材的性能

（1）无放射性、阻燃性，使用安全；

（2）极具可塑性，可以做出任何造型；

（3）抗污力强，易清洁，不易被染色；

（4）抗菌防霉、耐磨、耐冲击，可重复翻新；

（5）制造简便、生产周期短、成本低。

此外，还避免了天然石运输不便的缺陷；大面积铺贴无需对色，可根据需求，调制出丰富的色彩和花纹。

2. 人造石材的分类及加工工艺

按照人造石材生产所用原料，可分为：

（1）树脂型人造石材

树脂型人造石材是以不饱和聚酯树脂为胶结剂，与天然大理碎石、英砂、方解石、石粉等按一定的比例配合，再加入催化剂、固化剂、颜料等外加剂，经混合搅拌、固化成型、脱模烘干、表面抛光等工序加工而成。

（2）烧结型人造石材

图 5－19　烧结型人造石材

烧结型人造石材的生产方法与陶瓷工艺相似，是将长石、石英、辉绿石、方解石等粉料和赤铁矿粉，以及一定量的高龄土共同混合，一般配比为石粉60%，黏土40%，采用混浆法制备坯料，用半干压法成型，再在窑炉中以1 000℃左右的高温焙烧而成。烧结型人造石材的装饰性好，性能稳定，但需经高温焙烧，因而能耗大，造价高。

5.2.1.3 金属材料

金属材料是现代工业的支柱，是工业化社会最重要的特征之一。金属材料能够依照设计者的构思实现多种造型，它是现代设计中的一大主流材质。

1. 金属材料的性能

金属材料是金属及其合金的总称，其性能主要表现在以下几个方面：

(1) 是电与热的良导体。

(2) 具有良好的延展性。

(3) 金属可以制成金属化合物、合金，以此来改变金属的性能。

(4) 表面具有金属特有的色彩和光泽。

(5) 除贵金属外，几乎所有金属都易于氧化而生锈，产生腐蚀。

2. 金属材料的成型加工

在公共设施中，金属材料基本的加工方法主要分为：铸造、塑性加工、切削加工、焊接和粉末冶金五大类，不同的制造方法与加工处理对金属材料特性的影响都很大。

(1) 铸造：铸造是将熔融状态的金属浇入铸型后，冷却凝固成为具有一定形状铸件的工艺方法。铸造成型生产成本低，工艺灵活性大，适应性强，适合生产不同材料、形状和重量的铸件，并适合于批量生产。缺点是公差较大，容易产生内部缺陷。铸造又分为砂型铸造、失蜡铸造、金属型铸造和离心铸造等。

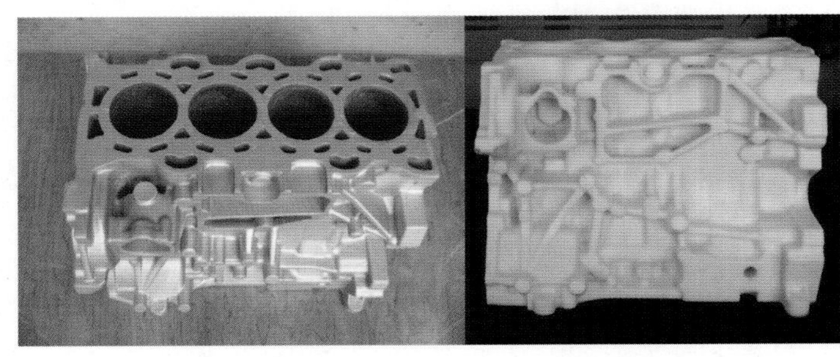

图5-20 失蜡法铸造的铸件与蜡模

（2）塑性加工：又称金属压力加工。指在外力作用下，金属坯料发生塑性变形，从而获得具有一定形状、尺寸和机械性能的毛坯或零件的加工方法。特点是：产品可通过此直接制取、无切削，金属损耗小。适合专业化大规模生产，不宜于加工脆性材料或形状复杂的制品。金属塑性加工分为锻造、轧制、挤压、拔制和冲压加工。

图 5－22　切削加工

（3）切削加工：又称为冷加工。利用切削刀具在切削机床上或手工将金属工件的多余加工量切去，以达成规定的形状、尺寸或表面质量的工艺过程。按加工方式分为车削、铣削、刨削、磨削、钻削、镗削及钳工等，是最常见的金属加工方法。

（4）焊接加工：是充分利用金属材料在高温作用下易熔化的特性，使金属与金属发生相互连接的一种工艺，是金属加工的一种辅助手段。常见的焊接方法有熔焊、压焊和钎焊。

（5）粉末冶金：粉末冶金是以金属粉末或金属化合物粉末为原料，经混合、成型和烧结，获得所需形状和性能的材料或制品的工艺方法。粉末冶金法能生产用传统加工方法不能或难以制得的制品，特别适合生产特殊性能和高性能的特殊材料，如高熔点金属、高纯度金属、硬质合金、不互熔金属、多孔性金属等，是一种“节能、省材、高效生产”的新技术，是现代冶金工业的重要生产方法。

图 5－21　塑性加工

图 5－23 焊接加工

3. 金属材料的分类

金属材料种类繁多，按构成元素分为黑色金属和有色金属。

（1）黑色金属：黑色金属包括铁和以铁为基体的合金，如纯铁、铸铁、合金钢、高碳钢、铁合金等。黑色金属资源丰富、加工方便、生产成本低、硬度高，应用最为广泛。

（2）有色金属：有色金属包括铁以外的金属及其合金。常用的有金、银、铝、铜及铜合金、钛及钛合金等。有色金属硬度低、弹性大，在设计时常需加入特殊的形式以增强其结构能力，如多重褶皱的处理手法。

5.2.1.4 塑料

塑料是具有多种特性的使用材料，其品种繁多、性能优良、加工成型方便、成本低廉，当今已广泛应用于工业、轻工业的各个部门，它与金属、木材具有同等重要的地位。

1. 塑料的性能

塑料能够满足产品自由成型、加工方便的要求，并具有良好的综合性能。

（1）质轻，强度高。

图 5-24　粉末冶金设备与粉末冶金成品

图 5-25　注塑机、热塑塑料颗粒、注塑成型塑料产品

(2) 多数塑料制品有透明性，便于着色，且不易变色。

(3) 具有优异的电绝缘性，可被用作产品或建筑物的绝热保温材料。

(4) 优良的耐磨、自润滑性。

(5) 良好的耐腐蚀性。

(6) 成型加工方便，便于大批量生产。

(7) 与其他工业材料相比也有缺点：不耐高温、低温容易发脆；容易变形；易老化。

2. 塑料的成型加工

塑料的成型加工方法很多，每种方法的选择取决于塑料的类型、特性、起始状态及制成品的结构、尺寸和形状等。根据加工时塑料所处状态的不同，塑料成型加工的方法大致可分为以下三种：

(1) 处于玻璃态的塑料，可以采用车、铣、钻、刨等机械加工方法和电镀、喷涂等表面处理方法。

(2) 当塑料处于高弹态时，可以采用热压、弯曲、真空成型等加工方法。

(3) 把塑料加热到黏流态，可以进行注射成型、挤出成型、吹塑成型等加工方法。

3. 塑料的分类

塑料种类繁多，一般可分为热塑性塑料和热固性塑料。

(1) 热塑性塑料

热塑性塑料加热时材料软化，由固态转化为液态，冷却后恢复固态，是目前塑料材料使用最多的一种。其柔软富弹性，可塑性极佳，但强度和硬度较差。如：氯乙烯(PVC)、聚乙烯(PE)、聚苯乙烯(PS)、聚丙烯(PP)、尼龙(Nylon)都是常用的热塑性塑料。

(2) 热固性塑料

此类塑料原料一旦加热发生变化后，就具有硬度，冷却后即使再加热也无法软化，因此其无法回收再利用，但优点为耐高温、耐化学药品侵蚀、绝缘性良好、形态固定，具有较高的强度和硬度。因为成型上的限制较多，所以造型发展亦相对减少。电木(Bakelite)、尿素树脂(Urea resins)、环氧树脂(Epoxy resins)等均属热固性塑料。

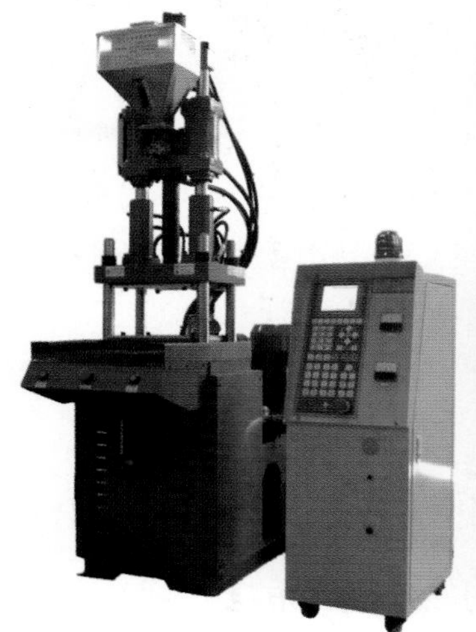

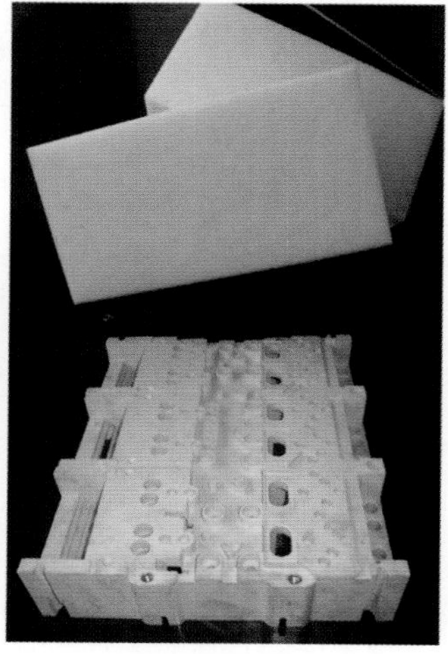

图 5-26 热固性注塑机、电木注塑件

5.2.1.5　玻璃

图 5-27　玻璃压制成型

在各种自然材料和人工材料日益丰富的今天，玻璃正前所未有地发挥着它优良的特性，逐渐成为人们现代生活、生产和科学实验中不可或缺的重要材料。

1. 玻璃的性能

(1) 硬度较大，比一般金属硬。

(2) 高度透明，具有吸收和通过光线的性能，有的玻璃还有防辐射的特性。

(3) 常温下玻璃是电的不良导体，熔融状态时则变为良导体。

(4) 导热性很差，一般承受不了温度的急剧变化。

(5) 化学性质较稳定，但是耐碱腐蚀性较差。

2. 玻璃的成型加工

玻璃的成型是将熔融的玻璃液加工成具有一定形状和尺寸的玻璃制品的工艺过程。常见的成型加工方法有：压制成型、吹制成型、拉制成型和压延成型。

图 5-28　玻璃吹制成型

(1) 压制成型

压制成型是在模具中加入玻璃熔料加压成形，多用于玻璃盘碟、玻璃砖等的制作。

(2) 吹制成型

吹制成型是先将玻璃黏料压制成雏形型块，再将压缩气体吹入处于热熔态的玻璃型块中，使之吹胀成为中空制品。吹制成型可分为机械吹制成型和人工吹制成型，用来制造器皿、灯泡等。

图 5-29　玻璃拉制成型

(3) 拉制成型

拉制成型是利用机械拉引力将玻璃熔体制成制品，分为垂直拉制和水平拉制，主要用来生产平板玻璃、玻璃管、玻璃纤维等。

(4) 压延成型

压延成型是将玻璃熔体压成板状制品，主要用来生产压花玻璃、夹丝玻璃等。

3. 玻璃的分类

玻璃材料种类繁多，常用的品种有：

(1) 平板玻璃

平板玻璃是板状玻璃的统称。具有透光、透视、隔热、隔声、耐磨等特性。

(2) 器皿玻璃

这是一种用于制造日用器皿、艺术品和装饰品的玻

图 5－30　玻璃压延成型

璃。这种玻璃具有很好的透明度和白度，表面洁净有光泽，有较好的热抗震性、化学稳定性、机械强度。

（3）泡沫玻璃

泡沫玻璃又称多孔玻璃，是一种由均匀气孔组成的玻璃。气孔封闭的泡沫玻璃机械强度高、不透气、不燃、导热系数小、不变形，经久耐用，可进行锯、钻、钉等加工，是一种良好的保温绝热材料。气孔相连或部分相连的泡沫玻璃具有较大的吸音系数，多作为吸音材料。

（4）微晶玻璃

微晶玻璃又称陶瓷玻璃，其结构、性能及生成方法兼具玻璃和陶瓷两者的性能，具有优良的机械强度、化学稳定性、热稳定性及机械加工性。

5.2.2　新材料

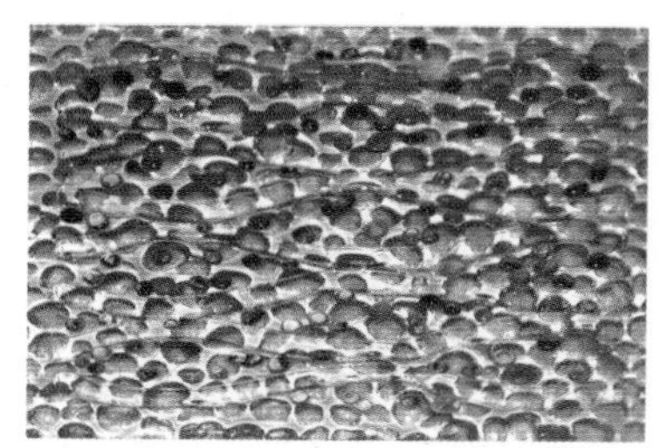
图 5－31　平板玻璃

常用的材料由于性能单一，加工手法有限，对设计加工产生很大的限制和约束，设计师不能够完全发挥自己的构想，实现完美的设计。随着现代科技的发展，材料无论是种类还是性能都有很大的增长和提高，以先进的科技和生产技术为基础的产品设计拥有了广阔的发展空间，下面就对现在新的材料进行一些简单介绍：

1. 碳纤维（Carbon Fibre）

优点：它是一种力学性能优异的新材料，它比重小，抗拉强度和抗拉弹性高，柔软，可加工性强，耐腐蚀性强，耐疲劳性好。

缺点：它的耐冲击性较差，容易损伤，强酸下氧化。

分类：通用型和高性能型（含碳量 90％以上和 99％以上）。

使用现状：单独使用——绝热保温材料。

复合使用——将其加入到树脂、金属、陶瓷、混凝土等材料中作为增强材料。

图 5－32　器皿玻璃

2. 木塑复合材料（Wood-Plastic Composites，WPC）

优点：聚乙烯或聚丙烯和植物纤维合成的高密度材料，可加工性强、强度高、表面硬度好、耐水、抗强酸、耐腐蚀、使用寿命长、着色性好、绿色环保可回收，具有优良的可调整性（通过助剂改变其特性），原料来源广泛、成本低。

成型方法：挤压，模压，注射成型。

分类：通用型和专业型（无特殊助剂和添加特殊助剂以达到材料抗老化、防静电、阻燃等特殊性能）。

使用现状：板材或型材，多用于大件包装。

3．玻璃陶瓷（glass-ceramics）/微晶玻璃（microcrystalline glass）

优点：它具有超低的热膨胀率，表面光滑、精度高（质地致密、无孔、均匀），机械强度高、电导率低、耐化学腐蚀、热稳定性好、机械加工性能好。

缺点：制造工艺复杂，技术要求高。

成型方法：高温熔化，研磨。

玻璃陶瓷分类：光敏和热敏微晶玻璃（成核或晶化处理不同）。

使用现状：国外垄断生产工艺及技术控制，应用领域广泛。

图 5－33　泡沫玻璃

4．生物塑胶（PLA，polylactiee acid）

优点：它是从植物原料中提取出来的塑胶，生产过程环保（二氧化碳排放量小），在土壤中可分解，可调整性强，可与纤维等强化材料合成，并可加入无机材料阻燃。

缺点：耐热性较差，机械强度低。

分类：聚乳酸（玉米等谷物为原料发酵—乳酸—聚合）。

使用现状：薄膜类及一次性用品。

成型方法：真空成型，射出成型，吹瓶，薄膜。

图 5－34　微晶玻璃

5．人造皮革（超细纤维合成革）

优点：吸湿、透气性好，纤维结构细密，弹性好、强度高，手感柔软，环保（利用了非自然资源），质地均匀，包覆性好，颜料着色好。

缺点：表面纤维和聚氨酯分布存在点状差异，小批量生产成本高，浪费大。

成型方法：注塑成型，挤压，模压。

使用现状：应用领域广泛，替代真皮，优于真皮。

6．香味外衣（香味纳米微胶囊）

优点：仿真性强（味道），原料天然，花草植物中提取香精制成囊型纳米微胶囊，品种多样，香味持久，分散性好，潜入性好，使用安全，好生产。

缺点：需经摩擦、拍打或揉搓才可发挥特性。

成型方法：混合生成。

使用现状：适用于织物、塑胶等合成材料中。

7．抗菌材料

优点：抑制细菌及其他微生物生长，抗生物侵蚀性能好，合成及可调性能高。

缺点：生产成本高，要求技术高，由银离子及沸石合成。

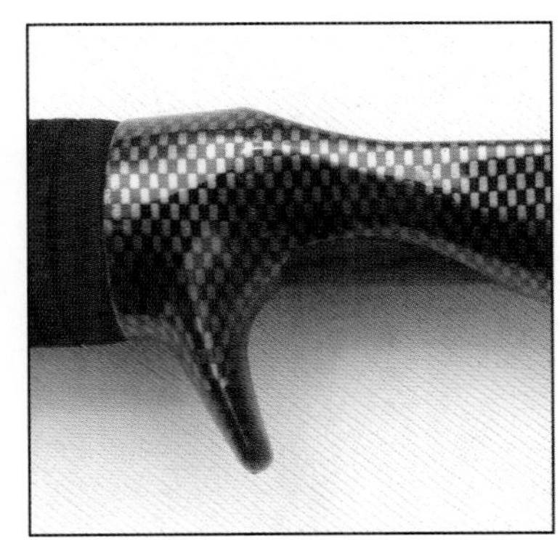

图 5－35　碳纤维

图 5－36　木塑复合材料

成型方法：喷涂表面。

使用现状：用于创新环保的杀菌产品表面，通用系统及食品包装等。

5.2.3　材料的演变发展趋势

从以上材料的归纳分析中可以发现，新一代的材料较过去的常用材料，在环保、使用性能等方面都有很大的进步，人类发展已经借由科技的高速发展面向理性、可持续、绿色环保等良性一面迈进，与之同步的新材料的发展趋势也呈现出一些规律态势：

一、由单一材料向复合材料发展

单一的材料例如木材、金属等常用材料由于性能单一，成型方法局限性大，逐步完善发展为木塑复合材料，抗菌复合材料等多种形式。

二、由不可再生向可再生材料发展

图 5－37　玻璃陶瓷

随着人类对自然的认识加深，减少不可再生资源的开发使用，转向可再生资源的循环开发已提上日程。新生的材料例如生物塑胶，生产原料从植物中提取，在土壤中又可降解，真正符合了自然的良性循环。

三、由生物材料向非生物材料发展

材料的生产从低科技附加值高损耗的有机生物材料，逐步转化为高科技附加值低损耗的无机非生物材料。通过对以往常用材料以及自然材料的深入研究及加工，使新型材料在具有生物材料原有的有利性能的同时又具备多种非生物材料的优良特性。

四、科技应用逐步提升，材料性能细化发展

高科技研发力量促使新技术在材料加工中大量应用，由此新材料的生产开发有了深厚的科技基础，品种也从单一逐步转向多元化。

图 5－38　生物塑胶

五、新材料的各种性能较常用材料有了很大的加强

新材料在防潮、抗菌、强度、韧性、降解等方面都有不同程度提高。

六、新材料具有较强的可调整性

新材料大都可通过复合配比构成调整材料属性。

5.2.4　树立材料合理应用概念

现今产品造型的材料使用已经突破了原有常用材料在性能上的束缚和影响，新科技和新能源的开发研究使新材料的开发成了可能，广泛的特殊材料性能的最大限度潜力挖掘成为可能,材料限定的解除,使设计有了更大的发挥空间,感性设计的附加值提升接近最大。作为一个设计者,材料的运用无疑是设计中的一项重要环节,所选择的材料是设计师表达设计理念的重要途径之一,所以必须具备丰富的材料知识和加工工艺知识。但同时,在今天以及未来的材料运用中,我们也应该尊重自然,让设计在不破坏环境的基础下存在,设计真正周全的人性化的产品。

图 5-39 人造皮革

图 5-40 香味纳米微胶囊

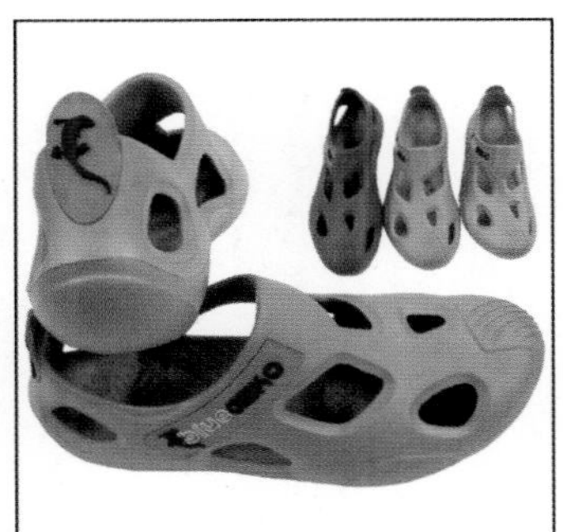

图 5-41 抗菌材料

5.3 常用家具尺寸及极限使用尺寸数据

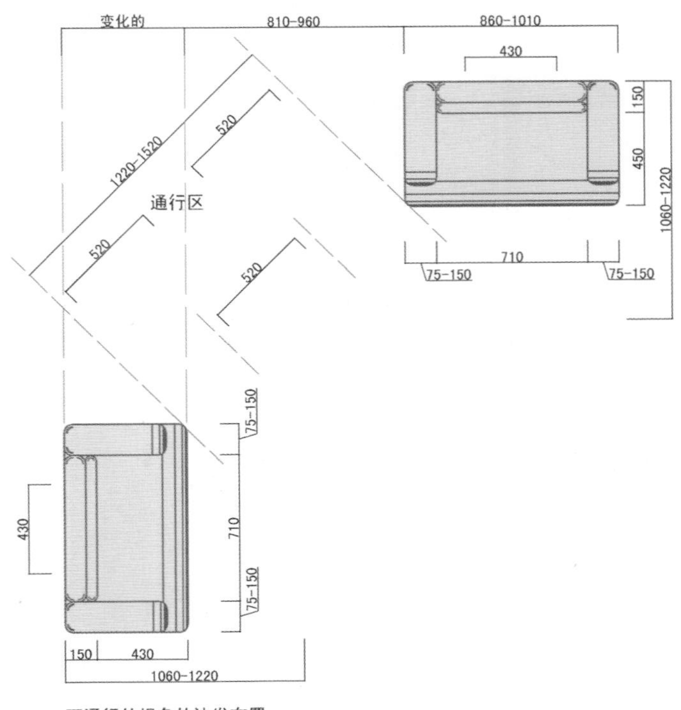

图 5-42 沙发展示布置尺寸

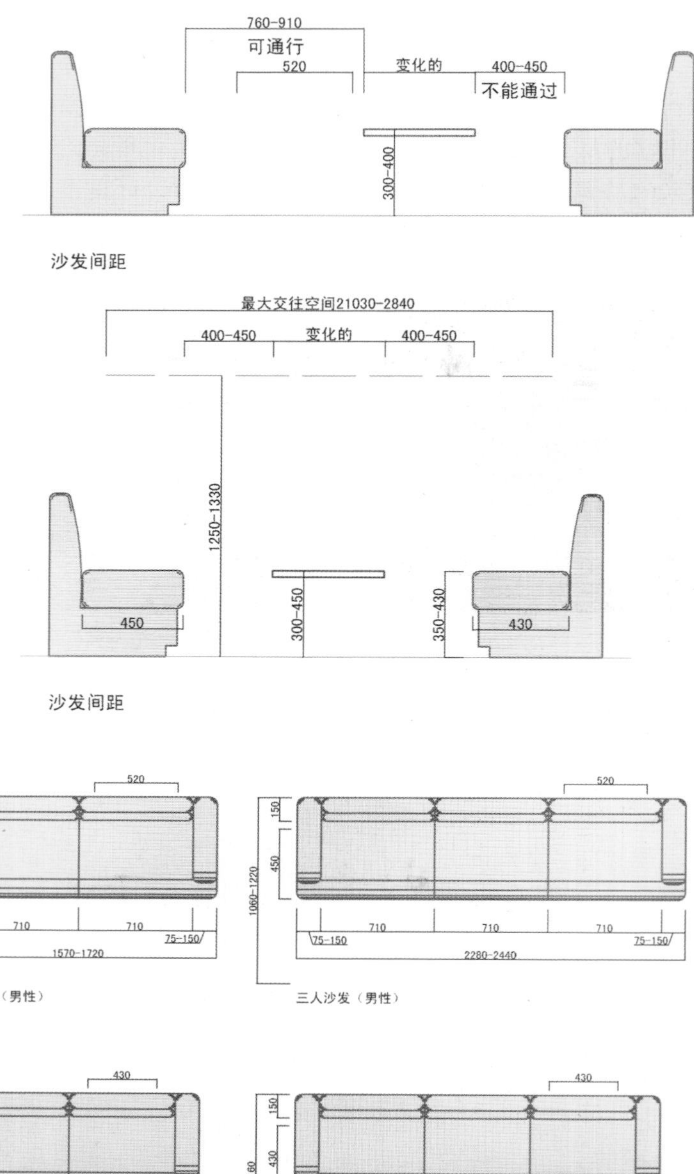

图 5-43 沙发间距

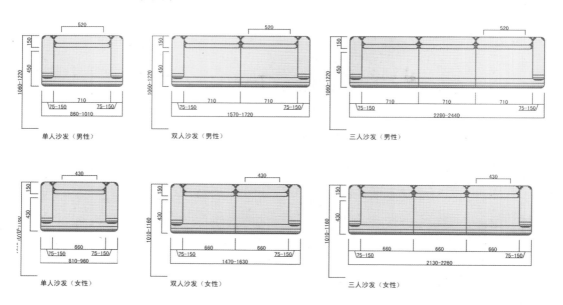

图 5-44 沙发尺寸

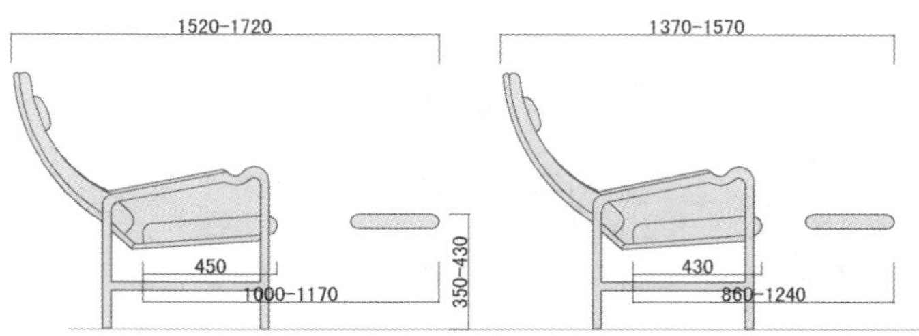

图 5-45　带有搁脚的躺椅(男性和女性)

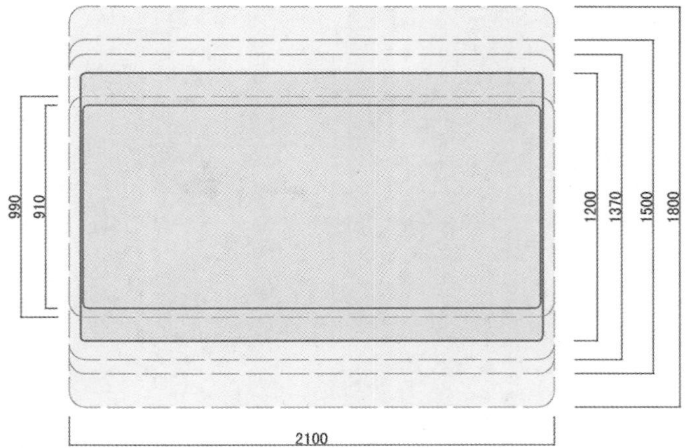

单人床和双人床

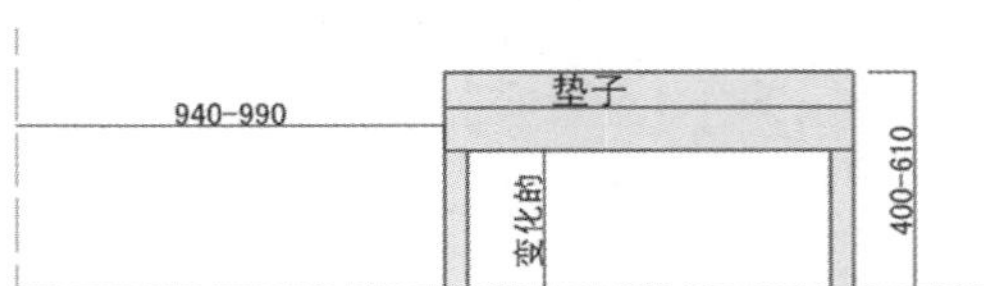

床与墙的间距

图 5-46　床尺寸图

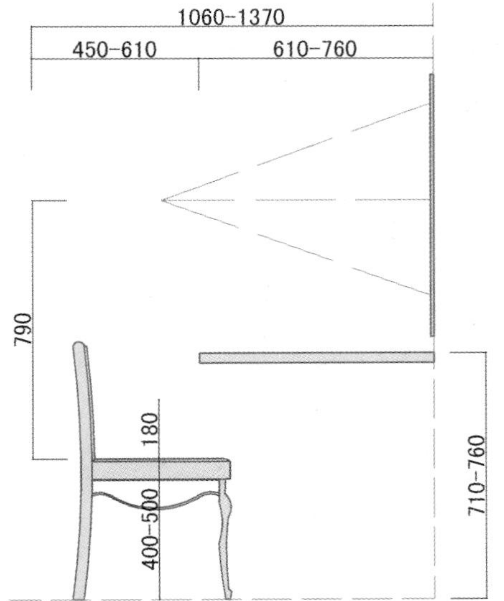

图 5-47　书桌与梳妆台

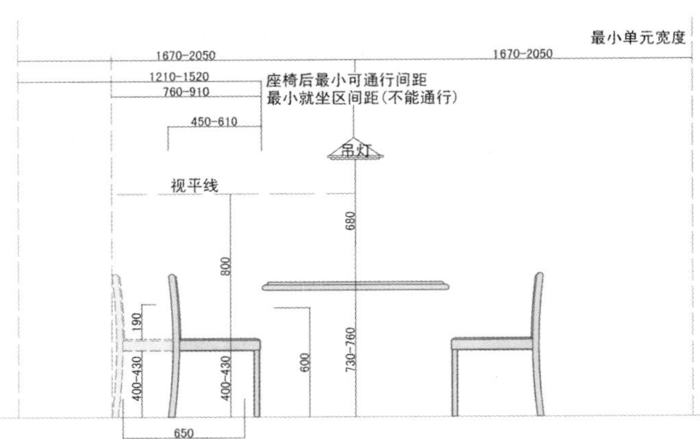

图 5-48 最小桌椅组合单元

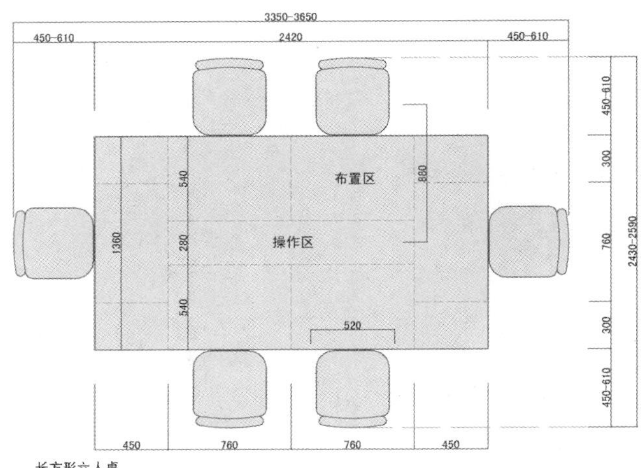

图 5-49 长方形六人桌

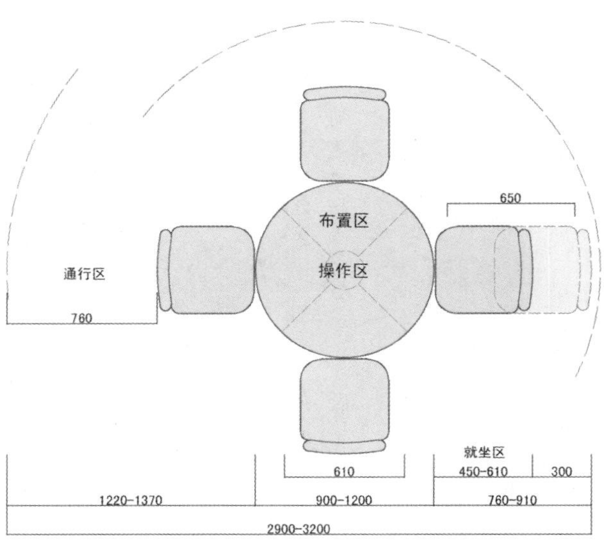

图 5-50 四人用圆桌

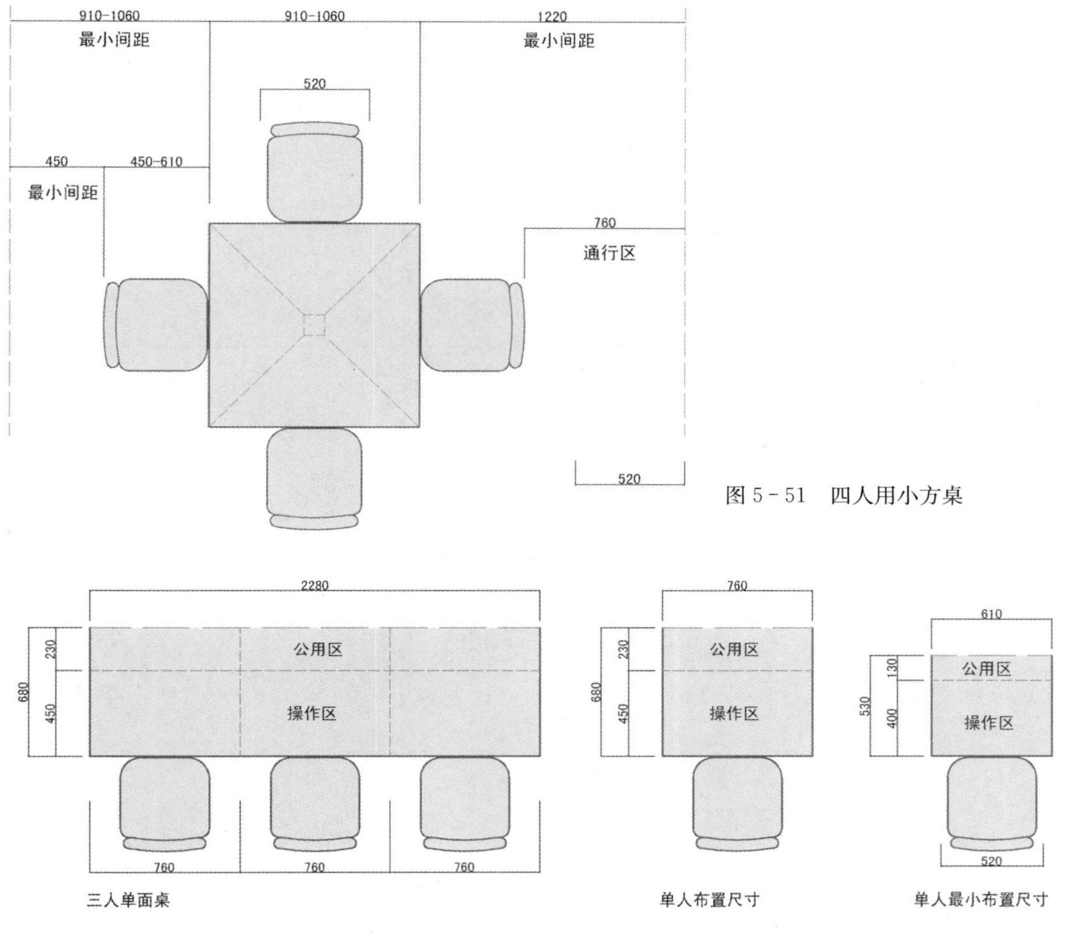

图 5 - 51　四人用小方桌

图 5 - 52　单面桌

表 5 - 20　常用型材尺寸、规格

<table>
<tr><td colspan="10">常用不锈钢板材规格表</td></tr>
<tr><td>板材厚度(mm)</td><td>0.42</td><td>0.51</td><td>0.61</td><td>0.71</td><td>0.81</td><td>0.92</td><td>1.05</td><td>1.12</td><td rowspan="3">按制法分热轧和冷轧两种，包括厚 0.5—4 mm 的薄板和 4.5—35 mm 的厚板。按钢种的组织特征分为 5 类：奥氏体型、奥氏体一铁素体型、铁素体型、马氏体型、沉淀硬化型</td></tr>
<tr><td>板材尺寸(mm)</td><td colspan="8">1219×2438/1219×3048/1219×4000</td></tr>
<tr><td>板材型号</td><td colspan="8">201、202、301、304、304L、321、316、316L、310S</td></tr>
<tr><td colspan="10">常用指接板材规格表</td></tr>
<tr><td>板材厚度(mm)</td><td>10</td><td>12</td><td>15</td><td>18</td><td>20</td><td>25</td><td>30</td><td>40</td><td rowspan="3">按材质分为：杉木板、曲柳木板、樟木板、指接板，还分有节与无节两种</td></tr>
<tr><td>板材尺寸(mm)</td><td colspan="8">1220×2240/900×2000/900×3000/900×4000</td></tr>
<tr><td>板材型号</td><td colspan="8">单面明齿/双面明齿/单面暗齿/双面暗齿</td></tr>
</table>

续表

<table>
<tr><td colspan="4">三片式重型带螺杆壁虎规格表</td></tr>
<tr><td>螺栓尺寸(mm)</td><td>外圈直径(mm)</td><td>总长(mm)</td><td rowspan="6">膨胀螺栓由膨胀螺栓套管及螺栓两件组成，适用于在混凝土及砖砌体墙、地基上作锚固体</td></tr>
<tr><td>M6×60</td><td>12</td><td>45</td></tr>
<tr><td>M8×70</td><td>14</td><td>50</td></tr>
<tr><td>M10×80</td><td>16</td><td>60</td></tr>
<tr><td>M12×90</td><td>20</td><td>75</td></tr>
<tr><td>M16×130</td><td>25</td><td>115</td></tr>
<tr><td colspan="4">常用圆铁管材规格表</td></tr>
<tr><td>管材壁厚(mm)</td><td colspan="2">0.5—5.0 mm</td><td rowspan="3">管材型号 Q195</td></tr>
<tr><td>管材尺寸(mm)</td><td colspan="2">6000 mm</td></tr>
<tr><td>管径型号(mm)</td><td colspan="2">φ13 - 100 mm</td></tr>
<tr><td colspan="4">常用方铁管材规格表</td></tr>
<tr><td>管材型号(mm)</td><td>管材壁厚(mm)</td><td>总长(mm)</td><td rowspan="10">方管最大可做到 400×400，壁厚 12 mm</td></tr>
<tr><td>15×15</td><td>0.8—1.2</td><td rowspan="9">6000</td></tr>
<tr><td>16×16</td><td>0.6—1.5</td></tr>
<tr><td>18×18/20×20</td><td>0.6—1.8</td></tr>
<tr><td>25 1.7—4.025</td><td>0.8—2.5</td></tr>
<tr><td>30×30</td><td>0.8—2.75</td></tr>
<tr><td>40×40</td><td>1.0—4.0</td></tr>
<tr><td>50×50</td><td>1.2—4.0</td></tr>
<tr><td>60×60/70×70/100×100</td><td>1.5—4.0</td></tr>
<tr><td>80×80/90×90</td><td>1.7—4.0</td></tr>
<tr><td colspan="4">常用矩形铁管材规格表</td></tr>
<tr><td>管材型号(mm)</td><td>管材壁厚(mm)</td><td>总长(mm)</td><td rowspan="7">矩形管最大到 400×300，壁厚 12 mm</td></tr>
<tr><td>20×10/30×20</td><td>0.8—2.5</td><td rowspan="6">6000</td></tr>
<tr><td>50×40/50×70/60×30/60×90/40×60/80×100</td><td>1.5—4.0</td></tr>
<tr><td>40×20</td><td>0.8—2.75</td></tr>
<tr><td>40×25</td><td>1.2—3.0</td></tr>
<tr><td>40×80/50×25/50×30</td><td>1.0—4.0</td></tr>
<tr><td>60×60/70×70/100×40/100×50/120×50</td><td>1.5—4.0</td></tr>
</table>

续表

<table>
<tr><td colspan="4">常用不锈钢线材规格表</td></tr>
<tr><td>线径型号(mm)</td><td colspan="2">Φ0.018—602(mm)</td><td rowspan="3">按抗拉强度分：超硬光亮(抗拉强度在 1800—2300 N/mm²)、中硬光亮(抗拉强度在 1200 N/mm² 左右)、雾面软态(抗拉强度在 500—800 N/mm²)</td></tr>
<tr><td>线材尺寸(mm)</td><td colspan="2">1000 m</td></tr>
<tr><td>材质分类</td><td colspan="2">201　202　204　301　302　303　303B　304　304L
308　308L　309　309L　316　316L　321　410　420</td></tr>
</table>

<table>
<tr><td colspan="6">常用工字钢规格表</td></tr>
<tr><td rowspan="2">工字钢型号</td><td colspan="3">尺寸(mm)</td><td rowspan="2">截面面积(cm²)</td><td rowspan="2">重量(kg/m)</td></tr>
<tr><td>高</td><td>腿宽</td><td>腹厚</td></tr>
<tr><td>10</td><td>100</td><td>68</td><td>4.5</td><td>14.3</td><td>11.2</td></tr>
<tr><td>12</td><td>120</td><td>74</td><td>5.0</td><td>17.8</td><td>14.0</td></tr>
<tr><td>14</td><td>140</td><td>80</td><td>5.5</td><td>21.5</td><td>16.9</td></tr>
<tr><td>16</td><td>160</td><td>88</td><td>6.0</td><td>26.1</td><td>20.5</td></tr>
<tr><td>18</td><td>180</td><td>94</td><td>6.5</td><td>30.6</td><td>24.1</td></tr>
<tr><td>20A</td><td>200</td><td>100</td><td>7.0</td><td>35.5</td><td>27.9</td></tr>
<tr><td>20B</td><td>200</td><td>102</td><td>9.0</td><td>39.5</td><td>31.1</td></tr>
<tr><td>22A</td><td>220</td><td>110</td><td>7.5</td><td>42.0</td><td>33.0</td></tr>
<tr><td>22B</td><td>220</td><td>112</td><td>9.5</td><td>46.4</td><td>36.4</td></tr>
<tr><td>24A</td><td>240</td><td>116</td><td>8.0</td><td>47.7</td><td>37.4</td></tr>
<tr><td>24B</td><td>240</td><td>118</td><td>10.0</td><td>52.6</td><td>41.2</td></tr>
<tr><td>27A</td><td>270</td><td>122</td><td>8.5</td><td>54.6</td><td>42.8</td></tr>
<tr><td>27B</td><td>270</td><td>124</td><td>10.5</td><td>60.0</td><td>47.1</td></tr>
<tr><td>30A</td><td>300</td><td>126</td><td>9.0</td><td>61.2</td><td>48.0</td></tr>
<tr><td>30B</td><td>300</td><td>128</td><td>11.0</td><td>67.2</td><td>52.7</td></tr>
<tr><td>30C</td><td>300</td><td>130</td><td>13.0</td><td>73.4</td><td>57.4</td></tr>
<tr><td>36A</td><td>360</td><td>136</td><td>10.0</td><td>76.3</td><td>59.9</td></tr>
<tr><td>36B</td><td>360</td><td>138</td><td>12.0</td><td>83.5</td><td>65.6</td></tr>
<tr><td>36C</td><td>360</td><td>140</td><td>14.0</td><td>90.7</td><td>71.2</td></tr>
<tr><td>40A</td><td>400</td><td>142</td><td>10.5</td><td>86.1</td><td>67.6</td></tr>
<tr><td>40B</td><td>400</td><td>144</td><td>12.5</td><td>94.1</td><td>73.8</td></tr>
<tr><td>40C</td><td>400</td><td>146</td><td>14.5</td><td>102</td><td></td></tr>
</table>

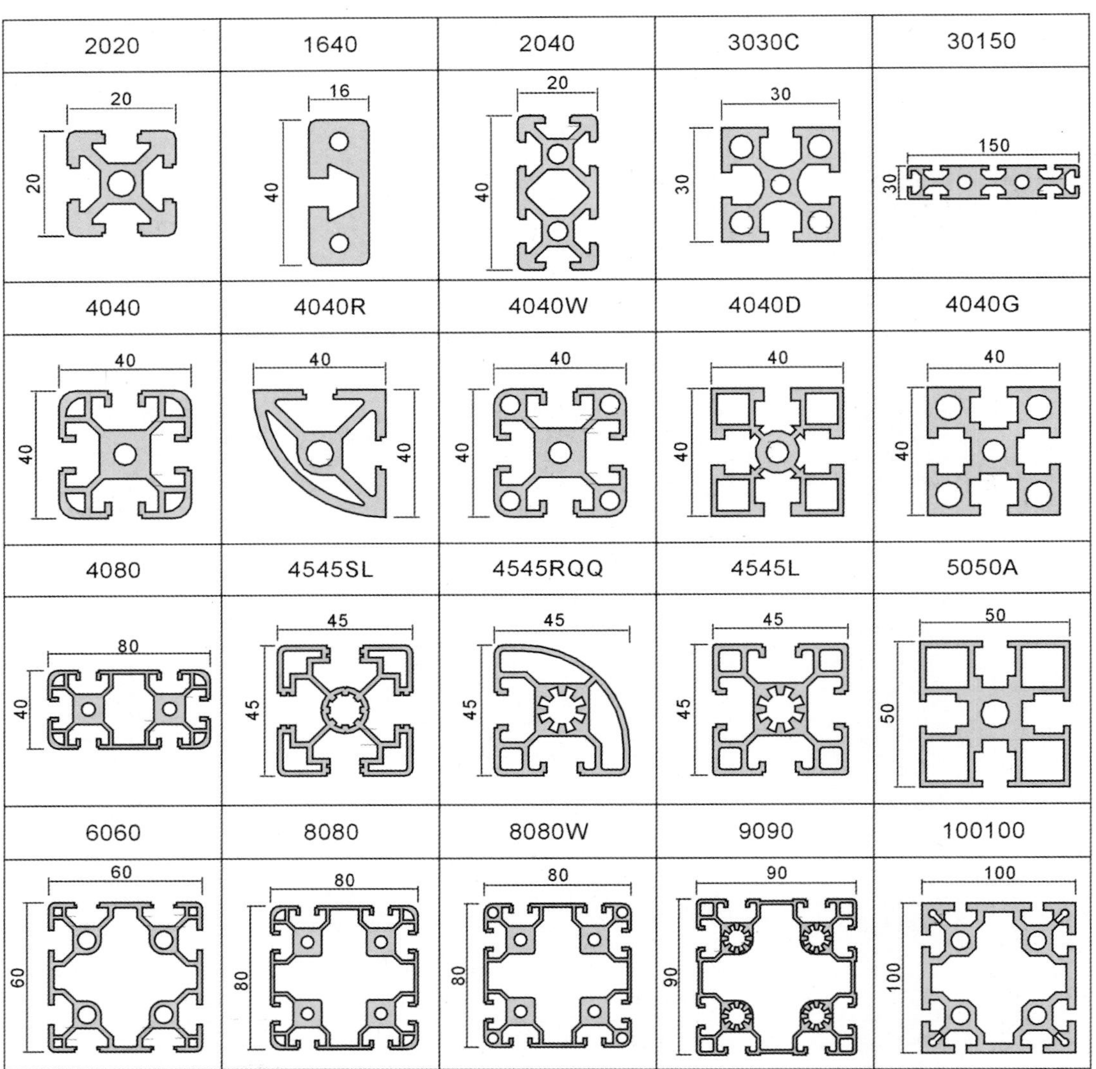
2020
1640
2040
3030C
30150
20
20
16
40
20
40
30
30
150
30
4040
4040R
4040W
4040D
4040G
40
40
40
40
40
40
40
40
40
40
4080
4545SL
4545RQQ
4545L
5050A
80
40
45
45
45
45
45
45
50
50
6060
8080
8080W
9090
100100
60
60
80
80
80
80
90
90
100
100

图 5 - 53　铝型材型号及截面尺寸

参 考 文 献

[1]（英）戴维·布莱姆斯顿.《产品概念构思》. 中国青年出版社，2009 年

[2] 江杉主编.《产品改良设计》. 北京理工大学出版社，2009 年

[3] 闫卫.《工业设计师必备的基础知识》. 机械工业出版社，2009 年

[4] 杜海滨主编.《工业设计教程》. 辽宁美术出版社，2010 年

[5] 田野，王妮娜.《工业设计程序与方法》. 辽宁科学技术出版社，2013 年

[6]《产品设计》第 39 期. 艺术与设计杂志社，2007 年

[7] 孙守迁，包恩伟. 基于组合原理的概念创新设计[J]. 计算机辅助设计与图形学学报，1999. 11(3)：262—265

[8] 薛文凯，郭文慧. 观念设计的文化传承与超越[J]. 美苑，2009. 10(5)：68—70

后　　记

产品设计是一个有条理的由整体到细节的深入过程，同时也是由构思到实物的实践程序。这个过程涉及市场调研、创意、视觉化表现以及生产到最终使用的多个环节。产品设计程序就是确保这些环节能够有机地联系在一起的必要手段，并使设计工作能够按照制定好的流程有序地进行。在产品设计课程学习和设计实践中，合理的设计程序、规划更为重要。因此如何帮助设计类学生学好产品设计这门课程及其就业后的实践，已成为当今工业设计教育面临的大问题。

通过多年设计教学与科研的经验探索，我们得到了这样的共识：在教学中，创意的偶发性和程序的条理性同样重要。也就是说，设计程序逐层推进的条理性保障了学生直接的、发散性的感性创作的成功几率。本教材正是出于这样的思考，通过基础教学介绍产品创意设计的常用方法及常用设计数据和资料，以大量的学生课程设计案例讲解产品改良设计和概念设计的流程。虽然这些学生的课程作业不如我们在实际设计项目中制作的报告书那样专业，调研资料分析也不甚严谨，甚至图片中还含有文字错误等等这样那样的不足（除少数图片予以必要的纠正外，大多数图片未加处理，以保留教学过程的“现场感”——特此说明）。但以往的教学经验证明这样来自同龄人的设计实例更加生动、不枯燥，有利于降低学生的“挫败感”。能够有效地引导学生以一件“事”为线索，有程序地逐步深入，从而感悟和探寻设计创新与实践的关系，掌握产品设计的程序和方法。

本书在收集资料的过程中得到了鲁迅美术学院、东北大学、沈阳理工大学等院校工业设计专业教师的鼎力协助，大量的设计案例都来自于一线教学实践。在此特别感谢鲁迅美术学院的田野老师对本书的写作给予的支持和帮助！

在本书的编写过程中，我们一直力求保持设计信息和思想的先进性，力求表述简明扼要、概念规范，能准确地体现教学的真实过程。本书或有不足之处，还望广大学生和师友多提宝贵意见，以帮助我们再版时改进。